21 世纪高等院校计算机辅助设计规划教材

AutoCAD 2010 中文版建筑制图教程

曹 磊 陈志刚 麻德娟 等编著

机械工业出版社

本书将 AutoCAD 2010 的基础知识和建筑行业设计标准相结合，突出了实用性与专业性，通过大量典型的建筑设计实例，详细讲解了应用 AutoCAD 2010 进行建筑工程辅助设计的知识要点，使读者通过案例教学和实训教学，熟练掌握 AutoCAD 2010 的操作技巧。

　　本书适合作为高等院校、高职高专等工科院校的教材，也可作为工程技术人员的参考书和自学读本。

图书在版编目（CIP）数据

AutoCAD 2010 中文版建筑制图教程 / 曹磊等编著. —北京：机械工业出版社，2009.9

（21 世纪高等院校计算机辅助设计规划教材）

ISBN 978-7-111-28328-7

Ⅰ. A⋯　Ⅱ. 曹⋯　Ⅲ. 建筑制图－计算机辅助设计－应用软件，AutoCAD 2010－高等学校－教材　Ⅳ. TU204

中国版本图书馆 CIP 数据核字（2009）第 165992 号

机械工业出版社（北京市百万庄大街 22 号　邮政编码 100037）
责任编辑：张宝珠
责任印制：乔　宇
北京机工印刷厂印刷（三河市南杨庄国丰装订厂装订）
2009 年 11 月第 1 版·第 1 次印刷
184mm × 260mm·17.75 印张·440 千字
0 001—4 000 册
标准书号：ISBN 978-7-111-28328-7
定价：31.00 元

凡购本书，如有缺页、倒页、脱页，由本社发行部调换

电话服务　　　　　　　　　　　网络服务
社服务中心：(010) 88361066
销 售 一 部：(010) 68326294　　门户网：http://www.cmpbook.com
销 售 二 部：(010) 88379649　　教材网：http://www.cmpedu.com
读者服务部：(010) 68993821　　**封面无防伪标均为盗版**

前　言

AutoCAD 2010 是美国 Autodesk 公司开发的最新版本，它拥有强大且直观的用户界面，使用 AutoCAD 2010 可以快速、轻松地进行建筑工程辅助设计。本书通过大量典型的建筑设计实例进行讲解，将 AutoCAD 2010 的基础知识和建筑制图标准相结合，在每章最后增加了实训环节，旨在通过案例教学和实训教学，使读者能够熟练掌握 AutoCAD 2010 的操作方法和应用技巧，并能应用 AutoCAD 2010 进行建筑工程辅助设计。

本书内容全面丰富，叙述深入浅出、条例清晰，并结合了大量的建筑设计案例，内容涵盖了建筑施工图设计中的建筑总平面图、标准层平面图、建筑立面图、建筑剖面图、建筑详图等的绘制，另外，还包括了室内外三维空间的建模和渲染等案例。

本书具有以下特点：

1）实用性与专业性。本书将 AutoCAD 2010 的基础知识和建筑制图标准相结合，突出了实用性与专业性。

2）知识体系完整。本书遵循由浅入深的原则，逐一讲解 AutoCAD 2010 的各项功能，以及建筑制图标准的要求，内容全面、知识丰富。

3）增强案例教学和实训教学。本书通过大量典型案例介绍了使用 AutoCAD 2010 绘制建筑施工图的方法，讲解中配有大量的建筑施工图设计图样以及详细的操作步骤，并在每章的最后安排了相应的实训内容和练习题。

为了方便教师和学生，以及自学者，本书配有全程课件以及所有例题、实训、习题中 AutoCAD 绘制的图形，读者可到机械工业出版社网站（www.cmpedu.com）下载。

本教材由曹磊、陈志刚、麻德娟等编著。参加编写工作的人员还有方冠卿、侯宪粉、石礼云、赵训言、邵志群、刘勇文、李晓娟、魏蔚、崔瑛瑛、彭春艳、翟丽娟、庄建新、彭春芳、刘克纯、岳爱英、岳香菊、彭守旺。全书由刘瑞新教授统编定稿。在编写过程中得到了许多同行的帮助和支持，在此表示感谢。

由于编者水平有限，书中错误之处难免，欢迎读者对本书提出宝贵意见和建议。

编　者

目　录

第1章　建筑制图基础

在建筑工程技术中，将能够表达建筑物的外部形状、内部布置、地理环境、结构构造、装修装饰等的图样称为建筑工程图。它是按照国家或相关部门统一规定的标准而绘制的，是工程技术人员用来表达设计构思，进行技术交流的重要工具。世界各国的建筑工程技术界之间经常以建筑工程图为媒介，进行技术交流、研讨、竞赛、投标等活动。因此，建筑工程图是施工或建造的依据，是建筑工程中必不可少的重要技术文件。

1.1　建筑工程制图标准

工程图样是工程界的技术语言，为了使建筑图样规格统一，图面简洁而清晰，符合施工要求，利于技术交流，必须在图样的画法、图纸样式、字体、尺寸标注、符号标注等各方面有一个统一标准。有关的现行建筑制图标准有 6 个：GB/T50001—2001《房屋建筑制图统一标准》、GB/T50103—2001《总图制图标准》、GB/T50104—2001《建筑制图标准》、GB/T50105—2001《建筑结构制图标准》、GB/T50106—2001《给水排水制图标准》、GB/T50114—2001《采暖通风与空气调节制图标准》。本章简要介绍《房屋建筑制图统一标准》中的 10 项内容和技术制图标准化体系。其余内容在后续章节中结合图样绘制再详细介绍。

1.1.1　《房屋建筑制图统一标准》主要内容

《房屋建筑制图统一标准》主要有以下 10 个方面的内容：

1）总则：规定了本标准的适应范围。

2）图纸幅面规格与图纸编排顺序：规定了图纸幅面的格式、尺寸要求、标题栏、会签栏的位置及图样编排的顺序。

3）图线：规定了图线的线型、线宽及用途。

4）字体：规定了图样上的文字、数字、字母、符号的书写要求和相关规则。

5）比例：规定了比例的系列和用法。

6）符号：对图面符号做了统一的规定。

7）定位轴线：规定了定位轴线的绘制和编写方法。

8）图例：规定了常用建筑材料的统一画法。

9）图样画法：规定了图样的投影法、图样布置、断面图与剖面图、轴侧图等的画法。

10）尺寸标注：规定了标注尺寸的方法。

1.1.2　图框布局要求

1. 图纸幅面

规定设计用图纸都应绘制图框，其大小必须符合表 1-1 和图 1-1 的规定。

表 1-1　幅面和画框尺寸　　　　　　　　　　　　　　　　　（单位：mm）

尺寸代号	图 幅 代 号				
	A0	A1	A2	A3	A4
B×L	841×1189	594×841	420×594	297×420	210×297
c	10			5	
a	25				

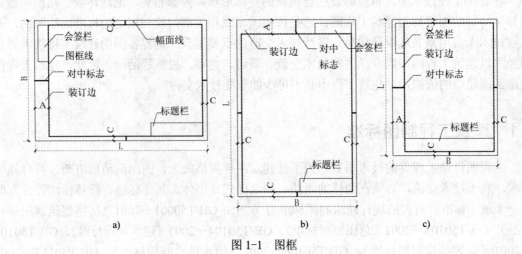

图 1-1　图框

a) A0~A3 横式幅面　　b) A0~A3 立式幅面　　c) A4 立式幅面

图纸幅面尺寸相当于 $\sqrt{2}$ 系列，即 $L=\sqrt{2}B$。A0 号幅面的面积为 $1m^2$，A1 号幅面是 A0 号幅面的对开，其他幅面依此类推，如图 1-2 所示。

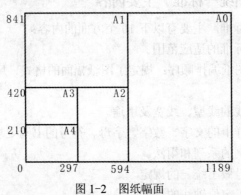

图 1-2　图纸幅面

必要时图纸幅面的长边可以按表 1-2 加长，特殊情况下，还可以使用 841mm×891mm、1189mm×1261mm 两种近似方形的图纸。

表 1-2　图纸长边加长尺寸　　　　　　　　　　　　　　　　（单位：mm）

幅面代号	长边尺寸	长边加长的尺寸						
A0	1189	1486	1635	1783	1932	2080	2230	2387
A1	841	1051	1261	1471	1682	1892	2102	

幅 面 代 号	长边尺寸	长边加长尺寸
A2	594	743　891　1041　1189　1338　1486　1635　1783　1932　2080
A3	420	630　841　1051　1261　1471　1682　1892

2．标题栏和会签栏

规定每张图纸都要在图框内右下角画出标题栏。需要会签栏的图纸还需绘制会签栏。标题栏和会签栏的格式如图1-3所示。

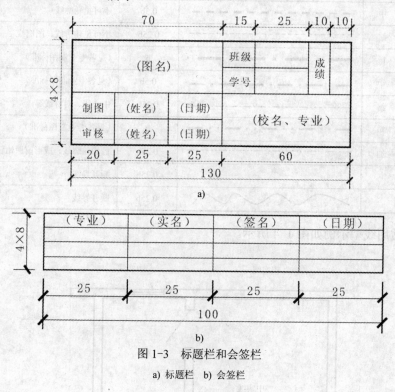

图 1-3　标题栏和会签栏

a) 标题栏　b) 会签栏

1.1.3　比例

比例是图中图形与其实物相应要素的线性尺寸之比。工程中使用的比例见表1-3。

表 1-3　工程绘图中使用的比例

常用比例	1:1	1:2	1:5	1:10	1:20	1:50	1:100
	1:150	1:200	1:500	1:1000	1:2000	1:5000	1:10000
	1:20000	1:50000	1:100000	1:200000			
可用比例	1:3	1:4	1:6	1:15	1:25	1:30	1:40
	1:60	1:80	1:250	1:300	1:400	1:600	

1.1.4　图线

制图中图线的基本规格见表1-4。

表 1-4　图线

名　称		线　型	线　宽	用　途
实线	粗		b	主要可见轮廓线
	中		0.5b	可见轮廓线
	细		0.25b	可见轮廓线、图例线
虚线	粗		b	（见各专业制图标准）
	中		0.5b	不可见轮廓线
	细		0.25b	不可见轮廓线、图例线
单点长画线	粗		b	（见各专业制图标准）
	中		0.5b	（见各专业制图标准）
	细		0.25b	中心线、对称线等
双点长画线	粗		b	（见各专业制图标准）
	细		0.25b	假想轮廓线、成形前原始轮廓线
折断线			0.25b	断开界线
波浪线			0.25b	断开界线

制图中常用线型示例如图 1-4 所示。

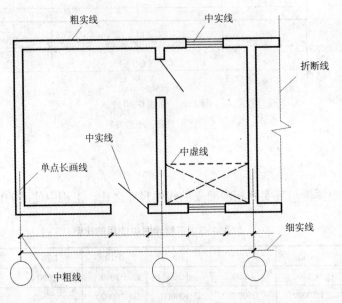

图 1-4　常用线型示例

　　图线以可见轮廓线的粗度 b 为标准，按《建筑制图标准》中的规定，图线 b 采用（单位：mm）2、1.4、1.0、0.7、0.5、0.35 共计 6 种线宽。画图时，根据图样的复杂程度和比例大小，选用不同的线宽组，见表 1-5。

表 1-5　线条宽度表

线　宽　比	线条宽度表/mm					
b	2.0	1.4	1.0	0.7	0.5	0.35
0.5b	1.0	0.7	0.5	0.35	0.25	0.18
0.25b	0.5	0.35	0.25	0.18		

在同一张图纸内，相同比例的图，应选用相同的线宽组。同类线应粗细一致。

图框线和标题栏的分格线宽度见表 1-6。

表 1-6　图框线和标题栏线宽表

幅面代号	图框线/mm	标题栏外框线/mm	标题栏分格线、会签栏表线/mm
A0、A1	1.4	0.7	0.35
A2、A3、A4	1.0	0.7	0.35

1.1.5　文字

1. 汉字

图样中的汉字，应采取国家正式公布的简化字，并用长仿宋体书写。国家标准对文字（汉字、数字、字母）的大小规定了 6 种号数，文字的号数以文字的高度（单位：mm）表示，6 种字号为：20、14、10、7、5、3.5，如需要更大字号，其高度应按比例值递增，详见表 1-7。

表 1-7　长仿宋体的字高、宽尺寸

字高（字号）	20	14	10	7	5	3.5
字宽	14	10	7	5	3.5	2.5

2. 字母、数字

字母和数字分直体和斜体两种，斜体字与右侧水平线的夹角为 75°，书写字母及数字的字高应不小于 2.5mm。

1.1.6　尺寸标注

用图线画出的图样只能表示物体的形状，只有标注尺寸才能确定其大小。尺寸标注的四要素及线型要求如图 1-5 所示。

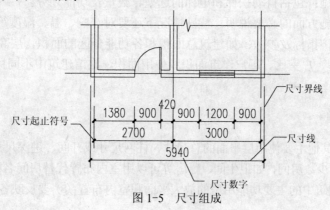

图 1-5　尺寸组成

圆、圆弧、球、角度、弦长、弧长的尺寸标注及坡度、箭头的画法如图 1-6 所示。

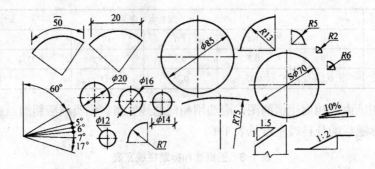

图 1-6　特殊尺寸标注方法

1.2　建筑制图深度

1.2.1　建筑方案设计阶段图纸深度规定

在方案设计阶段，建筑专业设计文件应包括：设计说明书、设计图样、透视图或鸟瞰图。必要时还应有建筑模型。

1. 设计说明书

1）设计依据及设计要求：计划任务书或上级主管部门下达的立项批文、项目可行性研究报告批文、合资协议书批文等；红线图或土地使用批准文件；城市规划、人防等部门对建筑提供的设计要求；建设单位签发的设计委托书及使用要求；可作为设计依据的其他有关文件。

2）建筑设计的内容和范围：简述建筑地点及其周围环境、交通条件以及建筑用地的有关情况，如用地的大小、形状及地形地貌，水文地质，供水、供电、供气、绿化、朝向等情况。

3）方案设计所依据的技术准则：如建筑类别、防火等级、抗震烈度、人防等级的确定和建筑及装修标准等。

4）设计构思和方案特点：包括功能分区，交通组织，防火设计和安全疏散，自然环境条件和周围环境的利用，日照、自然通风、采光，建筑空间的处理，立面造型，结构选型和柱网选择等。

5）垂直交通设施：包括自动扶梯和电梯的选型、数量及功能划分。

6）关于节能措施方面的必要说明，特殊情况下还要对音响、温、湿度等作专门说明。

7）有关技术经济指标及参数：如建筑总面积和各功能分区的面积，层高和建筑总高度。其他如住宅中的户型、户室比、每户建筑面积和使用面积，旅馆建筑中不同标准的客房间数、床位数等。

2. 设计图样

（1）平面图

① 底层平面及其他主要使用层平面的总尺寸、柱网尺寸或开间、进深尺寸；② 功能分区和主要房间的名称（少数房间，如卫生间、厨房等可以用室内布置代替房间名称）。必要时要画标准间或功能特殊建筑中的主要功能用房的放大平面和室内布置；③ 要反映各种出入口及水平

和垂直交通的关系。室内车库还要画出停车位和行车路线；④要反映结构受力体系中承重墙、柱网、剪力墙等位置关系；⑤注明主要楼层、地面、屋面的标高关系；⑥剖面位置及编号。

（2）立面图

根据立面造型特点，选绘有代表性的和主要的立面，并标明立面的方位、主要标高以及与之有直接关系的其他（原有）建筑和局部立面。

（3）剖面图

应剖在高度和层数不同、空间关系比较复杂的主体建筑的纵向及横向相应部位。一般应剖到楼梯，并注明各层的标高。建筑层数多、功能关系复杂时，还要注明层次及各层的主要功能关系。

3．透视图或鸟瞰图

透视图或鸟瞰图应视需要而定。设计方案一般应有一个外立面透视图或鸟瞰图。另外，也可以根据建设单位的要求或设计部门的意见制作建筑模型（一般用于大型或复杂工程的方案设计）。

1.2.2　建筑工程施工图设计深度要求

1．平面图

平面图设计要求：

1）标明图样要素，如图名、指北针、比例尺、图签等。

2）图纸比例一般为 1/100、1/150、1/200（图纸幅面规格不宜超过两种），制图单位为毫米（mm）。

3）图样应清晰、完整反映以下内容：

① 标注各层面积数据，公建配套部分的面积数据、各功能用房面积数据。

② 停车库应标明车辆停放位置、停车数量、车道、行车路线、出入口位置及尺寸、转弯半径和坡度。

③ 墙、柱（壁柱）、轴线和轴线编号、门窗、门的开启方向，注明房间名称及特殊房间的设计要求（如防止噪声、污染等措施）。

④ 轴线尺寸（外围轴线应标注在墙、柱外缘）、门窗洞口尺寸、墙体之间尺寸、外轮廓总尺寸、墙身厚度、柱（壁柱）截面尺寸。

⑤ 电梯、楼梯（应标注上下方向及主要尺寸）、卫生洁具、水池、隔断的位置。

⑥ 阳台、雨篷、台阶、坡道、散水、明沟、无障碍设施、设备管井（含检修门、洞）、烟囱、垃圾道、雨污水管、化粪池位置及尺寸。

⑦ 室外地坪标高及室内各层楼面标高。

⑧ 首层标注指北针、剖切线、剖切符号。

⑨ 平面设计及功能完全相同的楼层标准层可共用一平面，但需注明层次范围及标高，根据需要，可绘制复杂部分的局部放大平面。

⑩ 建筑平面较长较大时，可分区绘制，但需在各分区底层平面上绘出组合示意图，并明确表示出分区编号。

4）盖有建设单位的印章、具备资质的设计单位的出图章、资质章、报建特许人章和注册建筑师资格章。

2．立面图

立面图设计要求：

1）标明图样要素，如图名、比例尺、图签等。

2）图纸比例一般为 1/100、1/150、1/200、1/300，制图单位为毫米（mm）。

3）图样应清晰、完整反映以下内容：

① 建筑物两端轴线编号。

② 立面外轮廓、门窗、雨篷、檐口、女儿墙、屋顶、阳台、栏杆、台阶、踏步、外立面装饰构件。

③ 应注明颜色及材料做法。

④ 总高度标高、屋顶女儿墙标高，室外地坪标高。

4）盖有建设单位的印章、具备资质的设计单位的出图章、资质章、报建特许人章和注册建筑师资格章。

3. 剖面图

剖面图设计要求：

1）标明图样要素，如图名、比例尺、图签等。

2）图纸比例与立面图一致，制图单位为毫米（mm）。

3）图样应清晰、完整反映以下内容：

① 内墙、外墙、柱、内门窗、外门窗、地面、楼板、屋顶、檐口、女儿墙、楼梯、电梯、阳台、踏步、坡道、地下室顶板覆土层等。

② 总高度尺寸及标高（建、构筑物最高点），各层高度尺寸及标高，室外地坪标高。

4）盖有建设单位的印章、具备资质的设计单位的出图章、资质章、报建特许人章和注册建筑师资格章。

1.3　建筑设计与施工图

建筑施工图设计是建筑设计中的一个重要环节，也是建筑设计密不可分的组成部分。了解建筑施工图的特点和要求，对学习使用 AutoCAD 进行建筑设计的相关人员来说，是十分必要的。

1.3.1　建筑制图设计阶段

1. 建筑设计特点

建筑设计是指建筑物在建造之前，设计者按照建设任务，把施工过程和使用过程中所存在的或可能发生的问题，事先作好通盘的设想，拟定好解决这些问题的办法和方案，用图样和文件将其表达出来。作为备料、施工组织工作和各工种在加工和建造过程中互相配合协作的共同依据。便于整个工程项目得以在预定的投资限额范围内，按照周密考虑的预定方案，统一步调，顺利进行。并使建成的建筑物充分满足使用者和社会所期望的要求。从设计者的角度来分析建筑设计的方法，主要有以下几点：

（1）总体推敲，细处着手

总体推敲是指建筑设计要有一个全局观念。细处着手是指具体进行设计时，必须根据建筑物的使用性质，深入调查、收集信息、掌握必要的资料和数据，从最基本的人体尺度、人流方向、活动范围和特点、家具与设备尺寸，以及使用它们所必须的空间等方面考虑。

（2）内部与外部、局部与整体协调统一

建筑室内外空间环境需要与建筑整体的性质、标准、风格，以及室外环境协调统一。它们之间有着相互依存的密切关系，设计时需要从里到外，从外到里多次反复协调，从而使设计方案更加趋于完善。

（3）创意与表达

设计的构思和创意至关重要。可以说，一项设计，没有创意就等于没有灵魂，设计的难度也往往在于要有一个好的构思和创意。一个较为成熟的构思，往往需要有足够的信息量，有足够的商讨和思考时间，在设计前期和方案制定过程中，应使创意和构思逐步明确，形成一个好的设计方案。

2. 建筑设计阶段

建筑设计是为人类建立生活环境的综合艺术和科学，是一门涵盖极广的专业。建筑设计根据设计进程，通常分为以下三个阶段：

（1）初步设计阶段

这个阶段主要是根据选定的方案进行更具体、更深入的设计。在论证技术可能性、经济合理性的基础上，提出设计标准、基础形式、结构方案以及水、电、暖通等各专业的设计方案。初步设计的图样和有关文件只可作为提供研究和审批使用，不能作为施工的依据。

（2）技术设计阶段

这个阶段是针对技术上复杂或有特殊要求而又缺乏设计经验的建设项目而增加的一个设计阶段。它用于进一步解决初步设计阶段一时无法解决的一些重大问题，如初步设计中采用的特殊工艺流程需要经过试验研究落实，建筑规模及重要的技术经济指标需要进一步论证等。技术设计是根据批准的初步设计开展的，其具体内容根据工程项目的具体情况，特点和要求确定，其深度以能够解决重大技术问题，指导施工图设计为原则。

（3）施工图设计阶段

这个阶段是在前面两个阶段的基础上进行详细的、具体的设计。主要是为满足工程施工中的各项具体的技术要求提供准确可靠的施工依据。因此要将建筑和结构各构成部分的尺寸、布置和主要施工方法等内容，绘制出准确的、完整的和详细的安装详图及必要的文字说明和工程概算。整套施工图纸是设计人员的最终成果，也是施工单位进行施工的主要依据。

1.3.2 建筑施工图的分类

建筑工程施工图是工程技术的语言，它能够十分准确地表达出建筑物的外形轮廓和尺寸、结构类型、装修做法、材料做法及设备管线等。

建筑工程图根据其内容和各工种的不同可分为以下几种类型：

1. 建筑施工图

建筑施工图简称"建施"。主要用来表示建筑物的规划位置、外部造型、内部构造、房间布局、内外装饰及施工要求等。建筑施工图包括首页（图样目录、设计总说明、门窗表等内容）、总平面图、平面图、立面图、剖面图和详图。

设计总说明包括工程概况（建筑名称、建筑地点、建设单位、建筑面积、工程占地面积、建筑等级、建筑层数等）；设计依据（政府有关批文、相关规范、法规、条文及相关的地质、水文、气象资料等）；设计标准（建筑标准、结构抗震设防烈度、耐火等级、采暖通风、照明标准等）；施工要求（验收规范要求、施工技术及材料要求，采用新技术、新材料或有特殊要求的做法说明，图中不详之处的补充说明等）。

2. 结构施工图

结构施工图简称"结施"。主要表示建筑物承重结构位置、大小、尺寸的情况，包括构件的类型、大小及结构配筋的设置等。图样包括结构设计说明、基础平面图、基础断面图、柱网布置图、梁的平面配筋图、楼板的平面配筋图、柱的平面配筋图、结构构件详图等。

结构设计说明包括设计依据（政府的批文、国家有关标准、相关规范等）；自然条件（地质勘察资料、抗震设防烈度、风荷载、雪荷载等）；使用要求（对结构的特殊要求等）；施工要求（验收规范要求、施工技术要求等）；材料等级和质量要求。

3. 设备施工图

设备施工图简称"设施"。包括给水排水（简称水施）、电气照明（简称电施）、采暖通风（简称暖图）等设备的平面布置图、设备系统图和设备详图。

图样的编排顺序按照上述的内容顺序。一般中小型工程项目编写一个设计总说明即可，放在建筑施工图首页，如果是大型工程项目或结构复杂的工程，则可以将总说明分为三个部分（建筑设计说明、结构设计说明、设备设计说明），分别放在各专业施工图的前面。各专业施工图的编排顺序是全局性的图样在前面，局部性的在后面；先施工的在前，后施工的在后；重要的在前，次要的在后。

1.3.3 建筑施工图的组成

一套完整的建筑施工图，应当包括以下主要内容：

1. 建筑施工图首页

建筑施工图首页包括工程名称、实际说明、图样目录、经济技术指标、门窗统计表以及本套建筑施工图所选用的标准图集列表等。

图样目录应包括每张图样的名称、内容和图号等信息。应包括建筑施工图目录、结构施工图目录、设备施工图目录。

2. 建筑总平面图

建筑总平面图是将新建工程四周一定范围内的新建、扩建、拟建、原有和拆除的建筑物、构筑物连同周边地形等情况用水平投影的方法和相应的图例绘制出来的图样。

建筑总平面图主要是表示新建房屋的位置、朝向、与原有建筑物的关系、周边道路、绿化和水电供应情况，建筑总平面图应注明新建建筑物首层室内地面和室外地面的绝对标高和楼层数（常用黑色圆点数来表示），还应绘制带有指北针的风向频率玫瑰图或指北针。建筑总平面图作为新建房屋施工定位、土方施工、设备管网布置，安排施工时的材料进场、构配件堆放场地、运输道路的重要依据。如图 1-7 所示为某住宅区建筑总平面图。

3. 建筑平面图

建筑平面图是假想用一水平剖切面从建筑窗台上的位置剖切建筑物，移去上面的部分，向下所作的正投影图，称为建筑平面图。

建筑平面图反映建筑物的层次、图名、比例、轴线及其编号、房间布局及分隔、墙柱尺寸、门窗布置与类型、楼梯布置、细部构造、平面尺寸及标高、房间名称等，首层平面图还应标注剖面图的剖切位置及剖视方向。建筑平面图可作为建筑施工定位、放线、砌墙、门窗安装、室内外装修、编制预算文件的依据。

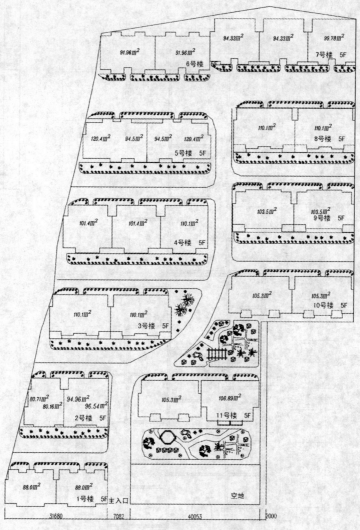

图 1-7　某住宅区建筑总平面图

在平面图中被水平剖切到的墙体、柱子等应用粗实线表示，未被剖切到的部分（如室外台阶、散水、尺寸线等）用细实线表示。通常建筑平面图有首层平面图、标准层平面图、顶层平面图等。图 1-8 为某工程建筑平面图。

4．建筑立面图

建筑立面图是在房屋的立面平行的投影面上所做的正投影，它主要表示房屋的外貌、外墙面装修及立面上构配件的标高和必要的尺寸。立面图可根据房屋的朝向来命名，如南立面图、北立面图等；也可根据主要出入口命名，通常把主要入口或反映房屋主要外貌特征的立面图称为正立面图，其他则为背立面图和左立面图、右立面图；还可根据立面图两端的轴线编号来命名。

建筑立面图主要图示内容有建筑物的图名、比例、定位轴线及编号、标高、尺寸、详图索引符号等，门窗形状及位置、屋顶形状、外墙面装饰、窗台、阳台等的构造做法。图 1-9 为某工程建筑立面图。

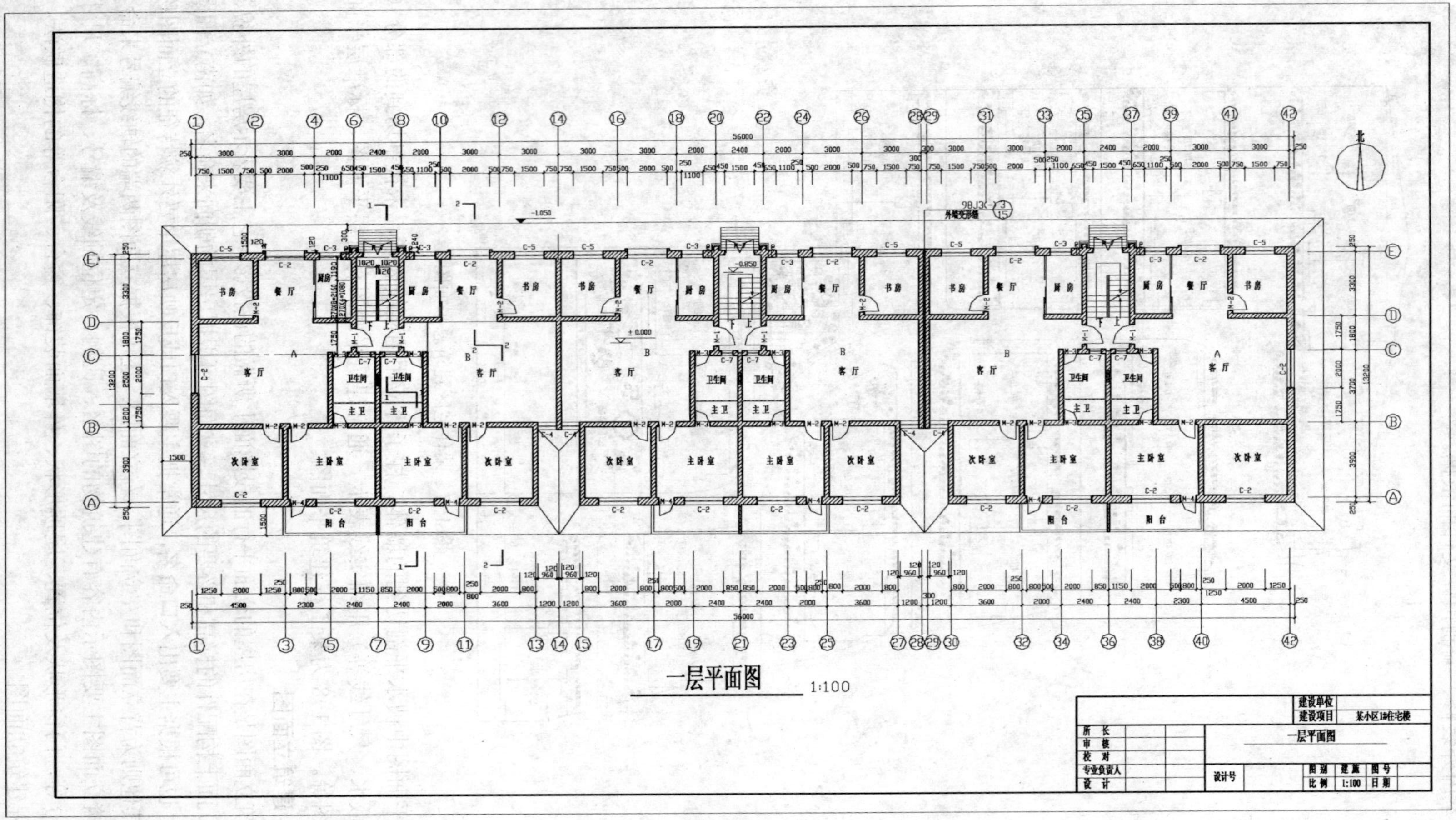

一层平面图 1:100

图 1-8 某住宅楼建筑平面图

12

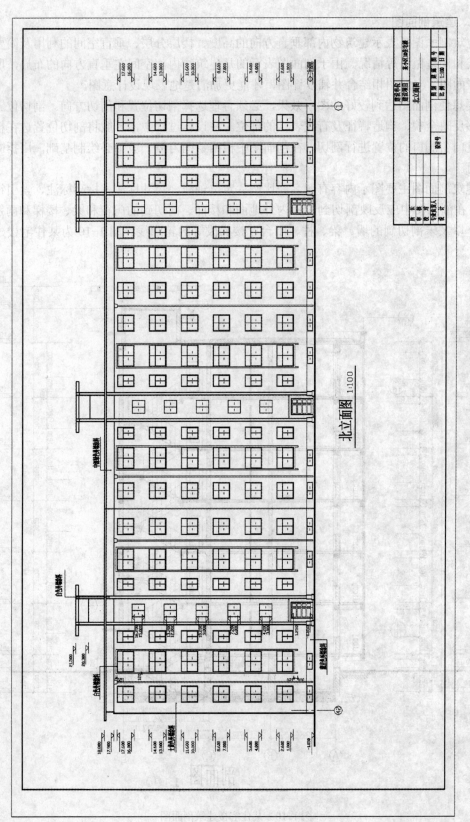

图 1-9　某住宅楼建筑立面图

5. 建筑剖面图

建筑剖面图是表示建筑物内部垂直方向的高度、楼层分层、垂直空间的利用及简要的结构形式和构造做法等情况。由于剖面图表示的是建筑物内部空间在垂直方向的布局，所以只有与平面图、立面图相结合并辅以详图，才能更加清楚地表现设计意图。

要想使剖面图达到较好的图示效果，必须合理选择剖切位置和剖切方向。剖切位置应选择能够反映全貌、构造特征及有代表性的部位。在设计过程中，一般将剖切位置选在楼梯间并通过门窗洞口的位置进行剖切。在剖面图中根据绘图习惯一般不必绘制基础，用折断线断开即可。

建筑剖面图主要图示内容有图名、比例、定位轴线、尺寸标注、标高标注、索引符号标注等。在剖面图中应反映剖切到的室内外地面和楼面、剖切到的门窗和梁、楼梯和雨篷、阳台等，以及未剖切到的墙、梁、柱、阳台、楼梯段等的轮廓线。图1-10为某住宅楼建筑剖面图。

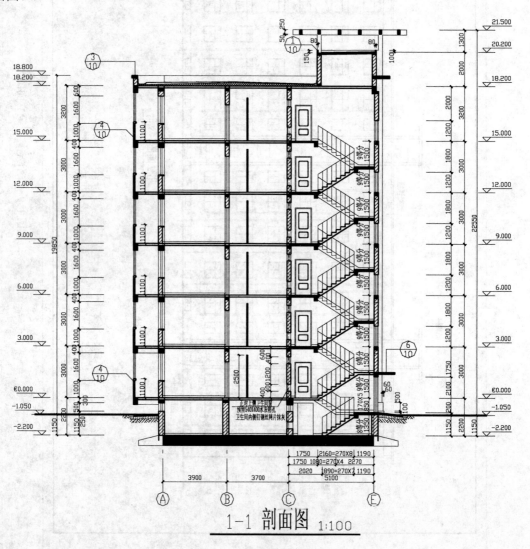

图 1-10　某住宅楼建筑剖面图

14

1.4 练习题

1. 《房屋建筑制图统一标准》的主要内容有哪些?
2. 工程图幅面尺寸规格有几种?具体尺寸分别是多少?
3. 在建筑工程制图中要用到哪些线型?
4. 尺寸标注的四要素是什么?
5. 在建筑工程施工图设计阶段的深度要求有哪些?
6. 请具体说明建筑工程图根据其内容和各专业的不同可分为哪些类型?

第 2 章　AutoCAD 2010 入门基础

AutoCAD 是美国 Autodesk 公司推出的集二维绘图、三维设计、渲染及通用数据库管理和互联网通信功能为一体的计算机辅助绘图软件包。AutoCAD 作为专业的计算机辅助设计软件，目前正在受到越来越多的设计人员的青睐，也得到了更为广泛的应用。目前，它正广泛地应用于建筑、规划、测绘、水利、航空航天、造船、机械、电子等工程领域。经过多次的版本更新和性能完善，现在已经发展到 AutoCAD 2010 版本。AutoCAD 2010 软件为从事各种专业设计的客户提供了强大的功能和灵活性，可以帮助用户更好地完成设计和文档编制工作。

2.1　AutoCAD 2010 概述

2.1.1　AutoCAD 2010 基本功能

AutoCAD 具有简便易学、精确高效、功能强大、体系结构开放等优点，能够绘制平面二维图形及三维图形。用户可以使用它来创建、浏览、管理、打印、输出、共享设计图形。

AutoCAD 软件具有以下主要功能：
1）具有完善的图形绘制功能。
2）具有强大的图形编辑功能。
3）可以采用多种方式进行二次开发或用户定制。
4）可以进行多种图形格式的转换，具有较强的数据交换能力。
5）具有强大的三维造型功能。
6）具有图形渲染功能。
7）提供数据和信息查询功能。
8）尺寸标注和文字输入功能。
9）图形输出功能。

2.1.2　AutoCAD 2010 新增功能

在 AutoCAD 的每个发展阶段都有多个版本的更新，每一版本都在原有的基础上增添了许多强大的功能，从而使 AutoCAD 系统更加完善。AutoCAD 2010 在用户界面、三维建模、参数化图形、动态块、PDF 和输出、自定义与设置、生存力增强功能等几大方面进行了改进，增加和增强了部分功能。

借助 AutoCAD 2010 中的自由形状设计工具，用户几乎可以创建所有可以想象的形状。AutoCAD 2010 软件中的许多重要功能都实现了自动化，能够帮助用户提高工作流程效率，更顺利地迁移到三维设计环境。由于 AutoCAD 2010 对 PDF 发布功能进行了大量改进并且还增添了重要的三维打印功能，因此还可以更轻松地与同事共享和处理项目数据。除了上述功能外，它还具有许多其他新功能，下面针对 AutoCAD 2010 的新增功能予以介绍。

1．借助三维自由形状概念设计工具轻松探索设计构想

借助 AutoCAD 2010 中新的自由形状设计工具，用户现在几乎可以设计任何造型。使用新的子对象选择过滤器，可以轻松地在三维对象中选择面、边或顶点。改进的三维线框（3D Gizmos）功能通过将所选对象的移动、旋转或缩放限定在一个指定轴或平面上，可以完成精确地编辑设计。

成效：使用直观的工具在三维环境中更全面地探索设计构想。

2．借助参数化绘图功能极大缩短设计修订时间

新的参数化绘图工具可以极大地缩短设计修订时间。用户可以按照设计意图控制绘图对象，即使对象发生了变化，具体的关系和测量数据仍将保持不变。AutoCAD 2010 能够对几何图形和标注进行控制，可以极大地缩短设计方案的修改工作。

成效：有了 AutoCAD 2010，修改工程图变得轻而易举。

3．将 PDF 文件作为底图添加到工程图

AutoCAD 2010 支持用户在 AutoCAD 设计中使用 PDF 文件中的设计数据。借助这一新功能，用户只需将 PDF 文件添加到 AutoCAD 工程图即可。借助熟悉的对象捕捉功能，用户甚至可以捕捉到 PDF 几何图形中的关键要素，并且还可以更轻松地重复使用之前的设计内容。

成效：通过重复使用现有 PDF 设计数据，加强设计沟通，节省宝贵时间。

4．借助 AutoCAD 2010 软件中的三维打印功能创建逼真的模型

借助 AutoCAD 2010 可以实现设计的可视化，还能使其变为现实。用户可以直接将三维模型输入三维打印机，也可以通过 AutoCAD 联系在线服务提供商进行打印。通过将设计创意转变为真实的模型，添加各种创新元素来提高设计演示效果，客户将会对设计者的设计印象深刻。

成效：三维模型打印功能可帮助用户实现更佳的设计可视化。

5．借助改进的条状界面，提高工作效率

在进行与上下文有关的操作时，新的改进的条状界面减少了获取命令所需的步骤，从而可帮助用户全面提高绘图效率。其以简洁的外观显示命令选项，便于用户根据任务迅速选择命令。条状界面可以定制和扩展，能针对每个用户的标准进行优化，满足所有客户的需求，借助这一直观的用户界面，用户能够全面提高其工作效率。

成效：轻松提高工作效率。

6．借助动态属性提取工具，维护块数据

AutoCAD 2010 中增强的"属性提取向导"便于用户更轻松地利用和维护块数据。在指定要提取的数据时，可以排除没有属性的图块、排除一般的块特性并按照块特性类型来排序。将块数据直接提取到 AutoCAD 表格中并应用表格样式。

成效：动态属性提取工具能够让用户更轻松地管理块数据。

7．借助动作录制器，自动执行重复性任务

该功能支持用户自动处理重复性的任务，从而帮助用户节省时间，提高工作效率。AutoCAD 2010 采用了动作录制器，支持录制正在执行的任务，添加文本信息和输入请求，然后快速选择并回放录制的宏。并且，可以与其他用户共享宏文件，从而提高整个团队的

工作效率。

成效：轻松提高工作效率。

8．动态块

该功能可以帮助用户节约大量时间，轻松实现工程图的标准化。借助 AutoCAD 动态块，人们就不必再重新绘制重复的标准组件，并可减少设计流程中庞大的图块库。AutoCAD 动态块功能支持对单个块图形进行编辑，并且不必再因形状和尺寸发生变化而定义新图块。AutoCAD 2010 中强大的动态块功能使用户可以更快、更高效地处理块。用户可以在插入块参考时准确地指定方向，并且无需编辑块定义或者删除并插入不同的块即可修改其外观。

成效：无需重新绘制重复、标准的组件。

2.1.3 AutoCAD 2010 工作界面

AutoCAD 的工作界面是用以显示和编辑图形的区域，AutoCAD 2010 的工作界面继承了 AutoCAD 2009 的基本特点，而且在启动选择、菜单栏、工具栏、状态栏等处又增加了许多新的选项。

AutoCAD 2010 的原始图形文件格式与早期版本不可兼容。AutoCAD 2010 可以打开早期版本中的图形文件格式。但是，要在早期版本中打开 AutoCAD 2010 文件，用户需要使用 SAVEAS 命令，并将其保存为相应的格式才可以在相应的早期版本中打开 AutoCAD 2010 文件。

1．第一次启动 AutoCAD 2010

用户可以通过从"开始"菜单中选择该程序或双击计算机桌面上的 AutoCAD 2010 图标来启动 AutoCAD 2010。

第一次启动 AutoCAD 2010 时，系统将会弹出一个"新功能专题研习"消息框，如图 2-1 所示。

图 2-1 "新功能专题研习"消息框

如果选择"是"选项，单击"确定"按钮后，将进入"新功能专题研习"窗口，如图 2-2 所示。

在"新功能专题研习"窗口中，详细介绍了 AutoCAD 2010 版本所增加的新功能，每个功能都有具体的绘图操作演示和文字说明，是 AutoCAD 用户学习新功能的好地方。

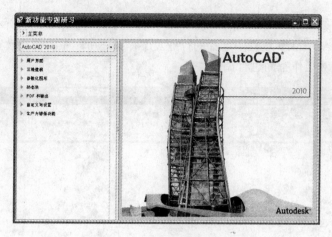

图 2-2   "新功能专题研习"窗口

2. AutoCAD 2010 的工作空间

工作空间是菜单、工具栏、选项板和功能区面板的集合，用户可将它们进行编组和组织来创建一个面向任务的绘图环境。使用工作空间时，只会显示与任务相关的菜单、工具栏和选项板。用户还可使用自动显示功能区，即带有特定任务的控制面板的特殊选项板。

AutoCAD 2010 提供了 4 种用户工作空间，分别是 AutoCAD 经典、初始设置工作空间、三维建模、二维草图与注释，用户可通过窗口右下角的"切换工作空间"快捷菜单进行切换。用户也可根据个人需要来进行自定义工作空间。当用户更改图形显示（例如移动、隐藏或显示工具栏或工具选项板组）并希望保留显示设置以备将来使用时，可以将当前设置保存到工作空间中。

"AutoCAD 经典"又称为 AutoCAD 经典的用户主界面，如图 2-3 所示。

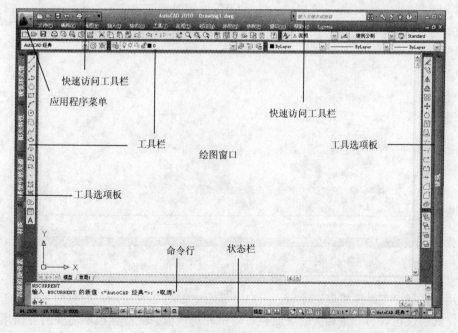

图 2-3   "AutoCAD 经典"用户主界面

若用户选择"初始设置工作空间"选项后，用户主界面将如图 2-4 所示，此界面是基于用户在安装 AutoCAD 2010 过程中选择的行业及工作描述所产生的初始设置，在使用过程中还可根据工作需要对工作空间进行调整。

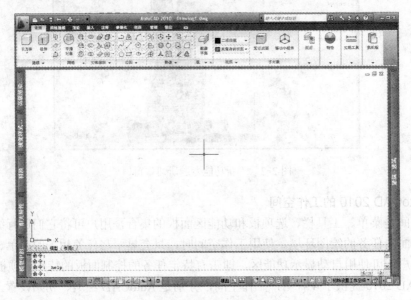

图 2-4　"初始设置工作空间"用户主界面

若用户选择"二维草图与注释"选项后，用户主界面如图 2-5 所示，此界面主要用于二维草图的绘制并进行文字与尺寸的注释。

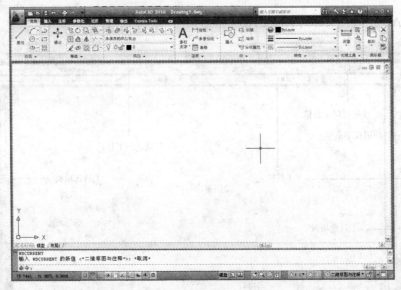

图 2-5　"二维草图与注释"用户主界面

若用户选择"三维建模"选项后，用户主界面将如图 2-6 所示，此界面主要用于进行三维建模。其中仅包含与三维相关的工具栏、菜单和选项板。三维建模不需要的界面项会被隐藏，使得用户的工作屏幕区域最大化。

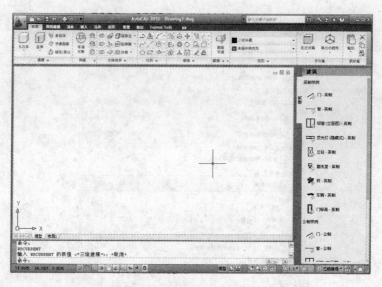

图 2-6 "三维建模"用户主界面

3. 应用程序菜单

若单击"应用程序"按钮，可以使用应用程序菜单，在这里用户可以搜索命令以及访问用于创建、打开、浏览和发布文件的工具，如图 2-7 所示。

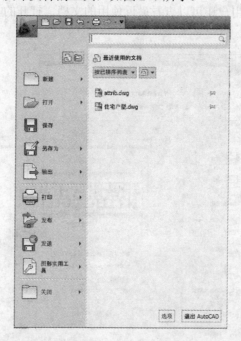

图 2-7 应用程序菜单

单击"应用程序"按钮，用户可以在快速访问工具栏、应用程序菜单和功能区中执行对命令的实时搜索。搜索字段显示在应用程序菜单的顶部。搜索结果可以包括菜单命令、基本工具提示和命令提示文字字符串。若将鼠标悬停在某命令附近，还可显示相关的提示信息，如图 2-8 所示。

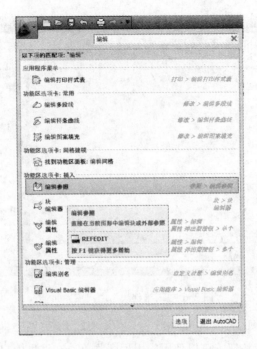

图 2-8　搜索命令

在应用程序菜单中，用户还可以查看最近使用的文档、打开的文档，并能够对文档进行预览，如图 2-9 所示。

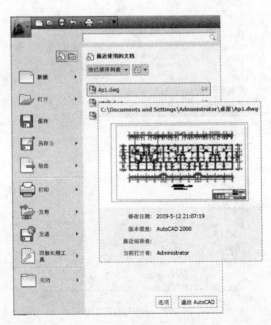

图 2-9　查看文档

4．快速访问工具栏

快速访问工具栏位于应用程序窗口顶部（功能区上方或下方），可提供对定义的命令集的直接访问，如图 2-10 所示。快速访问工具栏始终位于程序中的同一位置，但显示在其上的命令随当前工作空间的不同而有所不同。自定义快速访问工具栏与自定义功能区面板或工具栏类似。用户可以添加、删除和重新定位命令和控件，以按照用户的工作方式对用户界面元素进行适当调整。同时，还可以将下拉菜单和分隔符添加到组中，并组织相关的命令。通过快速访问工具栏右侧的下拉箭头命令，用户可以选择显示传统的"菜单栏"。

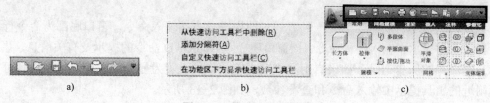

图 2-10　快速访问工具栏

a) 快速访问工具栏　b) 快捷菜单　c) 自定义的快速访问工具栏

5．功能区

功能区是显示基于任务的命令和控件的选项板。在创建或打开文件时，程序会自动显示功能区，提供一个包括创建文件所需的所有工具的小型选项板，用户可以根据需要自定义功能区。功能区可水平显示，也可竖直显示。水平功能区在文件窗口的顶部显示。垂直功能区一般固定在窗口的左侧或右侧，如图 2-11 所示。

图 2-11　功能区

用户可以通过功能区选项卡右侧的按钮，来选择功能区的显示效果，有最小化为面板标题、最小化为选项卡、显示完整功能区三种形式可以选择。

6．状态栏

状态栏位于绘图屏幕的底部，用于显示坐标和提示信息等，同时还提供了一系列的控制按钮，如图 2-12 所示。

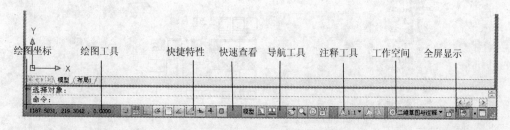

图 2-12　状态栏

应用程序状态栏可显示光标的坐标值、绘图工具、导航工具以及用于快速查看和注释缩放的工具。用户可以以图标或文字的形式查看图形工具按钮。通过捕捉工具、极轴工具、对象捕捉工具和对象追踪工具的快捷菜单，用户可以轻松更改这些绘图工具的设置。通过工作空间按钮，用户可以切换工作空间。锁定按钮可锁定工具栏和窗口的当前位置。也可单击"全屏显示"按钮，展开图形显示区域，以方便绘图。

7. 命令窗口

该窗口提供了调用命令的又一种方式，即用键盘直接输入命令。窗口底部为命令行，用户可在命令行提示中输入各种命令。该窗口还显示 AutoCAD 命令的提示及有关信息，并可查阅和复制命令的历史记录。如果启用了"动态输入"并设置为显示动态提示，用户则可以在光标附近的工具提示中输入命令和查看参数，如图 2-13 所示。

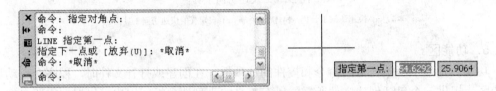

图 2-13　命令窗口

8. 设计中心

通过设计中心，用户可以组织对图形、块、图案填充和其他图形内容的访问。可以将源图形中的任何内容拖动到当前图形中。可以将图形、块和填充拖动到工具选项板上。源图形可以位于用户的计算机、网络位置或网站上。另外，如果打开了多个图形，则可以通过设计中心在图形之间复制和粘贴其他内容（如图层定义、布局和文字样式）来简化绘图过程，如图 2-14 所示。

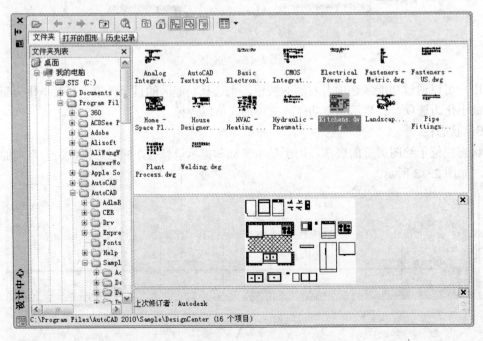

图 2-14　设计中心

2.2　AutoCAD 2010 图形绘制基础

2.2.1　绘图环境设置

绘图环境是指影响绘图工作的诸多设置和选项，一般是在开始新的绘图工作之前就要配置好的。对绘图环境进行正确的设置，是保证准确、快速绘制图形的基本条件。要想提高自己的绘图速度和质量，必须有一个合理的、适合自己绘图习惯的参数配置。

从应用程序菜单中选择"选项"命令按钮；在命令行中输入"Options"，按〈Enter〉键确认；在绘图区单击鼠标右键，在弹出的菜单中选择 "选项"菜单项。

执行命令后，弹出"选项"对话框，如图 2-15 所示。

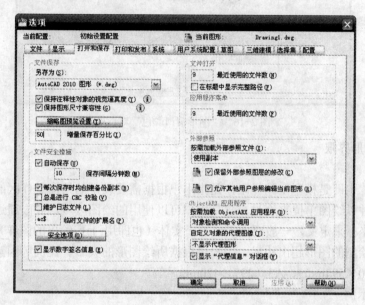

图 2-15　"选项"对话框

1．更改工作环境色彩方案

（1）功能

通过"选项"对话框，用户可以调整应用程序和图形窗口中使用的配色方案和显示方案。背景色设置可指定布局和模型空间中使用的背景色以及用于提示和十字光标的颜色；配色方案设置可以为整个用户界面指定暗或明配色方案。这些设置可影响窗口边框背景、状态栏、标题栏、菜单浏览器边框、工具栏和选项板。模型选项卡上的背景色发生变化，指明用户是在二维设计环境、三维建模（平行投影）还是三维建模（透视投影）中工作。

（2）操作示例

1）执行"选项"命令，打开"选项"对话框，在对话框中切换到"显示"选项卡。

2）单击 颜色(C) 按钮，弹出"图形窗口颜色"对话框，如图 2-16 所示。

3）单击"颜色"列表框的 按钮，从"颜色"列表中选择要使用的颜色即可。

4）单击"应用并关闭"按钮，完成绘图区背景颜色的设置。

5）单击"确定"按钮，关闭"选项"对话框。

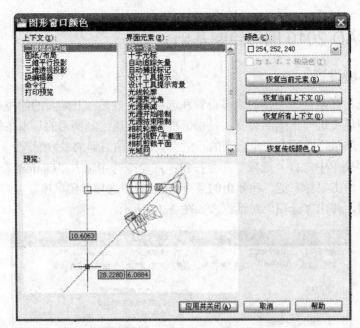

图2-16 "图形窗口颜色"对话框

2. 设置图形界限

（1）功能

图形界限，也即是模型空间界限，是指用户根据需要设定的绘图工作区的大小。它以坐标形式表示，并以绘图单位来度量，它是用户可以使用的绘图区域。界限通过指定左下角与右上角两点的坐标来定义，一般要大于或等于实体（也即用 1:1 绘出的图样）的绝对尺寸。目的是避免所绘制的图形超出边界。用户可根据所绘图形的大小、比例等因素来确定绘图幅面，如 A2（420×594mm）、A3（297×420mm）等。

（2）操作示例

用户可利用"应用程序菜单"中的实时搜索功能调用"图形界限"命令，也可以从菜单栏依次单击"格式"→"图形界限"或是在命令行执行"limits"命令调用"图形界限"命令。

命令: limits

重新设置模型空间界限;

指定左下角点或 [开(ON)/关(OFF)] <0.0000,0.0000>: （一般默认，也可以输入新坐标值）

指定右上角点 <420.0000,297.0000>: 420,594 （括号内为当前图形界限值，冒号后面为新输入图形界限值）

说明：实际操作中，一旦改变了图纸界限，绘图区的对象显示大小会改变，一般 limits 命令常与 ZOOM 命令配合使用，紧接着做如下操作：

命令: zoom

指定窗口的角点，输入比例因子 (nX 或 nXP)，或者

[全部(A)/中心(C)/动态(D)/范围(E)/上一个(P)/比例(S)/窗口(W)/对象(O)] <实时>: all （或者选 E）

说明：实际绘图中也可以先不设定绘图边界，尽管按 1:1 绘图，等到布局打印时再作相

应的设置。

3. 设置图形单位

（1）功能

开始绘图前，确定图形中要使用的测量单位，并设置坐标和距离要使用的格式、精度和其他约定。创建的所有对象都是根据图形单位进行测量的，所以，必须基于要绘制的图形确定一个图形单位代表的实际大小。然后据此约定创建实际大小的图形。例如，一个图形单位的距离通常表示实际单位的一毫米、一厘米、一英寸或一英尺。

用户可以在"图形单位"对话框、"快速设置"向导或"高级设置"向导中设置单位类型和精度。另外，角度约定包括零角度的位置（通常为正东或正北）和角度测量的方向（顺时针或逆时针），用户可以百分度、弧度或度/分/秒等形式输入角度。

（2）操作示例

用户可利用"应用程序菜单"中的实时搜索功能调用"单位"命令；或从菜单栏中执行"格式"→"单位"命令；在命令行中输入"Units"，按〈Enter〉键均可调出"图形单位"对话框，如图 2-17 所示。

对话框的左上角是"长度选项区"，可以设置图形的长度单位和精度。类型：设置测量单位的当前格式；精度：线型测量值显示的小数位数或分数大小。

对话框的右上角是"角度选项区"，可以设置图形的角度格式和精度。类型：设置当前角度格式；精度：设置当前角度显示的精度；顺时针：选中该复选框，表示以顺时针方向计算正的角度值，默认的正角度方向为逆时针方向；设置零角度的位置：要控制角度的方向，单击对话框中的"方向"按钮，弹出"方向控制"子对话框，如图 2-18 所示。默认时 0°角的方向为正东方向，即为 X 轴正方向。

图 2-17　"图形单位"对话框

图 2-18　"方向控制"对话框

对话框左下角是"光源选项区"，可以选择光源单位的类型。AutoCAD 2010 提供了三种光源单位：标准（常规）、国际标准和美国。

2.2.2　图形文件管理

对图形文件的操作是进行高效绘图的基础。在 AutoCAD 2010 中，图形文件操作包括创建新的图形文件、打开已有的图形文件、关闭和保存图形文件以及获得帮助等。

1. 创建图形文件

用户可以通过以下方法从头开始创建图形：从"创建新图形"对话框或"选择样板"对话框，或通过不使用任何对话框的默认图形样板文件。

若要使用"创建新图形"对话框，应将系统变量 STARTUP 和 FILEDIA 均设置为 1（开），要使用"选择样板"对话框，则应将系统变量 STARTUP 设置为 0（关），FILEDIA 设置为 1（开）。这样，在每次启动 AutoCAD 时将显示如图 2-19 所示的"创建新图形"对话框。系统启动后，每次单击"新建"按钮，都会打开"创建新图形"对话框。

图 2-19　"创建新图形"对话框

通过"创建新图形"对话框创建新图形的方法有三种。

（1）以默认方式创建新的图形文件

在"启动"对话框中，单击"从草图开始"按钮，表示使用默认设置新建一幅空白图形，如图 2-19 中所示。此时，用户可选择"英制（英尺和英寸）"和"公制"两种形式来绘制图形。

（2）使用向导创建新图形文件

在"创建新图形"对话框中单击"使用向导"按钮，在对话框的"选择向导"中给出了两个向导，即"高级设置"和"快速设置"，如图 2-20 所示。

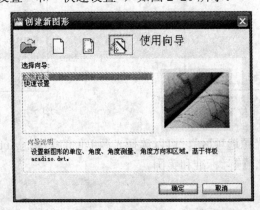

图 2-20　使用向导

选择"快速设置"项，单击"确定"按钮，弹出"快速设置"对话框，首先需要选择测量单位，单位是指用户输入以及程序显示坐标和测量所采用的格式，现选择为"小数"，单击"下一步"按钮，如图 2-21 所示。

设置绘图区域，区域指定按绘制图形的实际比例单位表示的宽度和长度，如果栅格设置处于被打开状态，此设置还将限定栅格点所覆盖的绘图区域，如图 2-22 所示。

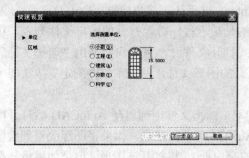 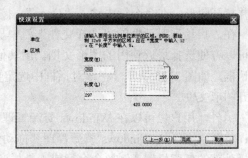

图 2-21　单位设置　　　　　　　　　　　　　图 2-22　区域设置

若在"创建新图形"对话框中选择"高级设置"项，单击"确定"按钮。左侧区域会多出三项设置："角度"、"角度测量"和"角度方向"。一般情况下，角度选择"十进制度数"，角度测量的起始方向选为"东"，角度方向选为"逆时针"，如图 2-23 所示。

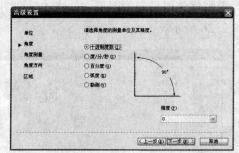 

图 2-23　角度设置

完成以上设置，单击"完成"按钮，进入工作界面，即完成了一幅新的图形文件创建。需要注意的是，"启动"对话框和"创建新图形"对话框只是标题不同，内容及操作基本相同。

（3）使用样板文件创建新图形

样板图形是预先对绘图环境进行了设置的"图形模板"，通过创建或自定义样板文件可避免重复性的设置工作。样板文件中通常包含有与绘图相关的一些通用设置，如单位类型和精度、栅格界限、图层、线型、文字样式、尺寸标注样式等，还可以包括一些通用图形对象，如标题栏、图框等。用户在命令行中输入"NEW"或在对话框中选择"使用样板"按钮 ，即可调出"使用样板"对话框，如图 2-24 所示。

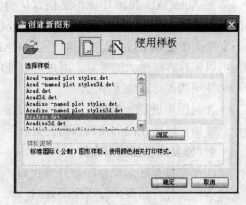

图 2-24　使用样板

2．打开图形文件

用户可以利用以下方法打开图形文件：从"启动"对话框中选择"打开图形"选项；从应用程序菜单选择"打开"命令；单击"快速访问工具栏"中的"打开"按钮■；使用"文件"菜单上的"打开"命令；使用设计中心打开图形；使用图纸集管理器可以在图纸集中找到并打开图形；在命令行中输入"Open"，按〈Enter〉键确认；按快捷键〈Ctrl+O〉。

在"启动"对话框的"选择文件"栏中显示的是最近程序曾经打开的图形文件列表，用户可以方便选择最近使用的图形文档。用其他方式打开文件时，系统均会弹出"选择文件"对话框，如图 2-25 所示。在该对话框中选定要打开的图形文件，然后单击"确定"按钮即可打开图形文件。

另外，用户也可以在 Windows 资源管理器中双击图形文件图标启动 AutoCAD 后打开图形；将图形文件从 Windows 资源管理器拖动到 AutoCAD 中，注意，如果将图形放置到绘图区域外部的任意位置（例如命令行或工具栏旁边的空白处），将打开该图形。但是如果将一个图形拖放到一个已打开图形的绘图区域，新图形不是被打开，而是作为一个块参照插入。

3．保存图形文件

与使用其他 Microsoft Windows 应用程序一样，保存图形文件以便日后使用。可以设置自动保存、备份文件以及仅保存选定的对象。AutoCAD 2010 图形文档的文件扩展名为 .dwg，除非更改保存图形文件所使用的默认文件格式，否则将使用最新的图形文件格式保存图形。此格式适用于文件压缩和在网络上的使用，如图 2-26 所示。

图 2-25　"选择文件"对话框　　　　　图 2-26　"图形另存为"对话框

在 AutoCAD 2010 中图形文档默认的文件类型为"AutoCAD 2010 图形"，用户也可以将图形文档保存为传统图形文件格式（AutoCAD 2007 或早期版本），但是早期版本的图形文档不支持大于 256MB 的对象。通过 AutoCAD 2010 图形文件格式，这些限制已删除，从而使用户可以保存容量更大的对象。用户可以使用 LARGEOBJECTSUPPORT 系统变量控制保存图形时使用的图形对象大小限制。

在对图形进行处理时，用户应当经常进行保存。保存操作可以在出现电源故障或发生其他意外事件时防止图形及其数据丢失。

4．修复或恢复图形文件

图形文件损坏后或程序意外终止后，可以通过使用相应的命令查找并更正错误或通过恢复为备份文件，修复部分或全部数据。

（1）修复损坏的图像文件

如果在图形文件中检测到损坏的数据或者用户在程序发生故障后要求保存图形，那么该图形文件将标记为已损坏。如果只是轻微损坏，有时只需打开图形便可修复它。否则，用户需使用 RECOVER、RECOVERALL、AUDIT 命令来修复图形文件。需要提醒用户注意的是：恢复不一定与原图形文件完全一致。该程序将从损坏的文件中提取尽可能多的数据。

（2）创建和恢复备份文件

计算机硬件问题、电源故障或电压波动、用户操作不当或软件问题均会导致图形文档中出现错误。经常保存文件可以确保在因任何原因导致系统发生故障时将丢失的数据降到最低限度。在出现问题时，用户可以恢复图形备份文件。

在"选项"对话框的"打开和保存"选项卡中，用户可以指定在保存图形时创建备份文件。执行此操作后，每次保存图形时，图形的早期版本将保存为具有相同名称并带有扩展名 .bak 的文件。该备份文件与图形文件位于同一个文件夹中。当图形文档出现问题时，用户可以通过将 Windows 资源管理器中的.bak 文件重命名为带有.dwg 扩展名的文件，将其恢复为备份版本。

（3）从系统故障恢复

如果程序出现故障，程序可以将当前工作保存为其他文件。此文件使用的格式为 DrawingFileName_recover.dwg，其中 DrawingFileName 为当前图形的文件名。

当程序或系统出现故障后，"图形修复管理器"将在下次启动 AutoCAD 时自动打开。"图形修复管理器"将显示所有打开的图形文件列表，图形文件、备份文件和修复文件将按其时间戳记（上次保存的时间）顺序列出。

5. 维护图形中的标准

为维护图形文件的一致性，用户可以根据习惯或需要创建标准文件以定义常用属性。标准为命名对象（例如图层和文字样式）定义一组常用特性。为了增强一致性，用户或用户的 CAD 管理员可以创建、应用和核查图形中的标准。因为标准可使其他人容易对图形做出解释，尤其是在团队合作的环境下，许多人都致力于创建一个图形，所以制定和维护图形标准对提高工作效率和图形质量有很大帮助。

用户可以为图层、文字样式、线型、标注样式等对象创建标准，并将其保存为扩展名为 .dws 的标准文件，如图 2-27 所示。然后，可以将标准文件同一个或更多图形文件关联起来。将标准文件与图形相关联后，应该定期检查该图形，以确保它符合标准。

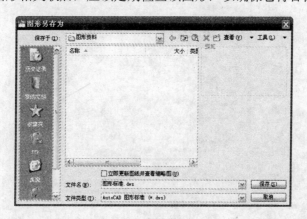

图 2-27　图形标准

将标准文件与图形相关联后，应该定期检查该图形，以确保它符合其标准。这在许多人同时更新一个图形文件时尤为重要。例如，在一个具有多个承包人的工程中，某个承包人可能创建了新的但不符合所定义的标准的图层，在这种情况下，需要能够识别出非标准的图层然后对其进行修复。可以使用通知功能警告用户在操作图形文件时发生标准冲突。此功能允许用户在发生标准冲突后立即进行修改，从而使创建和维护遵从标准的图形更加容易。

2.2.3 命令执行操作

用户在 AutoCAD 2010 系统中工作时，执行命令的方法有很多种，用户可以根据实际应用的需要和自己的使用习惯进行调用。在使用任何一种方法执行命令时，都会在命令提示行的窗口中显示使用状态，并提示用户进行下一步操作，如图 2-28 所示。

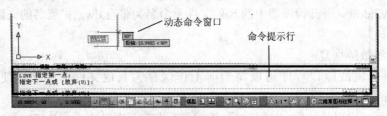

图 2-28　命令提示窗口

在 AutoCAD 2010 中可以通过应用程序菜单、快速访问工具栏、功能区面板、右键快捷菜单、动态命令窗口、命令行来输入 AutoCAD 命令。无论使用哪种方式执行命令，AutoCAD 都会以同样的方式执行命令，并在命令提示行中显示命令的执行信息，或弹出相应的对话框。

1. 应用程序菜单输入命令

用户可在应用程序菜单中输入命令进行操作，搜索字段显示在应用程序菜单的顶部。搜索结果可以包括菜单命令、基本工具提示和命令提示文字字符串，如图 2-29 所示。

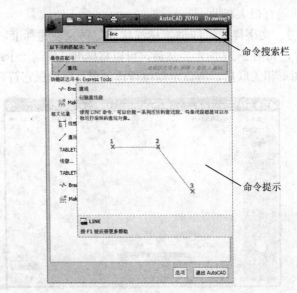

图 2-29　应用程序菜单输入命令

2．快速访问工具栏输入命令

用户可以在快速访问工具栏中选择相应的命令进行操作。还可以根据工作需要或个人习惯，选择下拉箭头按钮 中的"更多命令"调出"自定义用户界面"窗口，将常用命令添加到快速访问工具栏中，以提高绘图工作效率，如图 2-30 所示。

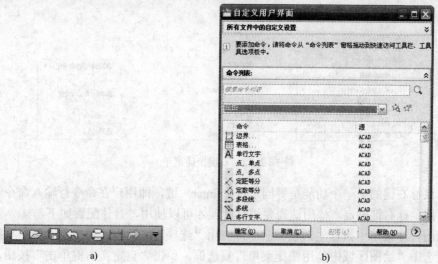

a)   b)

图 2-30　快速访问工具栏输入命令

a) 快速访问工具栏　b) 自定义用户界面

3．功能区面板输入命令

功能区是显示基于任务的命令和控件的选项板。功能区可水平显示，也可竖直显示。水平功能区在工作窗口的顶部显示。可以将垂直功能区固定在应用程序窗口的左侧或右侧。 垂直功能区也可以在文件窗口或另一个监控器中浮动。功能区由许多面板组成，这些面板被组织到依任务进行标记的选项卡中。功能区面板包含的很多工具和控件与工具栏和对话框中的相同。用户可以根据需要选择不同的选项板进行命令操作。如图 2-31 所示为"常用"功能面板组合，其中列出了"绘图"、"修改"、"图层"、"块" 4 个面板。

图 2-31　功能区面板

4．右键快捷菜单输入命令

鼠标右键的功能主要是弹出快捷菜单，快捷菜单的内容将根据光标所处的位置和系统状态的不同而变化。比如，直接在绘图区中单击右键，将弹出如图 2-32 左图所示的快捷菜单；选中某一图形对象后单击鼠标右键将弹出如图 2-32 中间图所示的快捷菜单；在文本窗口区单击鼠标右键将弹出如图 2-32 右图所示的快捷菜单。

图 2-32　右键快捷菜单

　　单击鼠标右键的另一个功能是等同于按〈Enter〉键，即用户在命令行输入命令、选项或参数后可按鼠标右键确定。该用法需要进行配置才可以使用，具体配置如下。

　　从应用程序菜单中执行"选项"命令，弹出"选项"对话框，切换到"用户系统配置"选项卡，选中"绘图区域中使用快捷菜单"复选框，单击"自定义右键单击"按钮，在弹出的对话框中可修改鼠标右键的功能，比如设置"快速单击表示按 ENTER 键"，如图 2-33 所示。

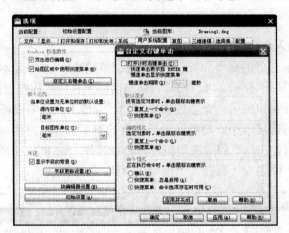

图 2-33　自定义右键功能

5．动态命令窗口输入命令

　　"动态输入"在光标附近提供了一个命令界面，以帮助用户专注于绘图区域。打开动态输入时，工具提示将在光标旁边显示信息，该信息会随光标移动而动态更新。如图 2-34 所示为利用动态输入绘制椭圆的过程。

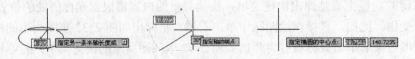

图 2-34　动态输入命令操作

当某命令处于活动状态时，工具提示将为用户提供输入的位置。在输入字段中输入数值并按〈Tab〉键后，该字段将显示一个锁定图标，并且光标会受用户输入的值约束。随后可以在第二个输入字段中输入数值。完成命令或使用夹点所需的动作与命令提示中的动作类似。区别是用户的注意力可以保持在光标附近。

动态输入不会取代命令窗口。用户可以隐藏命令窗口以增加绘图屏幕区域，但是在有些操作中还是需要显示命令窗口。按〈F2〉键可根据需要隐藏和显示命令提示窗口。另外，也可以浮动命令窗口，并使用"自动隐藏"功能来展开或卷起该窗口。

单击状态栏上的动态输入按钮以打开和关闭动态输入。动态输入有三个组件：指针输入、标注输入和动态提示，用户可在状态栏单击鼠标右键，在快捷菜单中选择"设置"项，可调出"动态输入设置"对话框，如图 2-35 所示。

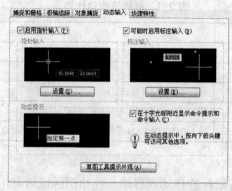

图 2-35　"动态输入设置"对话框

当启用指针输入且有命令在执行时，十字光标的位置将在光标附近的工具提示中显示为坐标。用户可以在工具提示中输入坐标值，而不用在命令行中输入。

启用标注输入时，当命令提示输入第二点时，工具提示将显示距离和角度值。在工具提示中的值将随着光标移动而改变。

启用动态提示时，提示会显示在光标附近的工具提示中。用户可以在工具提示（而不是在命令行）中输入响应。

6. 命令行窗口输入命令

用户可以使用键盘在命令行窗口输入命令。有些命令具有缩写的名称，称为命令别名。例如，除了通过输入"CIRCLE"来启动绘制"圆形"命令之外，还可以输入"C"。在命令行上单击鼠标右键还可以重新启动最近使用过的命令。

许多命令可以透明使用，即可以在使用另一个命令时，在命令行中输入这些命令。透明命令经常用于更改图形设置或显示，例如"GRID"或"ZOOM"。要以透明的方式使用命令，可单击其工具栏按钮或在当前命令提示下输入命令之前输入单引号。在命令行中，双尖括号置于命令前，提示显示透明命令。完成透明命令后，将恢复执行原命令。图 2-36 所示为绘制圆形时打开点栅格并为其设置一个新的单位间隔，然后继续绘制圆形。

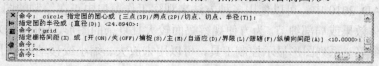

图 2-36　命令行输入窗口

不选择对象、创建新对象或结束绘图任务的命令通常可以透明使用。透明打开的对话框中所做的修改，直到被中断的命令已经执行后才能生效。同样，透明重置系统变量时，新值在开始下一命令时才能生效。

7．鼠标滚轮的应用

在滚轮鼠标上的两个按钮之间有一个小滚轮，它可以转动或按下。用户可以使用滚轮在图形中进行缩放和平移，而无需使用任何命令。

默认情况下，缩放比例设为 10%；每次转动滚轮都将按 10% 的增量改变缩放级别。ZOOMFACTOR系统变量控制滑轮转动（无论向前还是向后）的增量变化。其数值越大，增量变化就越大。表 2-1 列出了此程序支持的滚轮鼠标动作。

表 2-1　鼠标滚轮动作列表

命　令	滚　轮　动　作
放大或缩小	转动滑轮：向前，放大；向后，缩小
缩放到图形范围	双击滑轮按钮
平移	按住滑轮按钮并拖动鼠标
平移（操纵杆）	按住〈Ctrl〉键以及滑轮按钮并拖动鼠标
显示"对象捕捉"菜单	将 MBUTTONPAN 系统变量设置为 0 并单击滑轮按钮

8．拾取框和十字光标

屏幕上的光标将伴随着鼠标的移动而移动。在绘图区域内可用光标选择点或对象。光标形状随着执行的操作和光标移动的位置不同而变化。在不执行任何命令的状态下，光标是一个带有十字线的小方框，十字线的交点是光标的实际位置。小方框被称为拾取框，用于选择图形中的对象，如图 2-37 所示。

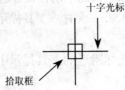

图 2-37　拾取框和十字光标

在执行"绘图"命令操作时，光标上的拾取框将会从十字线上消失，系统等待键盘输入参数或单击十字光标输入。当进行"对象选择"操作时，十字光标消失，仅显示拾取框。

如果将光标移出绘图区，光标将会变成几种标准的窗口指针之一。例如，当光标移动到工具栏或是状态栏上时，光标将会变成窗口箭头。此时可以从工具栏上的图标或菜单中选择要执行的命令。

2.2.4　图形显示控制

在 AutoCAD 2010 中，可以使用多种方法来观察工作窗口中正在绘制的图形，以便灵活观察图形的整体效果或局部细节。为方便观察幅面较大且复杂的图形，AutoCAD 提供了缩放、平移、鸟瞰视图等一系列图形显示控制工具，可以用来放大、缩小或移动屏幕上的图形显示，或者同时从不同的角度、不同的部位来显示图形。

1. 视图缩放和平移

按一定比例、观察位置和角度显示图形的区域称为视图。在绘图过程中，为了方便绘图，经常要用到缩放和平移视图的功能来观察图形。用户可以平移视图以重新确定其在绘图区域中的位置，或缩放视图以更改比例。通过 PAN 的"实时"选项，用户可以通过移动定点设备进行动态平移。与使用相机平移一样，PAN 不会更改图形中的对象位置或比例，而只是更改视图。通过放大和缩小操作可以改变视图的比例，类似于使用相机进行缩放。ZOOM不改变图形中对象的绝对大小，只是改变视图的比例。

用户可从"视图"菜单或功能区导航面板调用命令，如图 2-38 所示。

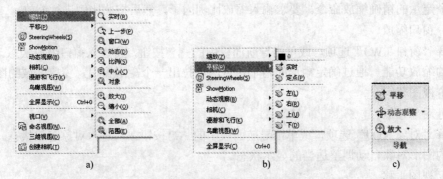

图 2-38　视图缩放和平移工具

a) 缩放工具菜单　b) 平移工具菜单　c) 功能区导航面板

用户也可在命令提示行输入 ZOOM 命令以观察图形。操作示例如下：

命令: zoom

指定窗口的角点，输入比例因子 (nX 或 nXP)，或者[全部(A)/中心(C)/动态(D)/范围(E)/上一个(P)/比例(S)/窗口(W)/对象(O)] <实时>: a（选择缩放操作方式）

常用的视图缩放操作方式有"全部"、"中心"、"动态"、"范围"、"比例"、"窗口"、"对象"。用户可根据需要选择使用。

（1）显示全图

选择"全部（A）"选项，或单击导航面板中的 全部 按钮，可以显示整个模型空间界限范围内的所有图形对象。

（2）中心缩放

选择"中心（C）"选项，或单击导航面板中的 中心 按钮，将进入中心缩放状态。要求先确定中心点，然后以该点为基点，整个图形按照指定的缩放比例缩放。而该点在缩放操作后即成为新视图的中心点。

（3）动态缩放

选择"动态（D）"选项，或单击导航面板中的 动态 按钮，将进入动态缩放状态。动态缩放是 AutoCAD 的一个非常有特色的缩放功能。该功能如同在模仿一架照相机的取景框，先用取景框在全图状态下"取景"，然后将取景框取到的内容放大到整个视图。

（4）范围缩放

选择"范围（E）"选项，或单击导航面板中的 范围 按钮，将进入范围缩放状态。实际制图过程中，通常模型空间的界限非常大，但是所绘制图形所占的区域又很小。缩放视图时，如果使用显示全图功能，那么图形的显示将会很小，因此，使用该方式可将绘制的图形对象最大范围的显示。

（5）回到上一个视图

选择"上一个（P）"选项，或单击导航面板中的 按钮，将回到上一个视图状态。当在图形中进行局部特写时，可能经常需要将图形缩小以观察总体布局。使用"缩放到上一个"可以快速返回到上一个视图。

（6）比例缩放

选择"比例（S）"选项，或单击导航面板中的 按钮，将进入比例缩放状态。比例缩放是一个定量的精确缩放命令。要求输入缩放比例因子，然后按此比例进行缩放。

（7）窗口缩放

选择"窗口（W）"选项，或单击导航面板中的 按钮，将进入窗口缩放状态。这是最为常用的缩放功能。通过确定矩形的两个角点，可拉出一个矩形窗口，窗口区域的图形将放大到整个视图范围。

（8）对象缩放

选择"对象（O）"选项，或单击导航面板中的 按钮，将进入对象缩放状态。可根据所选择的图形对象自动调整适当的显示状态。

（9）视图平移

在命令行输入命令 PAN 或单击导航面板中的 按钮，光标将变成小手形状，这时，用户可按住鼠标左键向不同方向拖动光标，视图的显示区域将随之实时平移。和缩放不同，平移命令不改变显示比例，只改变显示范围。另外，还有两种方式可平移图形，一个是使用垂直与水平滚动条；另一个是鼠标在绘图区时，压下滚轮再平移鼠标即可。

2．鸟瞰视图

鸟瞰视图是一种辅助定位工具，它用于在另外一个独立的窗口中显示整个图形，可以帮助用户更直观地预览全图，并且可以对图形进行动态缩放和平移。在绘图过程中，如果"鸟瞰视图"窗口保持打开状态，则无需中断当前的命令操作便可以直接进行缩放和平移视图操作。这在大型图形的绘制过程中非常有用。

在启动"鸟瞰视图"后，屏幕将自动产生一个小视窗，其大小可以用双箭头光标进行调节，如图 2-39 所示。

视图框在"鸟瞰视图"窗口内，是一个用于显示当前视口中视图边界的粗线矩形。用户可以通过在"鸟瞰视图"窗口中改变视图框来改变图形中的视图。要放大图形，请将视图框缩小。要缩小图形，请将视图框放大。单击左键可以执行所有平移和缩放操作。单击鼠标右键可以结束平移或缩放操作。

3．创建及命名视口

AutoCAD 提供了可以将绘图区域拆分为多个单独的视口，并且可以重复利用，这样在绘制较复杂的图形时，可以缩短在单一视图中平移或缩放的时间。还可以对某一视图进行命名和保存，以利于下次能够迅速打开视图进行编辑。

图 2-39　鸟瞰视图窗口

（1）创建多视口

所谓视口，是图形屏幕中用于绘制、显示图形的区域。在 AutoCAD 默认情况下，绘图区域将作为一个单独的视口存在。使用"模型"选项卡，可以将绘图区域拆分成一个或多个相邻的矩形视图，称为模型空间视口。在大型或复杂的图形中，显示不同的视图可以缩短在单一视图中缩放或平移的时间。而且，在一个视图中出现的错误可能会在其他视图中表现出来。在"模型"选项卡上创建的视口充满整个绘图区域并且相互之间不重叠。在一个视口中做出修改后，其他视口也会立即更新。

用户在"视图"→"视口"子菜单和功能区的"视口"面板中都提供了用于创建和编辑视口的命令，如图 2-40 所示。

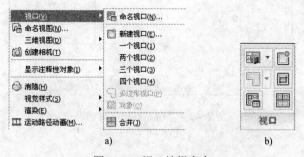

a)   b)

图 2-40　视口编辑命令

a) 视口菜单栏　b) 视口面板

在绘图过程中，如果需要用到多个视口时，用户可选择功能区中"视口"面板的"新建视口"命令，此时，将会弹出"视口"对话框，如图 2-41 所示。在该对话框中可以创建新的视口配置，或命名和保存模型视口配置。

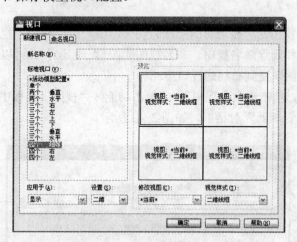

图 2-41　"新建视口"对话框

如在"新名称"栏内输入"我的视口"，在"标准视口"选项栏中选择"四个：相等"，单击"确定"按钮即可创建多视口。

（2）命名视口

在"视口"菜单中单击"命名视口"标签，即可切换到该选项卡，其表框中将显示当前视口配置的名称，如"主视口"、"我的视口"等。完成设置后，单击"确定"按钮即可，如图 2-42 所示。

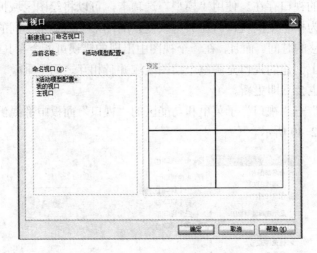

图 2-42 "命名视口"对话框

（3）使用视口

使用多个视口时，其中有一个为当前视口，可在其中输入光标和执行视图命令。对于当前视口，光标显示为十字而不是箭头，并且视口边缘亮显。用户可以随时切换当前视口。在视口中单击鼠标即可将一个视口置为当前视口。

要使用两个模型空间视口绘制直线，可先在当前视口开始绘制，再单击另一个视口将其置为当前，然后在第二个视口中指定该直线的端点即可。

（4）视图管理

按一定比例、位置和方向显示的图形称为视图。用户可以利用"视图管理器"来创建、设置、重命名、修改和删除命名视图。命名视图随图形一起保存并可以随时使用。在构造布局时，可以将命名视图恢复到布局的视口中。

从"视图"菜单，单击"命名视图"，或单击功能区"视图"面板中的"命名视图"按钮 命名视图，弹出"视图管理器"对话框，如图 2-43 所示。

图 2-43 "视图管理器"对话框

单击"新建"按钮，弹出"新建视图/快照特性"对话框，在"视图名称"文本框内输入名称"我的视图"、视图类别为"二维"，如图 2-44 所示。

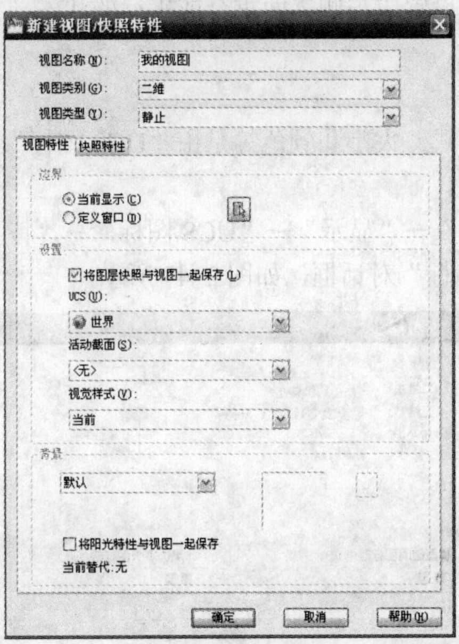

图 2-44 "新建视图/快照特性"对话框

2.2.5 坐标系的使用

AutoCAD 提供了一个三维的绘图空间，通常建模工作都是在这样一个空间中进行的。系统为这个三维空间提供了一个绝对的坐标系，并称之为世界坐标系（World Coordinate System，WCS），这个坐标系存在于任何一个图形之中，并且不可更改。图形文件中的所有对象均由其 WCS 坐标定义。但是，使用可移动的 UCS 创建和编辑对象通常会更方便。

1. 世界坐标系

世界坐标系（WCS）由三个相互垂直并相交的坐标轴 X、Y 和 Z 组成。在绘图和编辑图形的过程中，WCS 是默认的坐标系统，其坐标原点和坐标轴方向都不会改变。

如图 2-45 左图所示，世界坐标系在默认情况下，X 轴正方向水平向右，Y 轴正方向垂直向上，Z 轴正方向垂直屏幕向外。坐标原点在绘图区的左下角。通常 AutoCAD 构造新图形时将自动使用 WCS，虽然 WCS 不可更改，但可以从任意角度、任意方向来观察图形。

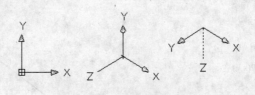

图 2-45 二维世界坐标系

2. 用户坐标系

相对于世界坐标系 WCS，用户可根据需要创建无限多的坐标系，这些坐标系称为用户坐标系（User Coordinate System，UCS）。UCS 可以在绘图过程中根据具体需要而定义，这一点在创建复杂三维模型时的作用非常突出。例如，可以将 UCS 设置在斜面上，也可以根据需要设置成与侧立面重合或平行的状态，如图 2-46 所示。

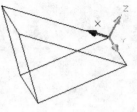

图 2-46 用户坐标系

3. 坐标的显示控制

绘图区中坐标的显示样式、大小和颜色等是由"UCS 图标"对话框来设置的。

从菜单依次单击"视图"→"显示"→"UCS 图标"→"特性"命令，可打开"UCS 图标"对话框，如图 2-47 所示。

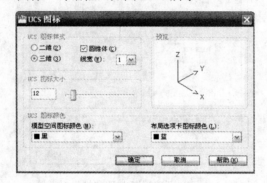

图 2-47 "UCS 图标"对话框

4. 坐标的表示

（1）直角坐标系中的表示

直角坐标系又称为笛卡儿坐标系，由一个原点和两个通过原点的、相互垂直的坐标轴构成，如图 2-48 所示。其中，水平方向的坐标轴为 X 轴，以向右为其正方向；垂直方向的坐标轴为 Y 轴，以向上为其正方向。平面上任何一点 P 都可以由 X 轴和 Y 轴的坐标所定义，即用一对坐标值（x,y）来定义一个点，例如，某点的直角坐标为（7,5）。

（2）极坐标系中的表示

极坐标系是由一个极点和一个极轴构成的，如图 2-49 所示，极轴的方向为水平向右。平面上任何一点 P 都可以由该点到极点的连线长度 L（>0）和连线与极轴的交角α（极角，逆时针方向为正）所定义，即用一对坐标值（L<a）来定义一个点，其中"<"表示角度。例如，某点的极坐标为（130<45）。

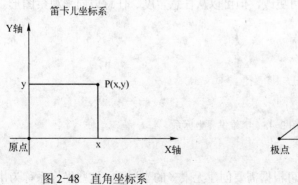

图 2-48 直角坐标系

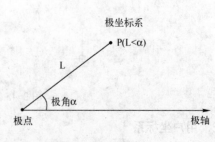

图 2-49 极坐标系

5．坐标输入

在命令提示输入点时，可以使用定点设备指定点，也可以在命令提示下输入坐标值。打开动态输入时，可以在光标旁边的工具提示中输入坐标值。可以按照笛卡尔坐标（X,Y）或极坐标输入二维坐标。

（1）绝对坐标输入

绝对坐标是以左下角的原点（0,0,0）为基点来定义所有的点。绘图区内任何一点均可用（x,y,z）来表示，可以通过输入X、Y、Z（中间用逗号间隔）坐标来定义点的位置。例如，绘制一条直线段AB，端点坐标分别为A（15,15,0）和B(45,45,0)。

（2）相对坐标输入

在某些情况下，需要直接通过点与点之间的相对位移来绘制图形，而不想指定每个点的绝对坐标。为此，AutoCAD提供了使用相对坐标的办法。所谓相对坐标，就是某点与相对点的相对位移值，在AutoCAD中相对坐标用"@"标识。使用相对坐标时可以使用笛卡儿坐标，也可以使用极坐标，可根据具体情况而定。

例如，某一直线的起点坐标为（20,10）、终点坐标为（40,10），则终点相对于起点的相对坐标为（@20,0）；用相对极坐标表示应为（@20<0）。

（3）坐标值的显示

在工作窗口底部的状态栏中能够显示当前光标所处位置的坐标值，该坐标值有三种显示状态，如图2-50所示。

绝对坐标状态：显示光标所在位置的坐标。

相对极坐标状态：在相对于前一点来指定第二点时可使用此状态。

关闭状态：颜色变为灰色，并"冻结"关闭时所显示的坐标值。

用户可根据需要在这三种状态之间进行切换，方法如下：用鼠标右键单击状态栏中显示坐标值的区域，在弹出的菜单中选择相应的命令，如图2-51所示。

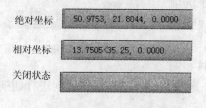

图 2-50　坐标值的显示

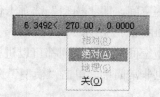

图 2-51　坐标显示快捷菜单

2.3　图纸输出与打印

与其他应用程序相比，AutoCAD出图比普通文档的打印要复杂一些，因为在AutoCAD中打印的是有精确尺寸和比例关系的图形。AutoCAD出图涉及到模型空间和图样空间。模型空间用于建模，也就是图形绘制，需要注意的是，在AutoCAD中绘图的一个重要原则是永远按照1:1的比例以实际尺寸绘制图形。图样空间用于出图，可方便用户设置打印设备、纸张、比例、布局等内容，并可预览出图效果。

AutoCAD 2010 提供了图形输入与输出接口。不仅可以将其他应用程序中处理好的数据传送给 AutoCAD，以显示其图形，还可以将在 AutoCAD 中绘制好的图形文档打印出来，或者把它们的信息传送给其他应用程序。

为适应互联网络的快速发展，使用户能够快速有效地共享设计信息，AutoCAD 2010 强化了其 Internet 功能，使其与互联网相关的操作更加方便、高效，它可以创建 Web 格式的文件（DWF），以及发布 AutoCAD 图形文件到 Web 页。通过"输出到"功能区面板，用户可以快速访问用于输出模型空间中的区域或将布局输出为 DWF、DWFx 或 PDF 文件的工具。还可将 PDF 文件附着到图形文件作为参考底图，方法与附着 DWF 和 DGN 文件时可以使用的方法相同。通过将 PDF 文件附着在图形上，用户可以利用存储在 PDF 文件中的内容。

准备要打印或发布的图形需要指定许多定义图形输出的设置和选项。要节省时间，还可以将这些设置另存为命名的页面设置。可以使用"页面设置管理器"将命名的页面设置应用到图纸空间布局。也可以从其他图形中输入命名页面设置并将其应用到当前图形的布局中。

2.3.1　模型空间和图纸空间

1．模型空间与图纸空间的概念

AutoCAD 的重要功能之一是可在两个环境中完成绘图和设计工作，即模型空间和图纸空间，它们的作用是不同的。模型空间主要进行图形绘制和建模，图纸空间（布局）主要用来图纸布局和出图工作。

模型空间是一个三维空间，设计者一般在模型空间完成其主要的设计构思，在此需要注意，永远按照 1:1 的实际尺寸进行绘图。而图纸空间是用来将几何模型表达到工程图之上用的，专门用来进行出图的；图纸空间又称为"布局"，是一种图纸空间环境，它模拟图纸页面，提供直观的打印设置。

2．模型空间与图纸空间的切换

AutoCAD 2010 可以在绘图区域底部的两个或多个选项卡上访问这些空间，即"模型"选项卡以及一个或多个"布局"选项卡，如图 2-52 所示。

图 2-52　布局和模型选项卡

在模型空间和图纸空间都可以进行输出设置，而且它们之间的转换也非常简单，单击"模型"选项卡或"布局"选项卡就可以在它们之间进行切换。

2.3.2　创建布局

1．功能

布局是图纸空间环境，它模拟图纸页面，提供直观的打印设置。在布局中可以创建并放置视口对象，还可以添加标题栏或其他几何图形。可以在图形中创建多个布局以显示不同视图，每个布局可包含不同的打印比例和图纸尺寸。布局显示的图形与图纸页面上打印出来的图形完全一致。

2．操作示例

在 AutoCAD 2010 中，可以用"布局向导"命令以向导方式创建新布局，也可以用 LAYOUT 命令以模板方式创建新布局，这里将主要介绍以向导方式创建布局的过程。

1）执行"插入"→"布局"→"创建布局向导"命令，系统将弹出如图 2-53 所示的"创建布局—开始"对话框。

2）该对话框用于为新布局命名。左边一列项目是创建中要进行的 8 个步骤，前面标有三角符号的是当前步骤。在"创建布局—开始"对话框中输入新创建的布局的名称"建筑设计"。

3）完成设置单击"下一步"按钮，出现如图 2-54 所示的"创建布局—打印机"对话框。

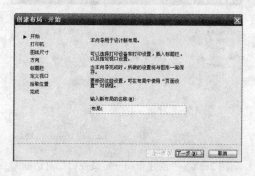

图 2-53　"创建布局—开始"对话框　　　　图 2-54　"创建布局—打印机"对话框

4）该对话框用于选择打印机，从列表中选择一种打印机作为输出设备。完成选择后单击"下一步"按钮，出现"创建布局—图纸尺寸"对话框，如图 2-55 所示。

这个对话框用于选择打印图纸的大小并选择所用的单位。该对话框的下拉列表框中列出了可用的各种格式的图纸，它由选择的打印设备决定，可从中选择一种格式，用户也可以使用绘图仪配置编辑器添加自定义图纸尺寸。"图形单位"选项区用于控制图形单位，可以选择毫米、英寸或像素。

5）选中"毫米"单选钮，即以毫米为单位，再选中纸张大小为"A4(297×210mm)"。

6）完成以上设置之后，单击"下一步"按钮，出现"创建布局—方向"对话框，如图 2-56 所示。这个对话框用于设置打印的方向。

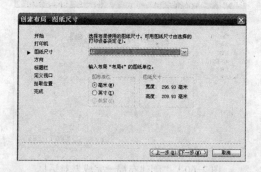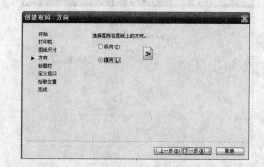

图 2-55　"创建布局—图纸尺寸"对话框　　　图 2-56　"创建布局—方向"对话框

7）完成打印方向设置后，单击"下一步"按钮，即出现"创建布局—标题栏"对话框，如图 2-57 所示。

该对话框用于选择图纸的边框和标题栏的样式，对话框左边的列表框中列出了当前可用的样式，可从中选择一种；对话框右边的预览框中显示出了所选样式的预览图像；在对话框下部的类型选项区中，可以指定所选择的标题栏图形文件是作为块还是作为外部参照插入到当前图形中。

8）完成打印样式设置后，单击"下一步"按钮，出现如图 2-58 所示的"创建布局－定义视口"对话框。

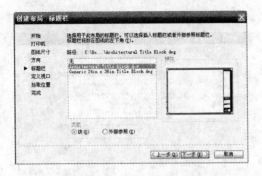 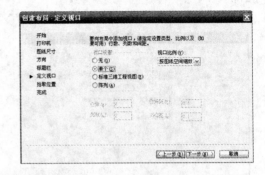

图 2-57　"创建布局－标题栏"对话框　　　　图 2-58　"创建布局－定义视口"对话框

在该对话框中可以指定新创建的布局默认视口设置和比例等。其中"视口设置"选项区用于设置当前布局定义视口数。"视口比例"下拉列表框用于设置视口的比例，当选择"阵列"选项时，则下面四个文本框变得可用，左边两个文本框分别用于输入视口的行数和列数，而右边两个文本框分别用于输入视口的行距和列距。

9）选中"单个"单选按钮，然后单击"下一步"按钮，即可出现"创建布局－拾取位置"对话框，如图 2-59 所示。

这个对话框用于指定视口的大小和位置。单击"选择位置"按钮，系统将暂时关闭该对话框，返回到图形窗口，从中指定视口的大小和位置。选择了恰当的视口大小和位置后，单击"下一步"按钮，即可出现"创建布局－完成"对话框，如图 2-60 所示。

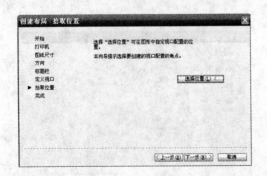 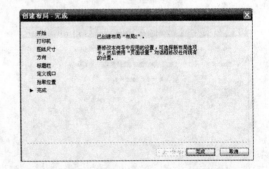

图 2-59　"创建布局－拾取位置"对话框　　　　图 2-60　"创建布局－完成"对话框

2.3.3　页面设置

在"模型"选项卡上单击鼠标右键，在弹出的快捷菜单上选择"页面设置管理器"选项，可以打开"页面设置管理器"对话框，如图 2-61 所示。

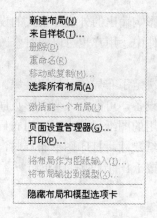
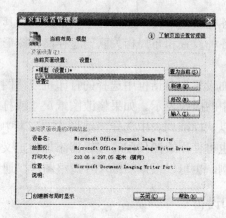

图 2-61   "页面设置管理器"对话框

在"页面设置管理器"对话框中，单击"新建"按钮，打开"新建页面设置"对话框，可以命名设置名称，如图 2-62 所示。

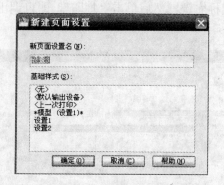

图 2-62   "新建页面设置"对话框

单击"确定"按钮，即可进入"页面设置"对话框，如图 2-63 所示。在此对话框中，用户可以指定布局设置和打印设备设置并预览布局的结果，如图 2-64 所示。

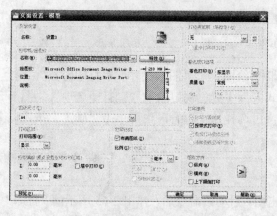
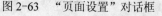

图 2-63   "页面设置"对话框

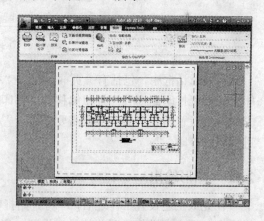

图 2-64   布局窗口预览

页面设置中指定的设置决定了最终输出的格式和外观。在"模型"选项卡中完成图形之后，可以通过单击布局选项卡开始创建要打印的布局。设置了布局之后，就可以为布局的页面设置指定各种设置，其中包括打印设备设置和其他影响输出的外观和格式的设置。页面设置中指定的各种设置和布局相关联一起存储在图形文件中，用户也可以随时修改页面设置中的设置。

在"页面设置"对话框中选择的打印机或绘图仪决定了布局的可打印区域。此可打印区域通过布局中的虚线表示。如果修改图纸尺寸或打印设备，可能会改变图形页面的可打印区域。用户可以从标准列表中选择图纸尺寸，列表中可用的图纸尺寸由当前为布局所选的打印设备确定，也可使用绘图仪配置编辑器添加自定义图纸尺寸。打印图形布局时，可以指定布局的精确比例，也可以根据图纸尺寸调整图像。通常按1:1的比例打印布局。

2.3.4　打印设置

用户在模型区域完成建模工作后，即可通过打印设备输出图形文档。但在打印图形之前，还需要进行针对具体图形的打印设置和打印机选择，用户单击功能区的"输出"标签→"打印"面板中的"打印"命令，或选择"应用程序菜单"中的"打印"命令，在"模型"选项卡或布局选项卡上单击鼠标右键，然后单击"打印"，即可调出"打印-模型"对话框，如图2-65所示。

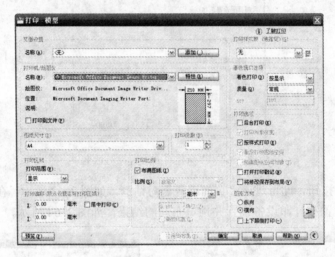

图2-65　"打印-模型"对话框

在此对话框中，包括有"页面设置"、"打印机/绘图仪"、"图纸尺寸"、"打印份数"、"打印区域"、"打印比例"、"打印偏移"、"打印样式表"、"着色视口选项"、"打印选项"、"图形方向"等设置内容。用户根据需要完成设置后，可选择预览查看，也可单击"确定"按钮以进行图形打印。

2.3.5　图形输出

在完成上述设置工作之后，即可开始打印出图。启动该命令后，弹出2-65所示的"打印"对话框，用户可进行出图前的最后设置。但最简单的方法是在"页面设置"选项组中的"名称"下拉列表框中直接选择定义好的页面设置，这样就不必反复进行对话框的设置工作了。在正式打印前，还应单击"预览"按钮，查看实际出图效果。若无问题，即可单击"确定"

按钮以输出图形。

1. 从"模型"空间输出图形

从"模型"空间输出图形时，需要在打印时指定图纸尺寸，即在"打印"对话框中，选择要使用的图纸尺寸。对话框中列出的图纸尺寸取决于在"打印"或"页面设置"对话框中选定的打印机或绘图仪。

（1）打开需要打印的图形文件

从菜单中执行"文件"→"打印"命令；单击"标准"工具栏上的"打印"按钮；在命令行输入"Plot"并按〈Enter〉键确认。

输入命令后，弹出"打印"对话框。在"打印"对话框的"页面设置"下拉列表中，选择要应用的页面设置选项。选择后，该对话框将显示已设置后的"页面设置"各项内容。如果没有进行设置，可在"打印"对话框中直接进行打印设置。

（2）打印预览

选择页面设置或进行打印设置后，单击"打印"对话框左下角的"预览"按钮，对图形进行打印预览，如图 2-66 所示。

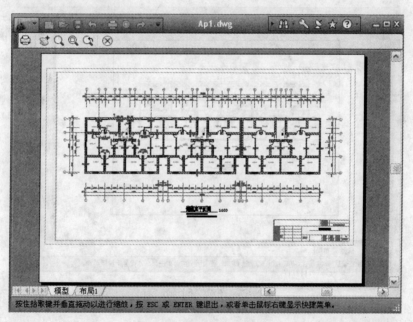

图 2-66　模型空间预览窗口

（3）打印出图

单击"打印"对话框中的"确定"按钮，开始打印出图。

当打印的下一张图样和上一张图样的打印设置完全相同时，打印时只需要直接单击"打印"按钮，在弹出的"打印"对话框中，选择"页面设置名"为"上一次打印"选项，不必再进行其他的设置，就可以打印出图。

2. 从图纸空间输出图形

从"图纸"空间输出图形时，需要根据打印的需要进行相关参数的设置，事先在"页面设置"对话框中指定图纸尺寸。

（1）切换工作空间

打开需要打印的图形文件，将视图界面切换到"布局 1"选项，单击鼠标右键，在弹出的快键菜单中选择"页面设置管理器"选项。

（2）新建页面设置

在"页面设置管理器"对话框中，单击"新建"按钮，弹出"新页面设置"对话框。在"新页面设置"对话框中的"新页面设置名"文本框中输入"图纸打印"，单击"确定"按钮，进入"页面设置"对话框，根据打印的需要设置相关的参数。设置完成后，单击"确定"按钮，返回到"页面设置管理器"对话框。选中"图纸打印"选项，单击"置为当前"按钮，将其置为当前布局。

（3）打印预览

单击"标准"工具栏上的"打印"按钮，弹出"打印"对话框，不需要重新设置，单击左下方的"预览"按钮，打印预览效果如图 2-67 所示。

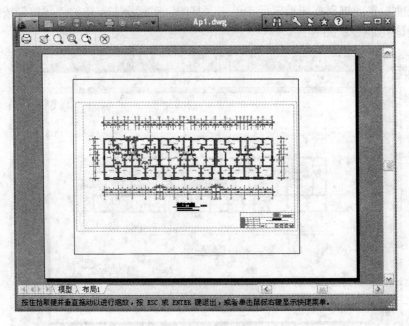

图 2-67   图纸空间预览窗口

（4）打印出图

完成设置，在预览窗口中单击鼠标右键，选择"打印"即可。在布局空间里，还可以先绘制图样，然后将图框与标题栏都以"块"的形式插入到布局中，组成一份完整的技术图纸。

3. 以其他格式打印文件

用户可以以多种格式（包括 DWF、DWFx、DXF、PDF 和 Windows 图元文件 WMF）输出或打印图形。也可以使用专门设计的绘图仪驱动程序以图像格式输出图形。

（1）打印 DWF 文件

可以创建 DWF 文件（二维矢量文件），以在 Web 上或通过 Intranet 发布图形。

（2）打印 DWFx 文件

可以创建 DWFx 文件（DWF 和 XPS）以在 Web 上或通过 Intranet 发布图形。

（3）以 DXB 文件格式打印

使用 DXB 非系统文件驱动程序可以支持 DXB（二进制图形交换）文件格式。这通常用于将三维图形"展平"为二维图形。

（4）以光栅文件格式打印

非系统光栅驱动程序支持若干光栅文件格式，包括 Windows BMP、CALS、TIFF、PNG、TGA、PCX 和 JPEG。光栅驱动程序最常用于打印到文件以便进行桌面发布。

（5）打印 Adobe PDF 文件

使用 DWG to PDF 驱动程序，用户可以从图形创建 Adobe 便携文档格式（PDF）文件。与 DWF6 文件类似，PDF 文件将以基于矢量的格式生成，以保持精确性。Adobe 便携文档格式（PDF）是进行电子信息交换的标准。可以轻松分发 PDF 文件，以在 Adobe Reader 中查看和打印。使用 PDF 文件可以与任何人共享图形。

（6）打印 Adobe PostScript 文件

使用 Adobe PostScript 驱动程序，可以将 DWG 与许多页面布局程序和存档工具（例如 Adobe Acrobat 可移植文档格式 PDF）一起使用。

（7）创建打印文件

用户可以使用任意绘图仪配置创建打印文件，并且该打印文件可以使用后台打印软件进行打印，也可以送到打印服务公司进行打印。

4．发布图形文件

通过图纸集管理器，用户可以将整个图纸集轻松发布为图纸图形集，也可以发布为 DWF、DWFx 或 PDF 文件。发布提供了一种简单的方法来创建图纸图形集或电子图形集。电子图形集是打印的图形集的数字形式。通过图纸集管理器可以发布整个图纸集。从图纸集管理器打开"发布"对话框时，"发布"对话框会自动列出在图纸集中选择的图纸。

用户可以通过将图纸集发布至每个图纸页面设置中指定的绘图仪来创建图纸图形集。还可以通过 Autodesk Design Review 查看和打印已发布的 DWF 或 DWFx 电子图形集。在 AutoCAD 2010 中，用户还可以创建和发布三维模型的 DWF 或 DWFx 文件，并使用 Autodesk Design Review 查看这些文件。同时，还可以为特定用户自定义该图形集合，并且可以随着工程的进展添加和删除图纸。

2.4 AutoCAD 2010 绘图原则

2.4.1 图形绘制原则

图样是一种工程语言，清晰、准确地表达设计思想和设计内容，是一套好的工程图纸最基本的要求，也是绘图人员绘图时最基本的原则。

清晰是指图样要表达的内容必须清晰，看起来一目了然，尺寸标注、文字说明等表达清楚明确，互不重叠。

建筑图是工程施工的依据。制图准确不仅是为了好看，更重要的是直观反映一些建筑结构，方便工程施工。

2.4.2 图层设置原则

按照图层组织数据，将图形对象分类组织到不同的图层中，这是设计人员和绘图人员的一个良好的习惯。在新建图形文档时，首先应该在绘图前大致规划好文档的图层结构。当采用多人协同设计时，更应该规划好一个统一且规范的图层结构，以便数据交换和共享。切忌将所有的图形对象全部放在同一个图层中。

在规划图层结构时，设计人员应当按照图形对象的使用性质分层，例如在建筑设计中，可将轴线、墙体、门窗、标注、洁具、家具、园林分别建立图层。也可以按照外观属性分层，对具有不同线型或线宽的实体分别建立图层，例如在建筑设计中，粗实线、虚线、点画线就应分别属于三个不同的图层，这样也可以方便图样文件的打印输出。

在规划和设置图形文档的图层时，应遵循以下原则：

1．图层越少越好

将图样中的图元分别归类，可以有效地组织和管理图层。但也并不是分类越细越好，当图层太多时，会给图形绘制造成不便。因此，图层设置的首要原则是在满足够用的基础上图层数量越少越好。

2．0 图层的使用

0 图层是 AutoCAD 的默认图层，图层颜色为白色，用户不可以重命名和删除。若将大量的图形对象都绘制在 0 图层中，会使图形文档看起来杂乱无章，层次不清晰，也无法用颜色、线型和线宽区别不同的图元对象。通常情况下，0 图层可用来创建图块，在定义图块时，先将图形对象置于 0 图层，然后定义为块，这样可以确保在插入块时，图块能够自动插入到当前图层中。

3．合理图层线型、颜色、线宽设置

合理地利用图层的颜色、线型、线宽等属性，可以使图形文档层次分明、结构清晰，在方便他人阅读文档的同时，也可使自己的绘图效率大大提高。图层的颜色定义要注意将不同的图层设置成不同的颜色，这样在绘图时，才能够很明显的进行区分。如果两个层是同一个颜色，那么在显示时，就很难判断正在操作的图元是在哪一个层上。线宽和线型的设置要遵照制图规范的要求。一张图纸是否好看、是否清晰，很重要的一条因素就是层次是否分明。

2.5 实训

2.5.1 切换工作空间

1．实训要求

启动 AutoCAD 2010 软件，依次切换工作空间至"二维草图与注释"、"三维建模"、"AutoCAD 经典"，熟悉 AutoCAD 2010 工作界面。

2．操作指导

1）在 Windows 系统桌面双击 AutoCAD 2010 图标，启动程序。

2）选择 Windows 系统任务栏的"开始"菜单，依次单击"所有程序"→"Autodesk"→"AutoCAD 2010 - Simplified Chinese"→"AutoCAD 2010"，启动程序。

3）在 AutoCAD 2010 平台中，用鼠标单击位于窗口右下角状态栏中的"切换工作空间"

按钮 ，在弹出的下拉列表中依次选择"二维草图与注释"、"三维建模"、"AutoCAD 经典"三种工作空间进行切换，并熟悉在不同的工作空间中，工作界面变化以及功能区的分布情况。

2.5.2 创建图形文档

1. 实训要求

启动 AutoCAD 2010 程序，利用向导创建一个名为"创建图形文档练习"的新图形文档并保存至"E:\AutoCAD 2010 练习"文件夹中。

2. 操作指导

1）在 Windows 系统桌面双击 AutoCAD 2010 图标，启动程序。

2）在弹出的"创建新图形"对话框中，选择"使用向导"选项对图形文档进行"快速设置"，"单位"设为"小数"、"区域"设为"594×420"。

3）在 AutoCAD 2010 平台中，用鼠标单击左上角的"应用程序菜单"，并选择"选项"命令按钮，在弹出的"选项"对话框中选择"显示"选项卡，单击 颜色(C) 按钮，弹出"图形窗口颜色"对话框，将颜色设为"黑色"。

4）单击"应用并关闭"按钮，完成绘图区背景颜色的设置。

5）在菜单栏中依次单击"格式"→"图形界限"工具，根据命令行提示，将图形界限设为"10000×10000"。

6）在菜单栏中依次单击"格式"→"单位"工具；在弹出的"图形单位"对话框中进行单位设置，"类型"设为"小数、"精度"设为"0"、"插入时的缩放单位"设为"毫米"、"光源"设为"国际"。

7）在"快捷工具栏"中，用鼠标单击"保存"按钮 ，在弹出的"图形另存为"对话框中选择路径，将图形文档保存至"E:\AutoCAD 2010 练习"，文件名为"创建图形文档练习"。

2.6 练习题

1．AutoCAD 2010 有哪些新增功能？

2．AutoCAD 2010 的工作界面与以往版本有什么区别？

3．AutoCAD 2010 中应用程序菜单和快速访问工具栏的应用有哪些特点？

4．AutoCAD 2010 中有哪些命令执行操作方法？

5．工作中用 AutoCAD 2010 进行图形绘制时应注意哪些绘制原则？

6．什么是"模型空间"和"图纸空间"？

7．AutoCAD 2010 中有哪些图形输出的方法？

第3章 AutoCAD 2010 基本建筑图形绘制

二维图形对象是整个 AutoCAD 的绘图基础,用户要熟练地掌握其绘制方法和技巧。这些命令也都是绘制复杂图形和进行三维绘图的基础。

在 AutoCAD 2010 中,单纯使用绘图命令或绘图工具只能创建出一些基本图形对象,要绘制较为复杂的图形,还需借助于图形编辑命令,保证绘图的准确性,简化绘图操作。

图形对象在被选择后,通常会显示多个夹点。夹点是一种集成的编辑模式,提供了一种方便快捷的编辑操作途径。例如,使用夹点可以对对象进行拉伸、移动、旋转、缩放及镜像等操作。

图块是一个或多个对象的组合,用于创建单个的对象。利用图块可以帮助用户在同一图形或不同的图形中重复使用对象。图块可以是绘制在几个图层上的不同特性对象的组合,用户可以使用若干种方法来创建图块。通过本章的学习,应熟练掌握图块的创建和使用,动态图块的应用,图块属性的建立、编辑、图块的填充等内容。

3.1 AutoCAD 2010 绘图技巧

3.1.1 图形对象选择

使用 AutoCAD 绘制和修改图形,常常需要选择图元对象,这些被选中的对象称为选择集。在许多命令的执行过程中都会出现"选择对象"的提示。能够合理利用不同的对象选择方式,是提高 AutoCAD 绘图工作效率的关键之一。

1. 拾取框单选模式

AutoCAD 默认的是单选模式,如当执行"删除"命令后,当前十字光标将变成"对象选择目标框"或"拾取框"的小框。用拾取框压住被选对象,被选对象就会加粗显示,此时,单击鼠标左键,对象就被选中并呈高亮度显示,并由原来的实线变成虚线,按〈Enter〉键确定后,外框线被删除,如图 3-1 所示。单选模式简单实用,还可以一次连续选择多个对象。

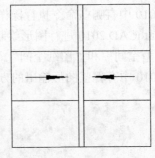

图 3-1 单个选择

用户可在后续命令中自动重新选定使用此命令选定的对象。在后续命令的"选择对象"提示下，使用"上一个"选项可检索上一个选择集。也可以通过在对象周围绘制选择窗口、输入坐标或使用下列选择方法之一，分别选择具有定点设备的对象。无论提供"选择对象"提示的是哪个命令，均可以使用这些方法选择对象。

2．其他各种选择模式

　　在命令提示行输入"select"命令，提示如下：

　　　　命令：select（在命令行中输入"select"，按〈Enter〉键）

　　　　选择对象：?（输入?，按〈Enter〉键，系统将显示所有可用的选择模式）

　　　　需要点或窗口(W)/上一个(L)/窗交(C)/框(BOX)/全部(ALL)/栏选(F)/圈围(WP)/圈交(CP)/编组(G)/添加(A)/删除(R)/多个(M)/前一个(P)/放弃(U)/自动(AU)/单个(SI)（选择模式）

（1）窗口模式

　　在该模式下，用户可使用光标在屏幕上指定两个点来定义一个矩形窗口。如果某些可见对象完全包含在该窗口之中，则这些对象将被选中。

　　操作示例：如图3-2所示，删除中间的2个圆。

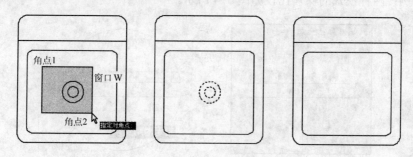

图3-2　窗口模式

　　命令行提示如下：

　　　　命令：_erase（执行"删除"命令）

　　　　选择对象：w（输入"w"，按〈Enter〉键，表示选择"窗口"方式）

　　　　指定第一个角点：（拾取点1）

　　　　指定对角点：找到2个（拖拽光标到角点2）

　　　　选择对象：（按〈Enter〉键，结束选择）

（2）窗交模式

　　与"窗口模式"类似，该模式同样需要用户在屏幕上指定两个点来定义一个矩形窗口。不同之处在于，该矩形窗口显示为虚线的形式，而且在该窗口之中所有可见对象均将被选中，而无论其是否完全位于该窗口中。

　　操作示例：如图3-3所示，选择电梯示意图中的图案。

　　　　命令：_erase

　　　　选择对象：c（输入"c"，按〈Enter〉键，表示选择窗交的方式）

　　　　指定第一个角点：（拾取角点1）

　　　　指定对角点：找到2个（拖拽光标到对角点）

　　　　选择对象：（按〈Enter〉键，结束选择）

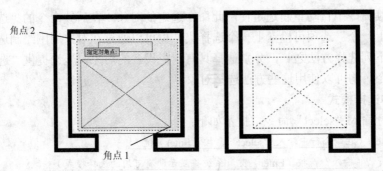

图 3-3　窗交模式

（3）框选模式

此种方法为"窗口模式"和"窗交模式"的组合，如果在屏幕上以从左向右的顺序来定义矩形的角点，则为"窗口模式"。反之，则为"窗交模式"。在实际应用中，"框选模式"以其较为灵活和方便的优点，应用最为广泛。

操作示例：两种模式的操作比较如图 3-4 所示。

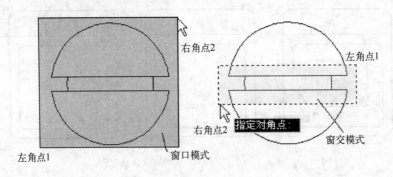

图 3-4　框选模式

3．说明

自动：在该模式下，可直接选择某个对象，或使用"框选模式"进行选择。该模式为默认模式。

全部：选择非冻结图层上的所有对象。

栏选：在该模式下，可指定一系列的点来定义一条任意的折线作为选择栏，并以虚线的形式显示在屏幕上，所有与其相交的对象均被选中。

圈围：在该模式下，可指定一系列的点来定义一个任意形状的多边形，如果某些可见对象完全包含在该多边形之中，则这些对象将被选中。注意，该多边形不能与自身相交或相切。

圈交：与"窗口模式"类似，但多边形显示为虚线，而且在该多边形之中，所有可见对象均将被选中，无论其是否完全位于该多边形中。

编组：选择指定组中的全部对象。

添加：在该模式下，可以通过任意对象选择方法将选定的对象添加到选择集中。该模式为默认模式。

删除：在该模式下，可以使用任何对象选择方式将对象从当前选择集中删除。

多个：指定多次选择而不高亮显示对象，从而加快对复杂对象的选择过程。

前一个：选择最近创建的选择集。如果图形中删除对象后将清除该选择集。

放弃：放弃选择最近加到选择集中的对象。

上一个：选择最近一次创建的可见对象。

单个：在该模式下，可选择指定的一个或一组对象，而不是连续提示进行更多选择。

3.1.2 捕捉和追踪

在绘制工程图样时，为了确保绘图的准确、快速，往往需要借助一些辅助工具。尽管可以通过移动光标来指定点的位置，但却很难精确指定点的某一位置，AutoCAD 作为计算机辅助设计软件，强调的是绘图的精度和效率，提供了大量的图形定位方法与辅助工具，绘制的所有图形对象都有其确定的形状和位置关系。用户使用"捕捉"和"追踪"功能，可以精确定出点位，提高绘图效率。另外，正交模式也可以用来精确定位，它将定点设备的输入限制为水平或垂直。

使用对象捕捉可以精确定位，使用户在绘图过程中可直接利用光标来准确地确定目标点，如圆心、端点、垂足等。不论何时提示输入点，都可以指定对象捕捉。默认情况下，当光标移到对象捕捉位置时，将显示标记和工具栏提示。此功能称为自动捕捉，提供了视觉提示，指示哪些对象捕捉正在使用，如图 3-5 所示。

1．对象捕捉

（1）指定对象捕捉

使用对象捕捉可以指定相对于现有对象的点（例如，直线的中点或圆的圆心等），而不是输入坐标。在提示输入点时指定使用对象捕捉，用户可单击鼠标右键，在弹出的快捷菜单中选择"捕捉替代"下的捕捉方式；按下〈Shift〉键的同时单击鼠标右键或在状态栏中的"对象捕捉"按钮处单击鼠标右键，弹出快捷菜单，如图 3-6 所示。另外，用户也可在命令行中输入对象捕捉的名称，如使用中点捕捉时，可输入"Midpoint"，按〈Enter〉键即可。

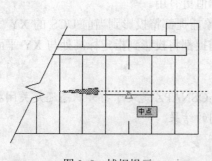

图 3-5　捕捉提示　　　　　　　　　图 3-6　"对象捕捉"快捷菜单

在提示输入点时指定对象捕捉后，对象捕捉只对指定的下一点有效。在绘图过程中，仅在提示输入点时，对象捕捉功能才生效。如果尝试在命令提示下使用对象捕捉，将会显示错误信息。

（2）执行对象捕捉

如果需要重复使用一个或多个对象捕捉，可以打开该对象捕捉功能。单击状态栏上的"对象捕捉"按钮或按〈F3〉键可打开和关闭对象捕捉功能。

用户可以在"草图设置"对话框的"对象捕捉"选项卡中指定一个或多个执行对象捕捉，该对话框可从"工具"菜单中访问。如果启用多个执行对象捕捉，则在一个指定的位置可能有多个对象捕捉符合条件。在指定点之前，按〈Tab〉键可遍历各种可能的选择。

单击状态栏上的"对象捕捉"按钮或按〈F3〉键来打开和关闭执行对象捕捉。

用户可在状态栏中的"对象捕捉"按钮处单击鼠标右键，在弹出的快捷菜单中选择"设置"选项；在命令行中输入"osnap"，按〈Enter〉键，弹出"草图设置"对话框，选择"对象捕捉"选项卡，如图3-7所示。

图3-7 "对象捕捉"选项卡

注意：如果要让对象捕捉忽略图案填充对象，可将OSOPTIONS系统变量设置为1。

（3）在三维空间中使用对象捕捉

默认情况下，对象捕捉位置的Z值由对象在空间中的位置确定。如果处理建筑物的平面视图或部件的俯视图上的对象捕捉，恒定的Z值更有用。

如果打开OSNAPZ系统变量，则所有对象捕捉都将投影到当前UCS的XY平面上，或者如果将ELEV设置为非零值，则所有对象捕捉都将投影到指定标高处与XY平面平行的平面上。

注意：绘制或修改对象时，请确保已明确OSNAPZ是处于打开状态还是关闭状态。因为没有视觉上的提示，所以可能会获得意想不到的结果。

（4）操作示例

1）捕捉对象的垂足、切点、圆心和象限点。

试绘制一条直线段，在绘图区中任意确定一端点，另一端点分别为已知对象的垂足、切点、圆心和象限点。

命令行提示如下：

命令：_line 指定第一点：（在绘图区中任意确定一点 1）

指定下一点或 [放弃(U)]：（在"对象捕捉"工具栏上单击"垂足"按钮，然后移动十字光标到对象的垂足点附近，待出现垂直捕捉提示符时单击鼠标即可）

操作方式如图 3-8 所示。

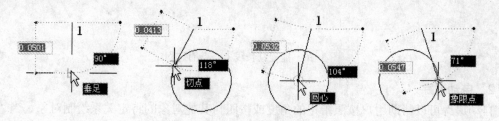

图 3-8　指定对象捕捉

2）平行线捕捉。

首先画出已知直线段。

命令：_line 指定第一点：（任意拾取一点）

指定下一点或 [放弃(U)]：（移动鼠标到任一点，单击确定好直线的第二点）

指定下一点或 [放弃(U)]：（按〈Enter〉键，结束绘制）

再绘制平行线。

命令：_line 指定第一点：（选择已知直线外的一点）

指定下一点或 [放弃(U)]：_par 到（单击"对象捕捉"工具栏上的"捕捉到平行线"按钮 ⫽，移动十字光标到已知直线段，出现黄色捕捉标记"//"，此时，十字光标离开该线段到目测平行的位置时，出现一条虚线的轨迹线，沿着轨迹线到合适的位置后单击即可）

操作方式如图 3-9 所示。

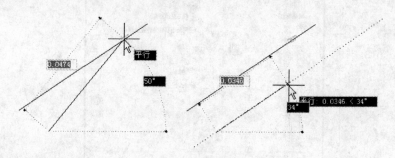

图 3-9　平行线捕捉

3）延长线交点捕捉。

首先画一条已知直线段 AB，再来绘制交线。

命令：_line 指定第一点：（在直线段 AB 一侧任意拾取一点）

指定下一点或 [放弃(U)]：_ext 于（单击捕捉工具栏上的 ▭ 按钮）

指定下一点或 [放弃(U)]：（移动十字光标到 B 点，待出现"+"标记时，沿着 AB 延长线方向拖动光标，到合适位置后确定即可）

操作方式如图 3-10 所示。

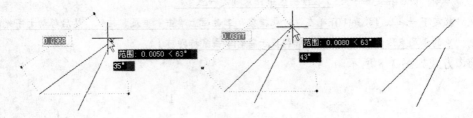

图 3-10　捕捉延长线上一点的过程

2. 自动追踪

自动追踪可以帮助用户按照指定的角度或按照与其他对象的特定关系绘制对象。当"自动追踪"打开时，临时对齐路径有助于以精确的位置和角度创建对象。自动追踪包括两个追踪选项，分别是极轴追踪和对象捕捉追踪。

用户可以通过状态栏上的"极轴"或"对象追踪"按钮打开或关闭自动追踪。

（1）极轴追踪

极轴追踪实际上是极坐标的应用。使用极轴追踪，光标将按指定角度和方向进行移动，从而能够快速确定所需点位。

用户要使用极轴追踪，可按〈F10〉键，或单击状态栏上的"极轴"按钮 。要临时打开或关闭极轴追踪，请在执行命令操作时按〈F10〉键。

在如图 3-11 所示的"草图设置"对话框中，选择"极轴追踪"选项卡，可以设置以下极轴追踪属性。

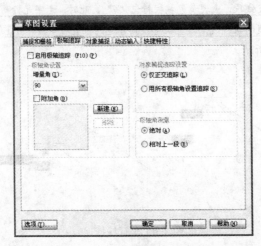

图 3-11　"极轴追踪"选项卡

"增量角"下拉列表框：选择极轴追踪角度，当光标的相对角度等于该角度或为该角度的整数倍时，将自动显示追踪路径。如图 3-12 所示为将"增量角"设置为 10 时的极轴追踪状态。

"附加角"复选框：增加任意角度值作为极轴追踪角度。选中"附加角"复选框，并单击"新建"按钮，输入所需追踪的角度值即可。

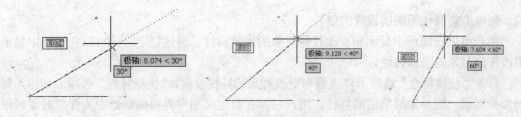

图 3-12　极轴追踪示例

"仅正交追踪"单选按钮：当对象捕捉追踪打开时，仅显示已获得的对象捕捉点的正交对象捕捉和路径。

"用所有极轴角设置追踪"：对象捕捉追踪打开时，将从对象捕捉点起沿任何极轴追踪角进行追踪。

"极轴角测量"选项组：设置极角的参照标准。"绝对"选项表示使用绝对极坐标，以 X 轴正方向为 0°。"相对上一段"选项根据上一段绘制的直线确定极轴追踪角，即上一段绘制的直线所在方向为 0°。

（2）对象捕捉追踪

对象捕捉是在对象捕捉功能的基础上发展起来的，该功能可以使光标从对象捕捉点开始，沿着对齐路径进行追踪，并找到需要的精确位置。对齐路径是指和对象捕捉点水平对齐、垂直对齐或是按设置的极轴追踪角度对齐的方向。

对象捕捉追踪应与对象捕捉功能配合使用。使用对象捕捉追踪功能之前，应先设置好对象捕捉点。用户要使用对象捕捉追踪功能，可按〈F11〉键，或单击状态栏上的"对象追踪"按钮。

用户在绘图过程中需要输入点的位置时，将光标移动到一个对象捕捉点附近，不用单击鼠标，只需稍做停留即可获取该点。已获取的点显示为一个蓝色靶框标记。在获取点后，当在绘图路径上移动光标时，相对点的水平、垂直和极轴对齐路线将会自动显示，如图 3-13 所示。

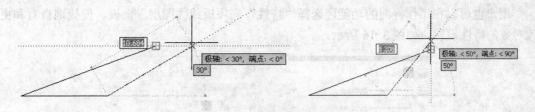

图 3-13　对象捕捉追踪示例

3.1.3　对象特性

在绘图过程中，所绘制的每个对象都具有各自的特性。某些特性是基本特性，适用于大多数图形对象，例如图层、颜色、线型和打印样式。有些特性是特定于某个对象的特性，例如，圆的特性包括半径和面积，直线的特性包括长度和角度等。

大多数对象基本特性可以通过图层指定给对象，也可以直接指定给对象。如果将特性设置为值"BYLAYER"，则将为对象指定与其所在图层相同的值。如果将特性设置为一个特定值，则该值将替代为图层设置的值。

用户可以在图形中显示和更改任何对象的当前特性。通过以下方式可以在图形中显示和更改任何对象的当前特性。

打开"快捷特性"选项卡以查看和更改对象的特性设置，"快捷特性"选项卡列出了每种对象类型或一组对象最常用的特性。用户可以在自定义用户界面编辑器中为任意对象轻松自定义快捷特性。通过单击状态栏中的"快捷特性"按钮 █，可以启用该功能，当在绘图过程中选中图形对象后，则会弹出该对象的"快捷特性"选项卡，如图 3-14 所示。

打开"特性"选项卡，然后查看和更改对象的所有特性的设置，"特性"选项卡列出了选定对象或一组对象的特性的当前设置。用户可以修改任何可以通过指定新值进行修改的特性。依次单击"视图"选项卡→"选项板"面板中的"特性"按钮 █，将会弹出如图 3-15 所示的"特性"选项板。

图 3-14　"快捷特性"选项卡

图 3-15　"特性"选项板

用户也可以在工作界面的功能区选择"特性"选项板或"图层"面板，便捷地查看和更改对象的特性设置，如图 3-16 所示。

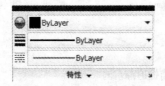 

图 3-16　"特性"选项板和"图层"面板

单击"快速访问工具栏"中的"特性匹配"按钮 █，可以使用"特性匹配"功能，用户可以将一个对象的某些特性或所有特性复制到其他对象中。可以复制的特性类型包括但不仅限于颜色、图层、线型、线型比例、线宽、打印样式、视口特性替代和三维厚度。

默认情况下，所有可用特性均可自动从选定的第一个对象复制到其他对象。如果不希望复制特定特性，可使用"设置"选项禁止复制该特性。用户可以在执行命令过程中随时选择"设置"选项。

3.1.4 图层管理

在 AutoCAD 中，图层就像透明的覆盖层，相当于绘图中使用的重叠图纸。用户可以分别在不同的透明图纸上绘制不同的对象，然后将这些透明图纸重叠起来，最终形成复杂的图形。图层是图形绘制中使用的重要组织工具。在 AutoCAD 中绘图，利用图层可以很好地组织不同类型的图形信息，并对整个图形进行综合控制。

在绘制复杂的平面图形时，一般要创建多个图层来组织图形，可以将类型相似的对象指定给同一图层以使其相关联。例如，用户可以将不同类型的图形对象、构造线、文字、标注和标题栏置于不同的图层上，而不是将整个图形均创建在"0"图层上。这样，用户可以方便地控制各图层对象的颜色、线型、线宽、可见性等特性。

通过控制对象的显示或打印方式，可以降低图形的视觉复杂程度，并提高显示性能。例如，可以使用图层控制相似对象（例如门窗或标注）的特性和可见性，也可以锁定图层，以防止意外选择和修改该图层上的对象。

1. 创建和命名图层

（1）功能

在图形绘制过程中，用户可以为类型相近的一组对象创建和命名图层，并为这些图层指定通用特性。对于一个图形，可创建的图层数和在每个图层中创建的对象数都是没有限制的。只要将对象分类并置于各自的图层中，即可方便、有效地对图形进行编辑和管理。

（2）命令调用

1）依次单击"常用"选项卡→"图层"面板→"图层特性"按钮。

2）从菜单依次单击"格式"→"图层"选项。

3）在命令行输入"layer"，按〈Enter〉键执行。

以上方法均可打开"图层特性管理器"对话框，如图 3-17 所示。

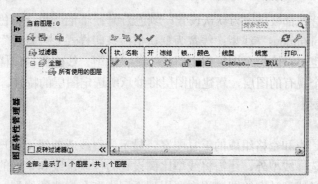

图 3-17　"图层特性管理器"对话框

（3）操作示例

要求新建一个图形文件并创建 4 个新图层，名称分别为"轴线"、"墙体"、"门窗"和"标注"。步骤如下：

在"图层特性管理器"对话框中，单击"新建图层"按钮，图层列表中将自动添加名为"图层 1"的图层，所添加图层呈被选中状态即高亮显示状态，如图 3-18 所示。

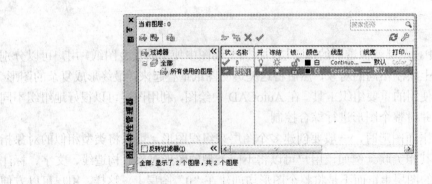

图 3-18　新建图层

在"名称"列为新建的图层命名为"轴线"。图层名最多可包含 255 个字符，其中包括字母、数字和特殊字符，如人民币符号（￥）和连字符（—）等。

通过多次单击"新建图层"按钮 ，创建其余各图层，并以同样的方法为每个新建图层命名。设置完成后，关闭该对话框即可，如图 3-19 所示。

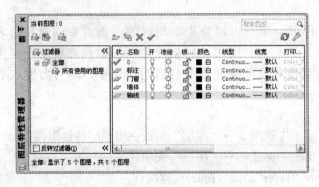

图 3-19　创建和命名图层

每个新图层的特性都被指定为默认设置：颜色为编号 7 的颜色（白色或黑色，由背景色决定）；线型为"Continuous"线型；线宽为默认值；打印样式为"普通"打印样式。用户可以使用默认设置，也可以给每个图层指定新的颜色、线型、线宽和打印样式。如果在创建新图层之前选中了一个现有的图层，新建的图层将继承所选定图层的特性。

2. 设置图层线型

（1）功能

线型是由虚线、点和空格组成的重复图案，显示为直线或曲线。用户可以通过图层将线型指定给对象。除选择线型外，还需将线型比例设置为控制虚线和空格的大小，用户也可以根据需要创建自定义线型。在绘图过程中要用到不同类型和样式的线型，每种线型在图形中所代表的含义也各不相同。默认状态下的线型为"Continuous"线型（实线型），因此需要根据实际情况修改线型，同时还可以设置线型比例以控制虚线和点画线等线型的显示。

（2）操作示例

从"图层特性管理器"对话框中单击"线型"下的"Continuous"按钮，弹出"选择线型"对话框，如图 3-20 所示。

在"选择线型"对话框中，单击"加载"按钮，弹出"加载或重载线型"对话框，如

图 3-21 所示。

图 3-20　"选择线型"对话框

图 3-21　"加载或重载线型

在图 3-21 中可选择所需线型，然后单击"确定"按钮，回到"选择线型"对话框。单击"确定"按钮，完成线型的设置。

选择"格式"菜单中的"线型"，将弹出"线型管理器"对话框，在其右下角的"全局比例因子"中，可输入线型的比例值，此比例值用于调整虚线和点画线的横线与空格的比例显示，一般设置为"0.2～0.5"之间。

说明：在建筑图绘制中，一般习惯将轴线图层设置为"点画线"，其他图层大多为"实线"。用户还可以用"对象特性"功能和 ltscale 命令设置线型比例因子。通过全局更改或分别更改每个对象的线型比例因子，能够以不同的比例使用同一种线型。默认情况下，全局线型和独立线型的比例均设置为 1.0。比例越小，每个绘图单位中生成的重复图案数越多。例如，将线型比例设置为 0.5 时，每个图形单位在线型定义中显示两个重复图案。不能显示一个完整线型图案的短直线段显示为连续线段。对于太短，甚至不能显示一条虚线的直线，可以使用更小的线型比例。

3. 设置图层线宽

（1）功能

在计算机上显示图样的时候，线型宽度有时显示得不太理想，这是线宽显示设置不合理的缘故。在 AutoCAD 2010 中提供了显示线宽的功能。用户可根据自己的需要选择所需线宽，设置完成后单击"确定"按钮，即可完成设置。

线宽是指定给图形对象以及某些类型的文字的宽度值。使用线宽，可以用粗线和细线清楚地表现出截面的剖切方式、标高的深度、尺寸线和刻度线，以及细节上的不同。

（2）操作示例

从"图层特性管理器"对话框中单击"线宽"下的"默认"按钮，弹出"线宽"对话框，如图 3-22 所示。

图 3-22　"线宽"设置对话框

用户可以根据需要选择相应的线宽选项，最后，单击确定按钮完成线宽设置。通过为不同的图层指定不同的线宽，用户可以轻松区分新建构造、现有构造和被破坏的构造。除非选择了状态栏上的"显示/隐藏线宽"按钮，否则将不显示线宽。

注意：在模型空间中显示的线宽不随缩放比例而变化。例如，无论如何放大，以 4 个像素的宽度表示的线宽值总是用 4 个像素显示。如果要使对象的线宽在"模型"窗口上显示得更厚些或更薄些，更改显示比例不影响线宽的打印值。在"布局"窗口和打印预览时，线宽以实际单位显示，并随缩放比例而变化。用户可以通过"打印"对话框的"打印设置"选项卡控制图形中的线宽打印和缩放。

4．指定当前图层

（1）功能

在绘图时，所有对象都是在当前图层上创建的。当前图层可能是默认的 0 图层或用户自己创建并命名的新图层。通过将不同图层指定为当前图层，用户可以从一个图层切换到另一图层进行图形的绘制。

（2）操作示例

在 AutoCAD 中，可通过多种方法将某一个图层指定为当前图层。

在功能区的"图层"面板中，选择图层控件下拉列表中的某一个图层，该图层即为当前图层，如图 3-23 所示。

图 3-23　"图层"面板

在"图层特性管理器"对话框的图层列表中选择一个图层，然后单击 ✓ 按钮。或在图层名上双击，或在图层名上单击右键，从弹出的快捷菜单中执行"置为当前"命令，如图 3-24 所示。

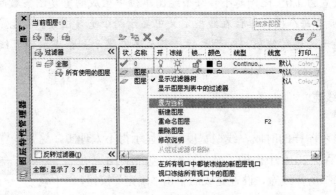

图 3-24　指定当前图层

如果将某个对象所在图层指定为当前图层，在绘图区域先选中该对象，然后在"图层"工具栏上单击"把对象的图层置为当前"按钮 即可。也可以先单击"把对象的图层置为当前"按钮 ，然后再选择一个对象来改变当前图层。

说明：并不是所有图层都可以被指定为当前图层，被冻结的图层或依赖外部参照的图层不可以设定为当前图层。用户总是在当前图层上进行绘图，当前图层只能有一个。

5．控制图层的可见性

对图层进行关闭或冻结，可以隐藏该图层上的对象。关闭图层后，该图层上的图形将不能被显示或打印。冻结图层后，AutoCAD 不能在被冻结图层上显示、打印或重生成对象。打开已关闭的图层时，AutoCAD 将重画该图层上的对象。解冻已冻结的图层时，AutoCAD 将重生成图形并显示该图层上的对象。关闭而不冻结图层，可避免每次解冻图层时重生成图形。

（1）打开或关闭图层

当某些图层需要频繁地切换它的可见性时，选择关闭该图层而不冻结。当再次打开已关闭的图层时，图层上的对象会自动重新显示。关闭图层可以使图层上的对象不可见，但在使用 Hide 命令时，这些对象仍会遮挡其他对象。

当要打开或关闭图层时，在"图层"工具栏或"图层特性管理器"的图层控件中，单击要操作图层的"开/关图层"灯泡图标。当图标显示为黄色时，图层处于打开状态，否则，图层处于关闭状态。如图 3-25 所示的"家具"、"门窗"和"墙体"三个图层都处于关闭状态。

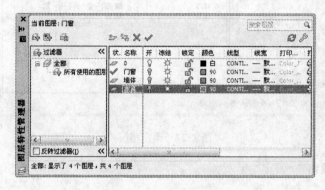

图 3-25　打开或关闭图层

（2）冻结和解冻图层

在绘图中，对于一些长时间不必显示的图层，可将其冻结而非关闭。当要冻结或解冻图层时，在"图层"工具栏或"图层特性管理器"的图层控件中，单击要操作图层的"在所有视口中冻结解冻"图标。如果该图标显示为黄色的太阳状时，所选图层处于解冻状态；否则，所选图层处于冻结状态。图 3-26 中的"家具"、"门窗"和"墙体"三个图层处于冻结状态。

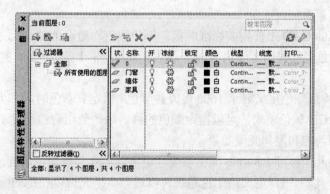

图 3-26　冻结和解冻图层

（3）锁定图层

在编辑对象的过程中，要编辑与特殊图层相关联的对象，同时对其他图层上的对象只想查看但不编辑。此时，就可以将不需编辑的图层锁定。锁定图层时，它上面的对象均不会被

67

修改，直到为该图层解锁为止。锁定图层可以降低意外修改该图层对象的可能性。对锁定图层上的对象仍然可以使用捕捉功能，而且可以执行不修改对象的其他操作。

在"图层"工具栏或"图层特性管理器"中，单击锁定图标，当锁定图标显示为打开状态时，表示该图层未被锁定。当锁定图标显示为锁定状态时，表示该图层处于锁定状态。图 3-27 中的"家具"、"门窗"和"墙体"三个图层处于锁定状态。

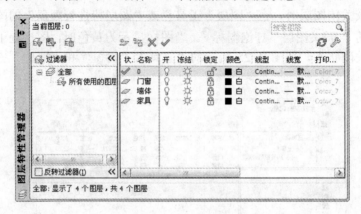

图 3-27　锁定图层

6．设置图层颜色

（1）功能

在 AutoCAD 中进行图形绘制，颜色可以帮助用户直观地将对象进行编组。用户可以随图层将颜色指定给对象，也可以单独执行此操作。随图层指定颜色可以使用户轻松识别图形中的每个图层。单独指定颜色会使同一图层的对象之间产生色彩差别。

（2）操作示例

从"图层特性管理器"对话框中单击"颜色"下相应图层的按钮"■白"，弹出"选择颜色"对话框，如图 3-28 所示。

在"选择颜色"对话框中，用户可以选择使用"索引颜色（ACI）"、"真彩色"、"配色系统"三种类型的色彩系统。

ACI 颜色是 AutoCAD 中使用的标准颜色。每种颜色均通过 ACI 编号（1～255 之间的整数）标识。标准颜色名称仅用于颜色 1～7。颜色指定如下：1 红、2 黄、3 绿、4 青、5 蓝、6 洋红、7 白/黑。

真彩色使用 24 位颜色定义显示 1600 多万种颜色。指定真彩色时，可以使用 RGB 或 HSL 颜色模式。通过 RGB 颜色模式，可以指定颜色的红、绿、蓝组合；通过 HSL 颜色模式，可以指定颜色的色调、饱和度和亮度要素。

配色系统包括几个标准 Pantone 配色系统。也可以输入其他配色系统，例如 DIC 色彩指南或 RAL 颜色集。输入用户定义的配色系统可以进一步扩充可以使用的颜色选择。

选择好所需颜色后，单击"确定"按钮即可完成图层颜色的设置，如图 3-29 所示。一般情况下，在建筑图的绘制中，习惯将"轴线"图层颜色设置为红色"■红"，将"墙体"图层颜色设置为白色"■白"，将"门窗"图层颜色设置为青色"■青"，将"家具"图层颜色设置为蓝色"■蓝"，将"标注"图层颜色设置为绿色"■绿"。

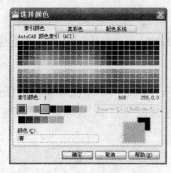

图 3-28　"选择颜色"对话框

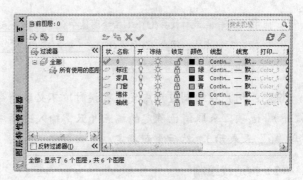

图 3-29　图层颜色设置

3.2　基本二维图形命令使用

二维图形对象是整个 AutoCAD 的绘图基础，主要有直线、构造线、射线、多线、圆、圆弧、椭圆、椭圆弧、矩形、正多边形、多段线、圆环、样条曲线等内容。这些命令对在后面章节中进行复杂图形绘制和进行三维图形绘制的学习非常重要。

3.2.1　基本二维图形绘制

1. 绘制基本线条

（1）直线绘制

1）功能。

利用本功能可以绘制直线段、连续折线以及由直线组成的对象轮廓线等。

2）命令调用。

单击"绘图"面板上的"直线"工具按钮 。

在命令行中直接输入"line"命令，按〈Enter〉键。

从菜单中执行命令，依次单击"绘图"→"直线"。

3）操作示例。

在绘图区拾取 A、B、C 三点，绘制相对独立的直线 AB、BC，输入点的坐标值，最后选取"闭合"选项（即输入"c"），按〈Enter〉键，AutoCAD 将自动连接第一个和最后一个端点，形成一个封闭的图形，如图 3-30 所示。

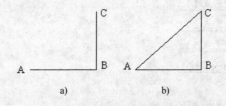

图 3-30　直线绘制

从"绘图"面板，执行直线绘制命令，命令行提示内容如下：

命令: _line 指定第一点:（在绘图区中任意点取一点 A）

指定下一点或 [放弃(U)]:（在绘图区中任意点取一点 B）

指定下一点或 [放弃(U)]:（在绘图区中任意点取一点 C）

指定下一点或 [闭合(C)/放弃(U)]:C（输入字母"C"，按〈Enter〉键图形将自动闭合；或直接按〈Enter〉键，将结束绘制）

说明：用户在绘制过程中发现有误时，不必取消命令，而可以使用命令提示中的"Undo（放弃）"选项，来取消已确定的端点（只需输入选项中大写字母即可，如"Undo"选项可用字母"u"来表示），然后重新指定。

（2）构造线绘制

1）功能。

AutoCAD 中的构造线类似于数学中的直线，是向一个或两个方向无限延伸的直线（分别称为射线和构造线），它可用作创建其他对象的辅助线参照，例如，可以用构造线查找三角形的中心、准备同一个项目的多个视图或创建临时交点用于对象捕捉。

2）命令调用。

在"绘图"面板上单击"构造线"工具 。

从菜单中执行"绘图"→"构造线"命令。

在命令行中输入"xline"，按〈Enter〉键。

3）操作示例。

执行构造线绘制命令，命令行提示内容如下：

命令: _xline 指定点或 [水平(H)/垂直(V)/角度(A)/二等分(B)/偏移(O)]:（选择画构造线方式或按〈Enter〉键使用默认的两点法）

示例1：用定点和通过点法画构造线。

命令: _xline 指定点或 [水平(H)/垂直(V)/角度(A)/二等分(B)/偏移(O)]:（拾取任意点 1）

指定通过点:（拾取水平一点 2，得到构造线 L1）

指定通过点:（向右下移动光标拾取一点 3，得到构造线 L2）

指定通过点:（向右下再移动光标拾取一点 4，得到构造线 L3）

指定通过点:（按〈Enter〉键）

结果如图 3-31a 所示。

示例2：画水平构造线。

命令: _xline 指定点或 [水平(H)/垂直(V)/角度(A)/二等分(B)/偏移(O)]: h

指定通过点:（拾取任意点 1）

指定通过点:（拾取任意点 2）

指定通过点:（拾取任意点 3）

指定通过点:（按〈Enter〉键）

结果如图 3-31b 所示。

示例3：用垂直和角度选项画构造线。

命令: _xline 指定点或 [水平(H)/垂直(V)/角度(A)/二等分(B)/偏移(O)]: v

指定通过点:（拾取任意点 1）

指定通过点:（拾取任意点 2）

指定通过点:（拾取任意点 3）

指定通过点:（按〈Enter〉键）

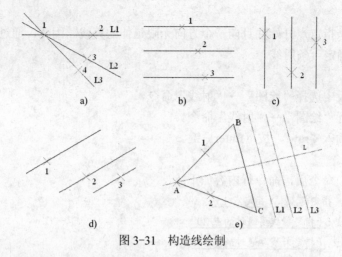

图 3-31　构造线绘制

结果如图 3-31c 所示。

　　命令: _xline 指定点或 [水平(H)/垂直(V)/角度(A)/二等分(B)/偏移(O)]: a

　　输入构造线的角度 (0) 或 [参照(R)]: 　30（默认与水平或 X 轴的夹角）

　　指定通过点:（拾取任意点 1）

　　指定通过点:（拾取任意点 2）

　　指定通过点:（拾取任意点 3）

　　指定通过点:（按〈Enter〉键）

结果如图 3-31d 所示。

　　示例 4：用二等分和偏移选项画构造线。首先用直线命令画出如图 3-31e 所示的任意三角形 ABC。

　　命令: _xline 指定点或 [水平(H)/垂直(V)/角度(A)/二等分(B)/偏移(O)]: b

　　指定角的顶点:（捕捉拾取顶点 A）

　　指定角的起点:（在 AB 上任意拾取一点 1）

　　指定角的端点:（在 AC 上任意拾取一点 2）

　　指定角的端点:（按〈Enter〉键）

　　命令: _xline 指定点或 [水平(H)/垂直(V)/角度(A)/二等分(B)/偏移(O)]: o

　　指定偏移距离或 [通过(T)] <10.0000>: 30

　　选择直线对象:（拾取线段 BC）

　　指定向哪侧偏移:（在其右侧单击鼠标左键,得到 L1）

　　选择直线对象:（拾取 L1）

　　指定向哪侧偏移:（在其右侧单击鼠标左键,得到 L2）

　　选择直线对象:（拾取 L2）

　　指定向哪侧偏移:（在其右侧单击鼠标左键,得到 L3）

　　选择直线对象:（按〈Enter〉键）

绘制结果如图 3-31e 所示。

（3）射线绘制

1）功能。

射线是从一个指定点开始并且向一个方向无限延伸的直线。因此，通过指定一个起点和一个通过点即可确定一条射线。

2）命令调用。

从功能区面板中选择"绘图"→"射线"命令 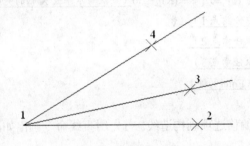。

从菜单中执行"绘图"→"射线"命令。

在命令行中输入"ray"，按〈Enter〉键。

3）操作示例。

执行"射线"命令后，命令行内容如下：

　　命令：_ray 指定起点：（指定点1）

　　指定通过点：（指定射线要通过的点2）

　　指定通过点：（指定射线要通过的点3）

　　指定通过点：（指定射线要通过的点4）

　　指定通过点：（按〈Enter〉键）

绘制出的射线如图3-32所示。

图3-32　射线绘制

（4）多线绘制

多线对象由1～16条平行线组成，这些平行线称为元素。要修改多线及其元素，可以使用通用编辑命令、多线编辑命令和多线样式。

1）功能。

多线常用于绘制那些由多条平行线组成的实体对象。

多线可具有不同的样式，在创建新图形时，AutoCAD自动创建一个"标准"多线样式作为默认值，用户也可定义新的多线样式。

2）命令调用。

从菜单中执行"绘图"→"多线"命令。

在命令行中输入"mline"，按〈Enter〉键。

3）操作示例。

操作说明和命令行提示内容如下：

　　命令：_mline

　　当前设置：对正 ＝ 上，比例 ＝ 20.00，样式 ＝ STANDARD

指定起点或 [对正(J)/比例(S)/样式(ST)]: j（选择改变对正方式选项）

输入对正类型 [上(T)/无(Z)/下(B)] <上>: z（改为无对齐）

当前设置: 对正 = 下，比例 = 20.00，样式 = STANDARD

指定起点或 [对正(J)/比例(S)/样式(ST)]: s（选择更改比例选项）

输入多线比例 <20.00>: 40（新的比例为 40）

当前设置: 对正 = 无，比例 = 40.00，样式 = STANDARD

指定起点或 [对正(J)/比例(S)/样式(ST)]: st（选择新的样式）

输入多线样式名或 [?]:（选"?"可以看到所有样式，按〈Enter〉键表示使用默认样式）

当前设置: 对正 = 无，比例 = 30.00，样式 = STANDARD

指定起点或 [对正(J)/比例(S)/样式(ST)]:（开始画线）

各选项的含义如图 3-33 所示。

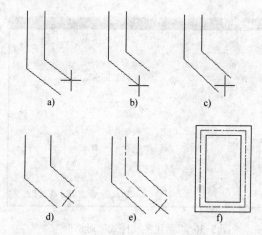

图 3-33　多线绘制

a) 默认　b) 下对齐　c) 无对齐　d) 放大比例　e) 更改样式　f) 缩小并合并

（5）多线样式的设置

1）功能。

多线样式用于控制多线中直线元素的数目、颜色、线型、线宽以及每个元素的偏移量。还可以修改合并的显示、端点封口和背景填充。

2）命令调用。

从菜单中执行"格式"→"多线样式"命令。

在命令行中输入"mlstyle"，按〈Enter〉键。

3）操作步骤。

执行"多线样式"命令，弹出如图 3-34 所示的"多线样式"对话框。在"多线样式"对话框中，单击"新建"按钮，弹出如图 3-35 所示"创建新的多线样式"对话框，用户可输入多线样式的名称（如墙体）并选择开始绘制的多线样式。

完成上述设置后，单击"继续"按钮，此时将会弹出"新建多线样式"对话框，选择多线样式的参数，"说明"是可选的，最多可以输入 255 个字符，包括空格，如图 3-36 所示。

图 3-34 "多线样式"对话框

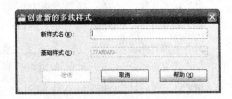

图 3-35 "创建新的多线样式"对话框

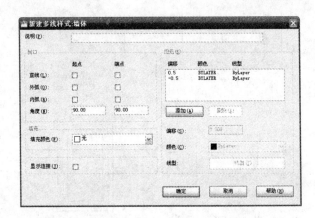

图 3-36 "新建多线样式"对话框

设置完成后单击"确定"按钮。

在"多线样式"对话框中,单击"保存"按钮,可将多线样式保存到文件(默认文件为"acad.mln")。可以将多个多线样式保存到同一个文件中。如果要创建多个多线样式,请在创建新样式之前保存当前样式,否则,将丢失对当前样式所做的修改。

4)操作示例。

设置一个四元素多线样式,绘制茶几类似形。

从菜单执行"格式"→"多线样式"命令,弹出"多线样式"对话框,单击"新建"按钮,弹出"创建新的多线样式"对话框,输入样式名为"茶几",单击"继续"按钮,弹出"新建多线样式"对话框,单击"添加"按钮,添加元素如图 3-37 所示。

选中"显示连接"复选框,单击"确定"按钮。在如图 3-38 所示的对话框中选中新建的样式"茶几",单击"置为当前"按钮。

单击"保存"按钮,将样式保存起来。用新建的多线样式"茶几"绘图,结果如图 3-39 所示。

绘制过程中的命令行内容如下:

命令:_mline

当前设置:对正 = 无,比例 = 40.00,样式 = STANDARD

图 3-37　新建多线样式　　　　　　　　图 3-38　将新建的样式置为当前

指定起点或 [对正(J)/比例(S)/样式(ST)]: st（输入"st"，按〈Enter〉键，表示选择多线的样式）

输入多线样式名或 [?]: 茶几（输入多线的样式名为前面新建的茶几样式，按〈Enter〉键确定。）

当前设置: 对正 = 无，比例 = 40.00，样式 = 茶几

指定起点或 [对正(J)/比例(S)/样式(ST)]:（在绘图区中任意指定多线的起点）

指定下一点: @0,420

指定下一点或 [放弃(U)]: @800,0

指定下一点或 [闭合(C)/放弃(U)]: @0,-420

指定下一点或 [闭合(C)/放弃(U)]: c（输入"c"，按〈Enter〉键，表示将多线闭合）

图 3-39　多线图例

（6）多段线绘制

1）功能。

多段线是作为单个对象创建的相互连接的序列线段。可以创建直线段、弧线段或两者的组合线段。使用"矩形"、"正多边形"、"圆环"等命令绘制的矩形、正多边形和圆环等均属于多段线对象。

多段线适用于以下应用方面：用于地形和其他科学应用的轮廓素线；布线图、流程图和布管图；三维实体建模的拉伸轮廓和拉伸路径等。

多段线提供了单条直线所不具备的编辑功能。例如，可以调整多段线的宽度和曲率。创建多段线之后，可以使用"多段线编辑"命令对其进行编辑；也可使用"分解"命令将其转换成单独的直线段和弧线段，然后再进行编辑。

2）命令调用。

在功能区的"绘图"面板上单击"多段线"工具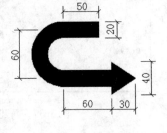。

从菜单中执行"绘图"→"多段线"命令。

在命令行中输入"pline"，按〈Enter〉键。

3）操作示例。

调用该命令后，系统首先提示指定多段线的起点，然后显示当前的线宽，并提示用户指定下一点或选择如下选项。

其中常用的选项有"圆弧"、"宽度"、"长度"等，"圆弧"选项下面有许多的画法供选择，这里就不一一介绍了。下面以如图3-40所示的箭头为例来说明。

图3-40　多段线图例

操作步骤及命令行内容如下：

命令: _pline　指定起点:

当前线宽为　10.0000

指定下一个点或 [圆弧(A)/半宽(H)/长度(L)/放弃(U)/宽度(W)]: w（选择宽度设置选项）

指定起点宽度 <10.0000>:20（指定起点宽度为20）

指定端点宽度 <10.0000>:20（指定端点宽度为20）

指定下一点或 [圆弧(A)/闭合(C)/半宽(H)/长度(L)/放弃(U)/宽度(W)]: l（选择长度设置选项）

指定直线的长度:50（指定直线长度为50）

指定下一点或 [圆弧(A)/闭合(C)/半宽(H)/长度(L)/放弃(U)/宽度(W)]: a（选择圆弧选项）

指定圆弧的端点或[角度(A)/圆心(CE)/闭合(CL)/方向(D)/半宽(H)/直线(L)/半径(R)/第二个点(S)/放弃(U)/宽度(W)]: a（选择圆弧角度设置选项）

指定包含角: 180（指定包含角为180）

指定圆弧的端点或 [圆心(CE)/半径(R)]: 60

指定圆弧的端点或[角度(A)/圆心(CE)/闭合(CL)/方向(D)/半宽(H)/直线(L)/半径(R)/第二个点(S)/放弃(U)/宽度(W)]: l（选择直线选项）

指定下一点或 [圆弧(A)/闭合(C)/半宽(H)/长度(L)/放弃(U)/宽度(W)]: 60

指定下一点或 [圆弧(A)/闭合(C)/半宽(H)/长度(L)/放弃(U)/宽度(W)]: w（选择宽度设置选项）

指定起点宽度 <20.0000>: 40（指定起点宽度为40）

指定端点宽度 <40.0000>: 1（指定端点宽度为1）

指定下一点或 [圆弧(A)/闭合(C)/半宽(H)/长度(L)/放弃(U)/宽度(W)]: l（选择长度设置选项）

指定直线的长度: 30（按〈Enter〉键，结束绘制）

（7）样条曲线绘制

样条曲线是经过或接近一系列给定点的光滑曲线。可以控制曲线与点的拟合程度。可以通过指定点来创建样条曲线。也可以封闭样条曲线，使起点和端点重合。

1）功能。

通过指定的一系列控制点，可以在指定的允差（Fit tolerance）范围内把控制点拟合成光滑的 NURBS 曲线。

2）命令调用。

在功能区的"绘图"面板中选择"样条曲线"~。

从菜单中执行"绘图"→"样条曲线"命令。

在命令行中输入"spline"，按〈Enter〉键。

3）操作示例。

绘制一条如图3-41所示的多段线。操作步骤及命令行提示内容如下：

    命令：_spline

    指定第一个点或 [对象(O)]：（拾取点1）

    指定下一点：（拾取点2）

    指定下一点或 [闭合(C)/拟合公差(F)] <起点切向>：（拾取点3）

    指定下一点或 [闭合(C)/拟合公差(F)] <起点切向>：（拾取点4）

    指定下一点或 [闭合(C)/拟合公差(F)] <起点切向>：（拾取点5）

    指定下一点或 [闭合(C)/拟合公差(F)] <起点切向>：（按〈Enter〉键结束样条曲线的绘制）

    指定起点切向：（按〈Enter〉键，确定起点的切向）

    指定端点切向：（按〈Enter〉键，确定端点的切向）

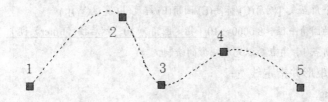

图3-41　样条线的画法

2．绘制基本形体

（1）矩形绘制

1）功能。

使用"矩形"命令可创建矩形形状，可以指定长度、宽度、面积和旋转参数。还可以控制矩形角点的类型，比如有圆角、倒角或直角。

2）命令调用。

在功能区的"绘图"面板中选择"矩形" □。

从菜单中执行"绘图"→"矩形"命令。

在命令行中输入"rectang"，按〈Enter〉键。

3）操作示例。

示例1：指定两对角点绘制矩形：

    命令：_rectang

    指定第一个角点或 [倒角(C)/标高(E)/圆角(F)/厚度(T)/宽度(W)]：（拾取角点1）

    指定另一个角点或 [面积(A)/尺寸(D)/旋转(R)]：（拾取对角点2）

示例2：绘制矩形并在角点加倒角：

    命令：RECTANG

    指定第一个角点或 [倒角(C)/标高(E)/圆角(F)/厚度(T)/宽度(W)]：c

    指定矩形的第一个倒角距离 <0.0000>：10

指定矩形的第二个倒角距离 <10.0000>:（按〈Enter〉键）

指定第一个角点或 [倒角(C)/标高(E)/圆角(F)/厚度(T)/宽度(W)]:（拾取角点1）

指定另一个角点或 [面积(A)/尺寸(D)/旋转(R)]:（拾取对角点2）

示例1、2结果如图3-42所示。

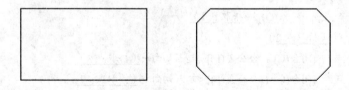

图3-42　绘制矩形

示例3：绘制矩形并在角点加圆角：

命令:rectang

当前矩形模式：　倒角=8.0000 x 75.5419

指定第一个角点或 [倒角(C)/标高(E)/圆角(F)/厚度(T)/宽度(W)]: p

指定矩形的圆角半径 <8.0000>: 10（指定圆角为10，然后按〈Enter〉键）

最后指定角点1、角点2以完成矩形的绘制。

示例4：绘制矩形并指定线宽：

命令:rectang

当前矩形模式：　圆角=10.0000

指定第一个角点或 [倒角(C)/标高(E)/圆角(F)/厚度(T)/宽度(W)]: w

指定矩形的线宽 <0.0000>: 3

指定第一个角点或 [倒角(C)/标高(E)/圆角(F)/厚度(T)/宽度(W)]: c

指定矩形的第一个倒角距离 <10.0000>: 0

指定矩形的第二个倒角距离 <10.0000>: 0

最后指定角点1、角点2以完成矩形的绘制。

示例3、4的结果如图3-43所示。

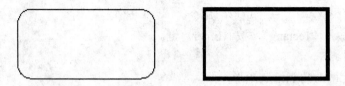

图3-43　矩形的画法

示例5：绘制矩形并指定标高和厚度：

通过确定矩形的厚度可绘制长方体，"厚度（T）"选项可绘制一个在Z轴方向上有一定高度的矩形。如绘制一个厚度为40的矩形，可得到一个高度为40的长方体（如图3-44所示）。

如果指定标高为40，就可以在原来的长方体顶面上再绘制一个长方体，如图3-44

所示。

命令: _rectang

指定第一个角点或 [倒角(C)/标高(E)/圆角(F)/厚度(T)/宽度(W)]: t（选择厚度设置选项）

指定矩形的厚度 <0.0000>: 40（将厚度定义为40）

指定第一个角点或 [倒角(C)/标高(E)/圆角(F)/厚度(T)/宽度(W)]:（任取一点）

指定另一个角点或 [面积(A)/尺寸(D)/旋转(R)]:（任取一对角点）

命令: _rectang

当前矩形模式: 厚度=40.0000

指定第一个角点或 [倒角(C)/标高(E)/圆角(F)/厚度(T)/宽度(W)]: e（选择标高设置选项）

指定矩形的标高 <0.0000>: 40（将标高定义为40）

指定第一个角点或 [倒角(C)/标高(E)/圆角(F)/厚度(T)/宽度(W)]: （捕捉长方体一个角点）

指定另一个角点或 [面积(A)/尺寸(D)/旋转(R)]: （任取一对角点）

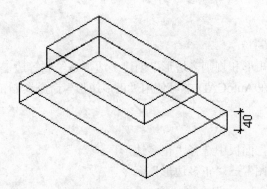

图 3-44　标高和厚度画矩形

示例 6：绘制矩形并指定 "[面积(A)/尺寸(D)/旋转(R)]"：

使用面积与长度或宽度创建矩形。

命令: _rectang

指定第一个角点或 [倒角(C)/标高(E)/圆角(F)/厚度(T)/宽度(W)]:（任意拾取一点）

指定另一个角点或 [面积(A)/尺寸(D)/旋转(R)]: a

输入以当前单位计算的矩形面积 <100.0000>:　500

计算矩形标注时依据 [长度(L)/宽度(W)] <长度>: L

输入矩形长度 <20.0000>: 30（按〈Enter〉键，即可画出矩形）

使用尺寸（D），即使用长和宽创建矩形。

指定矩形的长度 <0.0000>30（输入矩形的长度，按〈Enter〉键确定）

指定矩形的宽度 <0.0000>20（输入矩形的宽度，按〈Enter〉键确定）

指定另一个角点或 [面积(A)/标注(D)/旋转(R)]:（移动光标到另一个角点位置处单击）

使用旋转（R），即按指定的旋转角度创建矩形。

命令: _rectang

指定第一个角点或 [倒角(C)/标高(E)/圆角(F)/厚度(T)/宽度(W)]: （任意拾取一点）

指定另一个角点或 [面积(A)/尺寸(D)/旋转(R)]: r（通过输入旋转角度值度）

指定旋转角度或 [拾取点(P)] <0>: 30

指定另一个角点或 [面积(A)/尺寸(D)/旋转(R)]: (移动光标到另一个角点的位置处，并单击)

以上绘制结果如图 3-45 所示。

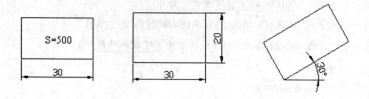

图 3-45 指定面积、长宽、角度绘制矩形

说明： 用"矩形"命令画出的矩形是一个实体，其四条边是一条多段线，不能单独编辑。要对各条边分别进行编辑，需要用到"分解"命令。

(2) 正多边形绘制

1) 功能。

用户可以快速创建矩形和规则多边形。创建多边形是绘制等边三角形、正方形、五边形、六边形等的简单方法。在 AutoCAD 中可使用"正多边形"命令绘制正多边形，其边数最少为三条。

2) 命令调用。

在功能区的"绘图"面板中选择"正多边形" ⬠。

从菜单中执行"绘图"→"正多边形"命令。

在命令行中输入"polygon"命令，按〈Enter〉键。

AutoCAD 系统提供了两种方式来绘制正多边形，一种是实例中所示的通过其"内接于圆 (I)"或"外切于圆（C）"来确定。另一种方式为选择"边（E）"选项，指定一条边的起点与终点即可。

3) 操作示例。

下面用两种方式进行正五边形的绘制，如图 3-46 所示。

命令行内容如下：

命令: _polygon 输入边的数目 <4>: 6 (选择"绘图"工具栏上的"正多边形"工具 ⬠，输入多边形的边数为 6，按〈Enter〉键确定)

指定正多边形的中心点或 [边(E)]: (任意拾取一点 A，作为正多边形的中心点)

输入选项 [内接于圆(I)/外切于圆(C)] <I>: c (输入"c"，按〈Enter〉键，选择"外切于圆"的方式)

指定圆的半径: 30 (输入圆的半径为 30，按〈Enter〉键确定)

绘制完成后，结果如图 3-46a 所示。

命令: _polygon 输入边的数目 <6>:6 (选择"绘图"工具栏上的"正多边形"工具 ⬠，直接按〈Enter〉键，表示设置多边形的边数为默认的 6)

指定正多边形的中心点或 [边(E)]: e (输入"e"，按〈Enter〉键，表示选择"边"方式)

指定边的第一个端点: (拾取一点 B)

指定边的第二个端点: @60,0 (输入第二个端点的相对坐标值，按〈Enter〉键)

绘制完成后，结果如图3-46b所示。

（3）圆形绘制

1）功能。

用户在绘图过程中，要创建圆，可以指定圆心、半径、直径、圆周上的点和其他对象上的点的不同组合。现在，我们可以使用多种方法来创建圆。默认方法是指定圆心和半径。该命令按指定的方式绘制圆形，AutoCAD提供了6种画圆方式：

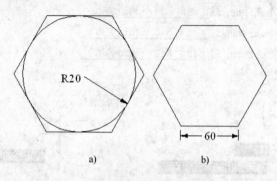

图3-46　六边形绘制

方法1：圆心、半径法（CEN、R）。

方法2：圆心、直径法（CEN、D）。

方法3：两点（2P）法。

方法4：三点（3P）法。

方法5：相切、相切、半径法（TTR）。

方法6：相切、相切、相切法（TAN）。

2）命令调用。

在功能区的"绘图"面板中选择"圆形"工具⊘·。

从"绘图"下拉菜单选取"圆"命令，再从级联子菜单中选一种画圆方式。

从键盘输入"circle"或"C"，按〈Enter〉键。结果如图3-47所示。

3）操作示例。

示例1：采用三点方式画圆。

命令: (从工具栏输入命令，然后在绘图区单击鼠标右键，从弹出的右键菜单中选择"三点"项；或直接从下拉菜单选取"绘图"→"圆"→"三点"命令)

-3P 指定圆的第一点: （指定圆上第1点）

指定圆的第二点: （指定圆上第2点）

指定圆的第三点: （指定圆上第3点，按〈Enter〉键）

示例2：采用给定"圆心、半径"方式画圆（默认项）。

命令: circle

指定圆的圆心或 [三点(3P)╱ 两点(2P)╱ 相切、相切、半径(T)]: （指定圆心）

指定圆的半径 [直径(D)] 〈30〉: (指定半径值或拖动，按〈Enter〉键)

示例3：采用"相切、相切、半径"方式画圆。

命令: (从工具栏输入命令，然后在绘图区单击鼠标右键，从弹出的右键菜单中选择"相切、相切、

半径"项；或直接从下拉菜单中选取"绘图"→"画圆"→"切点、切点、半径"命令)

-ttr 指定对象与圆的第一个切点: （指定第一个相切实体）

指定对象与圆的第二个切点: （指定第二个相切实体）

指定圆的半径 <12.5478>: （给公切圆半径，按〈Enter〉键）

示例 4：采用"相切、相切、相切"方式画圆。

　　命令:(从下拉菜单中选取"绘图"→"圆"→"切点、切点、切点"命令)

　　指定圆上的第一个点: _tan 到（指定第一个相切实体）

　　指定圆上的第二个点: _tan 到（指定第二个相切实体）

　　指定圆上的第三个点: _tan 到（指定第三个相切实体）

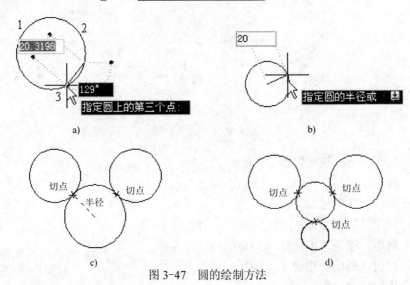

图 3-47　圆的绘制方法

a) 三点画圆　b) 圆心、半径画圆　c) 相切、相切、半径法　d) 相切、相切、相切法

（4）椭圆绘制

1）功能。

椭圆由定义其长度和宽度的两条轴决定，如图 3-48 所示。

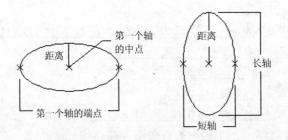

图 3-48　椭圆的定义

2）命令调用。

在功能区的"绘图"面板上选择"椭圆"工具 ⊙⁻。

从菜单中执行"绘图"→"椭圆"命令。

在命令行中输入"ellipse"，按〈Enter〉键。

3）操作示例。

示例 1：轴、端点法。如图 3-49 所示。

根据两个端点定义椭圆的第一条轴。第一条轴的角度确定了整个椭圆的角度。第一条轴既可定义椭圆的长轴也可定义短轴。

命令：ellips

指定椭圆的轴端点或 [圆弧(A)/中心(C)/等轴测圆(I)]：（指定点 1 或输入选项）

指定轴的另一个端点：（指定点 2）

指定另一条半轴长度或 [旋转(R)]：（通过输入值或定位点 3 来指定距离，或者输入"r"后按〈Enter〉键，选择旋转方式）

指定绕长轴旋转的角度：（指定点 3 或输入一个介于 0～89.4 的角度值。输入值越大，椭圆的离心率就越大，输入 0 将为圆形）

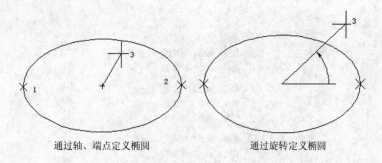

通过轴、端点定义椭圆　　　　　　　通过旋转定义椭圆

图 3-49　定义椭圆

示例 2：通过指定的中心点来创建椭圆，如图 3-50 所示。

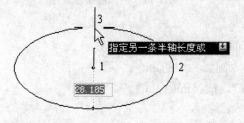

图 3-50　中心点创建椭圆

指定椭圆的中心点：（指定点 1）

指定轴端点：（指定点 2）

指定另一条半轴长度或 [旋转(R)]：（通过输入值或定位点 3 来指定距离，或者输入"r"，按〈Enter〉键，选择旋转方式）

指定绕长轴旋转的角度：（指定点或输入一个有效范围为 0～89.4 的角度值）

指定起始角度或 [参数(P)]：（指定角度或输入"p"）

（5）圆弧绘制

1）功能。

使用该命令可以绘制圆弧。根据圆弧的几何性质，AutoCAD 提供了多种绘制圆弧的方法。

首先来了解一下圆弧的几何构成，如图 3-51 所示。圆弧的几何元素除了起点、端点和圆心外，还可由这三点得到半径、角度和弦长。

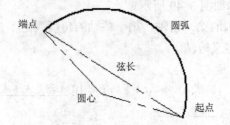

图 3-51　圆弧的几何构成

圆弧有多种画法，如图 3-52 所示。究竟采用哪种方法，要看具体的情况来定。如果圆弧的圆心、起点和端点可以确定，则选择"圆心、起点、端点"法较合适。

图 3-52　圆弧绘制方式

2）命令调用。

在功能区的"绘图"面板上选择"圆弧"工具 。

执行菜单"绘图"→"圆弧"中的命令。

在命令行中输入"arc"，按〈Enter〉键。

3）操作示例。

示例 1：通过指定三点绘制圆弧。

　　命令：_arc 指定圆弧的起点或 [圆心(C)]:（捕捉左边垂线端点 1）

　　指定圆弧的第二个点或 [圆心(C)/端点(E)]:（捕捉大圆弧顶点 2）

　　指定圆弧的端点:（捕捉右边垂线端点 3）

结果如图 3-53 所示。

图 3-53　三点绘制圆弧

示例 2：通过指定起点、圆心、端点绘制圆弧。

如果已知起点、中心点和端点，可以通过指定起点或中心点来绘制圆弧。中心点是指圆弧所在圆的圆心，如图 3-54 所示。

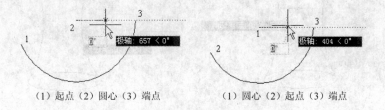

（1）起点（2）圆心（3）端点　　（1）圆心（2）起点（3）端点

图 3-54　起点、圆心、端点绘制圆弧

示例 3：通过指定起点、圆心、角度绘制圆弧。

如果存在可以捕捉到的起点和圆心点，并且已知包含角度，请使用"起点、圆心、角度"或"圆心、起点、角度"选项，如图 3-55 所示。

图 3-55　起点、圆心、角度绘制圆弧

包含角度决定圆弧的端点。如果已知两个端点但不能捕捉到圆心，可以使用"起点、端点、角度"法，如图 3-56 所示。

示例 4：通过指定起点、圆心、长度绘制圆弧。

如果存在可以捕捉到的起点和中心点，并且已知弦长，请使用起点、圆心、长度或圆心、起点、长度选项，弧的弦长决定包含角度，如图 3-57 所示。

图 3-56　起点、端点、角度法　　　　　图 3-57　起点、圆心、长度法

示例 5：通过指定起点、端点、方向/半径绘制圆弧。

如果存在起点和端点，请使用"起点、端点、方向"或"起点、端点、半径"选项。图 3-58 左图显示的是通过指定起点、端点和半径绘制的圆弧。可以通过输入长度，或者通过顺时针或逆时针移动定点设备一定距离来指定半径。

图 3-58 右图显示的是通过指定"起点、端点"，配合移动十字光标确定"方向"绘制的圆弧。向起点和端点的右侧移动光标将绘制右凸的圆弧，向左移动光标将绘制左凹的圆弧。

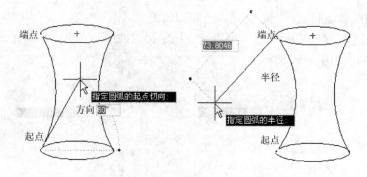

图 3-58 起点、端点、方向/半径法

（6）圆环绘制

1）功能。

圆环有填充环和实体填充圆两种，即带有宽度的闭合多段线。要创建圆环，请指定它的内外直径和圆心。通过指定不同的中心点，可以继续创建具有相同直径的多个副本。要创建实体填充圆，则应将内径值指定为 0。

2）命令调用。

在功能区的"绘图"面板上选择"圆环"工具◎。

从菜单中执行"绘图"→"圆环"命令。

在命令行输入"donut"（或别名"do"），按〈Enter〉键。

3）操作示例。

　　命令: _donut

　　指定圆环的内径 <0.5000>: 10（指定圆环的内径）

　　指定圆环的外径 <1.0000>: 30（指定圆环的外径）

　　指定圆环的中心点或 <退出>:（指定圆环的中心点）

　　指定圆环的中心点或 <退出>（按〈Enter〉键，结束绘制）

结果如图 3-59 所示。

图 3-59 绘制圆环

3.2.2 基本二维图形编辑

在 AutoCAD 2010 中，使用绘图命令或绘图工具只能绘制一些基本图形对象，要绘制较为复杂的图形，就必须借助于图形编辑命令。

图形对象在被选择后，通常会显示多个夹点。夹点是一种集成的编辑模式，提供了一种方便快捷的编辑操作途径。例如，使用夹点可以对对象进行拉伸、移动、旋转、缩放及镜像等操作。

1．夹点编辑图形对象

在绘图过程中，当对象被选择后，将会显示出若干个小方框，这些小方框是用来标记被选中对象的夹点，也就是对象上的控制点。使用夹点可以进行拉伸、移动、旋转、缩放及镜像等操作，如图 3-60 所示。

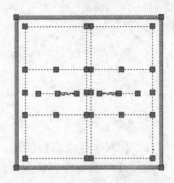

图 3-60　图形对象的夹点

（1）使用夹点拉伸，结果如图 3-61a 所示。

首先选中要拉伸的图形对象，然后在所显示的夹点中选择一个进行拉伸。命令行将显示如下提示信息：

　　** 拉伸 **

　　指定拉伸点或 [基点(B)/复制(C)/放弃(U)/退出(X)]:

通过光标移动即可完成拉伸，注意要在拉伸时复制选定对象，请在拉伸此对象时按下〈Ctrl〉键。

（2）使用夹点移动，结果如图 3-61b 所示。

在夹点编辑模式中确定基点，然后在命令行提示下输入"MO"进入移动模式，这时可利用光标移动或坐标输入将对象进行平移。命令行将显示如下提示信息：

　　** 移动 **

　　指定移动点或 [基点(B)/复制(C)/放弃(U)/退出(X)]:

用户可按〈Enter〉键在夹点模式之间切换，直至显示"移动"夹点模式。此外，也可以单击鼠标右键显示模式和选项的快捷菜单。

（3）使用夹点旋转，结果如图 3-61c 所示。

在夹点编辑模式下，确定基点后，在命令行提示下输入"RO"进入旋转模式，或在选中对象后的默认"夹点拉伸"状态下按〈Enter〉键，也可切换到旋转模式。通过拖动和指定点位置将所选对象围绕基点旋转。要在旋转选定的对象时复制该对象，可在旋转此对象时按住〈Ctrl〉键。命令行将显示如下提示信息：

　　'** 旋转 **

　　指定旋转角度或 [基点(B)/复制(C)/放弃(U)/参照(R)/退出(X)]:

（4）使用夹点缩放，结果如图 3-61d 所示。

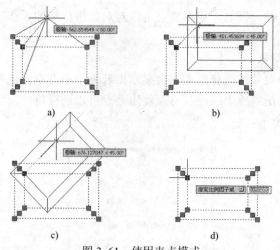

a)   b)

c)   d)

图 3-61　使用夹点模式

使用夹点缩放可以将所选图形对象相对于基点进行缩放。在夹点编辑模式下确定基点后，在命令行提示下输入"SC"进入缩放模式，或在夹点状态下按〈Enter〉键，也可切换到缩放模式，也可在夹点模式下单击鼠标右键，在出现的快捷菜单中选择缩放命令。命令行将显示如下提示信息：

　　　　**　比例缩放　**

　　　　指定比例因子或 [基点(B)/复制(C)/放弃(U)/参照(R)/退出(X)]:

默认情况下，当确定了缩放的比例因子后，AutoCAD 将相对于基点进行缩放对象操作。当比例因子大于 1 时将放大对象；当比例因子在 0～1 之间时将缩小对象。

2．复制、偏移、镜像与阵列

（1）复制对象

1）功能。

可以从原对象以指定的角度和方向创建对象的副本。若使用坐标、栅格捕捉、对象捕捉和其他工具还可以精确复制对象。

2）命令调用。

在功能区"常用"标签内的"修改"面板上选择"复制"工具。

执行菜单"修改"→"复制"中的命令。

在命令行中输入"copy"，按〈Enter〉键执行。

3）操作示例。

如图 3-62 所示，将双扇门图例复制到指定位置，命令行提示如下：

　　　　命令: _copy（也可单击"修改"工具条中"复制"按钮）

　　　　选择对象: 指定对角点: 找到 22 个（选择原图形）

　　　　选择对象:（按〈Enter〉键结束选择）

　　　　当前设置:　复制模式 = 多个

　　　　指定基点或 [位移(D)/模式(O)] <位移>: 指定第二个点或 <使用第一个点作为位移>:（用鼠标指定复制位置，也可直接输入距离数据进行复制）

　　　　指定第二个点或 [退出(E)/放弃(U)] <退出>:（按〈Enter〉键，退出）

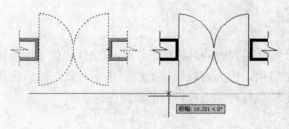

图 3-62　复制对象

说明：在输入相对坐标复制对象时，无需像通常情况下那样包含@标记，因为相对坐标是假设的。要按指定距离复制对象，还可以在"正交"模式和极轴追踪打开的同时使用动态输入模式，此法可较快速、精确的确定目标点。

（2）偏移对象

1）功能。

AutoCAD 的偏移功能可以创建造型与所选对象造型相平行的新对象。在使用偏移功能时，可采用指定距离进行偏移，或通过指定点来进行偏移。使用该命令可以偏移直线、圆弧、圆、椭圆和椭圆弧、二维多段线、构造线、射线、样条曲线等图形对象。常用于创建同心圆、平行线和平行曲线等。

2）命令调用。

在功能区"常用"标签内的"修改"面板上选择"偏移"工具 ⊜ 。

从菜单中执行"修改"→"偏移"命令。

在命令行中输入"offset"，按〈Enter〉键执行。

3）操作示例。

如图 3-63 所示，对六边形执行偏移命令。使用该命令，系统首先要求指定偏移的距离或选择"通过"选项指定"通过点"方式。命令行提示如下：

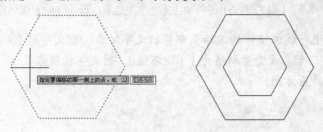

图 3-63　偏移操作方式的比较

命令：_offset

指定偏移距离或 [通过(T)/删除(E)/图层(L)] <1.0000>：　40（输入要偏移的距离为 40）

选择要偏移的对象，或 [退出(E)/放弃(U)] <退出>：（拾取源对象）

指定要偏移的那一侧上的点，或 [退出(E)/多个(M)/放弃(U)] <退出>：（在源对象的内部单击）

说明：使用偏移命令时必须先启动命令，然后选择要编辑的对象，在启动该命令时已选择的对象将自动取消选择状态。在偏移圆、圆弧或图块时，用户可以创建更大或更小的相似图形，这取决于向哪一侧偏移。

（3）镜像对象

1）功能。

在绘图工作中，经常会遇到一些对称图形，AutoCAD 提供了图形镜像的功能，镜像对创建对称的图形对象非常有用，因为可以快速地绘制半个对象，然后将其镜像，而不必绘制整个对象。它可以绕指定轴翻转对象创建对称的镜像图像。

2）命令调用。

在功能区"常用"标签内的"修改"面板上选择"镜像"工具⚌。

从菜单中执行"修改"→"镜像"命令。

在命令行中输入"mirror"（或别名"mi"），按〈Enter〉键执行。

3）操作示例。

如图 3-64 所示。操作过程中的命令行提示内容如下：

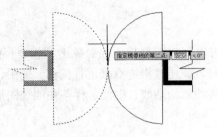

图 3-64 图形镜像

命令: _mirror（使用"镜像"工具）

选择对象: 指定对角点: 找到 14 个

选择对象:（选择要镜像的对象，按〈Enter〉键，结束选择）

指定镜像线的第一点:（拾取对称轴第一点）

指定镜像线的第二点:（拾取对称轴第二点）

是否删除源对象？[是(Y)/否(N)] <N>: n（不删除原对象，按〈Enter〉键确定）

说明：如果在进行镜像操作的选择集中包括文字对象，则文字对象的镜像效果取决于系统变量 MIRRTEXT，如果该变量取值为 1（缺省值），则文字也镜像显示；如果取值为 0，则镜像后的文字仍保持原方向。

（4）阵列对象

1）功能。

使用该功能可以按矩形或环形图案复制对象，创建一个阵列。在创建矩形阵列时，通过指定行、列的数量以及它们之间的距离，可以控制阵列中的副本数量。在创建一个环形阵列时，可以控制阵列中副本的数量以及是否旋转副本。

2）命令调用。

在功能区"常用"标签内的"修改"面板上选择"阵列"工具⚏。

从菜单中执行"修改"→"阵列"命令。

在命令行输入"array"或"-array"，并按〈Enter〉键执行。

3）操作示例。

示例 1：利用矩形阵列功能，绘制草地填充图例。

首先绘制如图 3-65 所示的图形，然后执行阵列命令，在弹出的"阵列"对话框中作如图 3-66 所示的设置。

图 3-65　矩形阵列

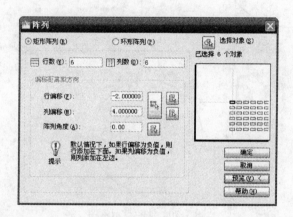

图 3-66　矩形阵列设置

单击"选择对象"按钮，拾取已绘制好的草坪图样，按〈Enter〉键后再次弹出"阵列"对话框，查看无误后单击"确定"按钮即可完成草地填充图例。结果如图 3-67 所示。

图 3-67　草地填充图例

说明：行偏移、列偏移以及阵列角度也可以用鼠标在图形中直接拾取。还应注意若偏移的距离为负值，则图形对象将向其他象限阵列。

示例 2：利用环形阵列功能，绘制法兰盘示意图。

首先绘制两个同心圆以示意为法兰盘轮廓，在两个同心圆之间绘制一个小的圆形表示法兰螺栓孔，如图 3-68 所示。

执行阵列命令，在打开的"阵列"对话框中，作如图 3-69 所示的设置，注意"中心点"应捕捉同心圆的圆心，然后单击"选择对象"按钮，拾取已绘制好的螺栓孔，单击"确定"按钮即可完成。结果如图 3-70 所示。

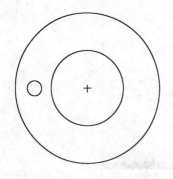

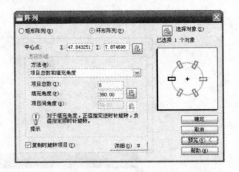

图 3-68 环形阵列	图 3-69 环形阵列设置

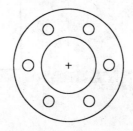

图 3-70 法兰盘示意图

创建环形阵列时，阵列按逆时针或顺时针方向绘制，这取决于设置填充角度时输入的是正值还是负值。用户可以在"阵列"对话框显示之前或之后，选择指定用于构造阵列的对象。要在"阵列"对话框显示之后选择对象，需选择"选择对象"按钮。"阵列"对话框将暂时关闭，完成选择对象后，按〈Enter〉键，"阵列"对话框将重新显示，并且选定对象将显示在"选择对象"按钮下面。

3. 移动、旋转与对齐

（1）移动对象

1）功能。

利用 AutoCAD 绘图，布置图纸时，不必像手工绘图那样精确计算每个视图在图纸上的位置，若发现某部分图形布图不合理，只需用"移动"工具，就可方便地将它们平移到所需的位置。

2）命令调用。

在功能区"常用"标签内的"修改"面板上选择"移动"工具✛。

从菜单中执行"修改"→"移动"命令。

在命令行中输入"move"（或别名"m"），按〈Enter〉键执行。

3）操作示例。

如图 3-71a 所示，楼梯踏步在图形中的位置不合适，需用"移动"命令将其移动到适当位置。操作与命令提示如下：

命令: _move（移动对象命令）

选择对象: 指定对角点: 找到 26 个（选择需要移动的对象）

选择对象:（按〈Enter〉键，结束选择）

指定基点或 [位移(D)] <位移>: 指定第二个点或 <使用第一个点作为位移>:（利用光标指定移动的起点和目标点）

结果如图 3-71b 所示。

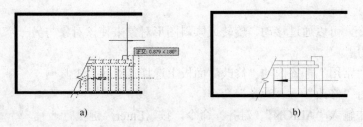

a)   b)

图 3-71 移动对象

（2）旋转对象

1）功能。

该命令将选中的对象绕指定的基点进行旋转，可供选择的转角方式有复制旋转和参照方式旋转对象。

2）命令调用。

在功能区"常用"标签内的"修改"面板上选择"旋转"工具○。

从菜单执行"修改"→"旋转"命令。

在命令行中输入"Rotate"（旋转）命令，按〈Enter〉键执行。

3）操作示例。

根据指定角度旋转所选对象。将如图 3-72 所示的楼梯进行旋转。命令及提示行显示如下：

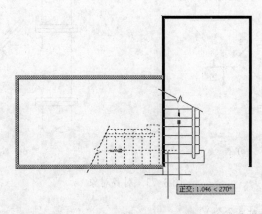

图 3-72 旋转对象

命令: _rotate（旋转对象命令）

UCS 当前的正角方向：ANGDIR=逆时针 ANGBASE=0

选择对象: 指定对角点: 找到 27 个（选择需要旋转的对象）

选择对象:（按〈Enter〉键，结束选择）

指定基点:（捕捉对象的旋转中心）

指定旋转角度，或 [复制(C)/参照(R)] <0>:（输入对象旋转角度或用光标指定）

用户还可以按弧度、百分度或勘测方向输入角度值。输入正角度值逆时针或顺时针旋转对象，这取决于"图形单位"对话框中的"方向控制"设置。

（3）对齐对象

1）功能。

使用该命令，可以通过移动、旋转或倾斜图形对象来使该对象与另一个对象对齐。

2）命令调用。

在功能区"常用"标签内的"修改"面板上选择"对齐"工具 。

从菜单执行"修改"→"对齐"命令。

在命令行中输入"ALIGN"（对齐）命令，按〈Enter〉键执行。

3）操作示例。

如图 3-73a 所示，将绘制的二维管道利用"对齐"命令移动到适当位置。操作及命令提示如下:

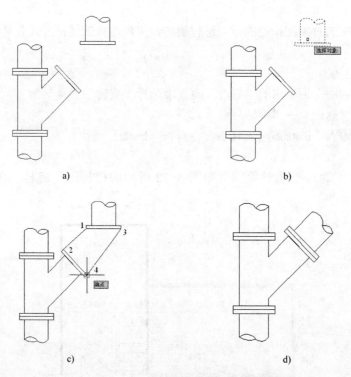

图 3-73　对齐对象

命令: _align（对齐对象命令）

94

选择对象: 指定对角点: 找到 7 个（选择需要对其的图形对象，如图 3-73b 所示。）

选择对象:（点击 ENTER 键以完成对象选择）

指定第一个源点:（指定点 1，如图 3-73c 所示。）

指定第一个目标点:（指定点 2，如图 3-73c 所示。）

指定第二个源点:（指定点 3，如图 3-73c 所示。）

指定第二个目标点:（指定点 4，如图 3-73c 所示。）

指定第三个源点或 <继续>:（按〈Enter〉键）

是否基于对齐点缩放对象? [是(Y)/否(N)] <否>: Y

完成对象的对齐操作，结果如图 3-73d 所示。

当选择两对点时，可以在二维或三维空间移动、旋转和缩放所选定的对象，以便与其他对象对齐。

第一对源点和目标点定义对齐的基点（1，2）。第二对点定义旋转的角度（3，4）。

在输入了第二对点后，系统会给出缩放对象的提示。将以第一目标点和第二目标点（2，4）之间的距离作为缩放对象的参考长度。只有使用两对点对齐对象时才能使用缩放。

注意如果使用两个源点和目标点在非垂直的工作平面上执行三维对齐操作，将会产生不可预料的结果。

4. 修改图形对象形状和大小

AutoCAD 提供了一些工具，使用户在绘图过程中，可以调整对象的大小使其在一个方向上或是按比例增大或缩小。还可通过移动端点、顶点等来改变某些对象的形状。

（1）拉伸对象

1）功能。

该命令用于将图形拉伸变形。可用于拉伸命令的对象包括圆弧、椭圆弧、直线、多段线线段、射线和样条曲线等。

2）命令调用。

在功能区"常用"标签内的"修改"面板上选择"拉伸"工具 。

从菜单中执行"修改"→"拉伸"命令。

在命令行中输入"stretch"，按〈Enter〉键执行。

3）操作示例。

将如图 3-74a 所示的坡屋顶轮廓图进行拉伸，命令行提示如下：

命令: _stretch（拉伸命令）

以交叉窗口或交叉多边形选择要拉伸的对象...

选择对象: 指定对角点: 找到 3 个（选择对象，如图 3-74b 所示）

选择对象:（按〈Enter〉键，完成选择）

指定基点或 [位移(D)] <位移>:（指定要拉伸的起点，如图 3-74c 所示）

指定第二个点或 <使用第一个点作为位移>:（指定要拉伸到的终点）

完成对象的拉伸操作，结果如图 3-74d 所示。

说明：对闭合的多边形，在提示选择拉伸对象时，必须用"交叉窗口"进行选择。

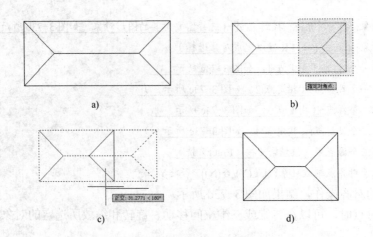

a)   b)

c)   d)

图 3-74　拉伸对象

（2）拉长对象

1）功能。

该命令用于改变圆弧的角度，或改变非闭合对象的长度，包括直线、圆弧、非闭合多段线、椭圆弧和非闭合样条曲线等。

2）命令调用。

在功能区"常用"标签内的"修改"面板上选择"拉长"工具 ✍ 。

从菜单中执行"修改"→"拉长"命令。

在命令行输入"lengthen"（或别名"len"），按〈Enter〉键执行。

3）操作示例。

用"增量"方式拉长一条直线。命令行提示如下：

命令：_lengthen（拉长命令）

选择对象或 [增量(DE)/百分数(P)/全部(T)/动态(DY)]：（选择直线）

当前长度：180

选择对象或 [增量(DE)/百分数(P)/全部(T)/动态(DY)]：de（输入"de"，按〈Enter〉键，表示选择"增量"方式）

输入长度增量或 [角度(A)] <10.0000>: 50（输入增加的长度为 50，按〈Enter〉键）

选择要修改的对象或 [放弃(U)]：（在需要拉长端的直线上单击，即可在该端处拉长直线，完成操作后，按〈Enter〉键）

结果如图 3-75 所示。

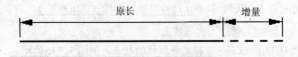

原长   增量

图 3-75　以增量的方式拉长直线

说明：如果输入的增量为正值，则对象从距离选择点最近的端点开始增加一个增量长度（角度）；而如果指定的增量为负值，则对象从距离选择点最近的端点开始缩短一个增量长度

（角度）。

（3）延伸对象

1）功能。

使用"延伸"功能，用户可以延伸图形对象，使选择的图形对象能够精确地延伸至由其他对象定义的边界处。

2）命令调用。

在功能区"常用"标签内的"修改"面板上选择"延伸"工具 。

从菜单中执行"修改"→"延伸"命令。

在命令行中输入"extend"（或别名"ex"），按〈Enter〉键执行。

3）操作示例。

将如图 3-76a 所示弹簧门开启示意线延伸至门扇示意线。命令行提示内容如下：

　　命令：_extend（延伸命令）

　　当前设置:投影=UCS，边=无

　　选择边界的边...

　　选择对象或 <全部选择>: 指定对角点: 找到 1 个（选择边界对象）

　　选择对象:（按〈Enter〉键，完成选择）

　　选择要延伸的对象，或按住 Shift 键选择要修剪的对象，或

　　[栏选(F)/窗交(C)/投影(P)/边(E)/放弃(U)]:（选取所要延伸的对象）

　　选择要延伸的对象，或按住 Shift 键选择要修剪的对象，或

　　[栏选(F)/窗交(C)/投影(P)/边(E)/放弃(U)]:（按〈Enter〉键，完成操作）

结果如图 3-76b 所示。

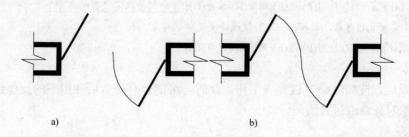

a)   b)

图 3-76　延伸对象

（4）修剪

1）功能。

使用"修剪"功能可以修剪对象，使它们精确地终止于由其他对象定义的边界。修剪命令是在绘图过程中使用频率非常高的一个命令，它不仅可以修剪相交或不相交的二维对象，还可以修剪三维对象。

2）命令调用。

在功能区"常用"标签内的"修改"面板上选择"修剪"工具 。

从菜单中执行"修改"→"修剪"命令。

在命令行中输入"trim"，按〈Enter〉键执行。

3）操作示例。

利用"修剪"功能，将如图 3-77a 所示的楼梯平面图修改成如图 3-77b 所示的底层楼梯平面图。

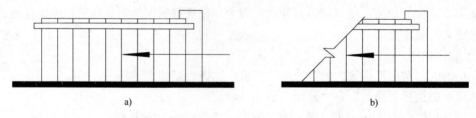

a)　　　　　　　　　　　　　　b)

图 3-77　修剪对象

操作过程及命令行提示如下：

命令: _trim（修剪命令）

当前设置:投影=UCS，边=无

选择剪切边...

选择对象或 <全部选择>:　指定对角点: 找到 15 个（选取修剪对象）

选择对象:（按〈Enter〉键完成选择）

选择要修剪的对象，或按住 Shift 键选择要延伸的对象，或

[栏选(F)/窗交(C)/投影(P)/边(E)/删除(R)/放弃(U)]:（分别拾取需修剪的部分）

选择要修剪的对象，或按住 Shift 键选择要延伸的对象，或

[栏选(F)/窗交(C)/投影(P)/边(E)/删除(R)/放弃(U)]:（分别拾取需修剪的部分）

选择要修剪的对象，或按住 Shift 键选择要延伸的对象，或

[栏选(F)/窗交(C)/投影(P)/边(E)/删除(R)/放弃(U)]:（分别拾取需修剪的部分）

选择要修剪的对象，或按住 Shift 键选择要延伸的对象，或

[栏选(F)/窗交(C)/投影(P)/边(E)/删除(R)/放弃(U)]:

……

修剪完成后，按〈Enter〉键完成工作。此时，可能会有修剪后残留下的一些线条，用户可以使用删除对象命令进行清理。

说明: 在实际的绘图过程中，选择边界常用窗口或交叉窗口方式。如图 3-78 所示。所选择的修剪对象既可以作为剪切边，也可以是被修剪的对象。修剪若干个对象时，使用不同的选择方法有助于选择当前的剪切边和修剪对象。

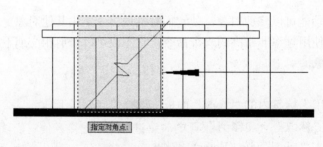

图 3-78　选择修剪对象

（5）缩放对象

1）功能。

使用"缩放"功能，用户可以调整图形对象的大小，使其按指定的比例增大或缩小。无论是放大或缩小选定对象，缩放后对象的比例仍将保持不变。

2）命令调用。

在功能区"常用"标签内的"修改"面板上选择"缩放"工具 。

从菜单中执行"修改"→"缩放"命令。

在命令行中输入"scale"，按〈Enter〉键执行。

3）操作示例。

利用缩放功能，将如图 3-79a 所示的烟道示意图调整到合适大小。命令行提示内容如下：

命令: _scale（缩放命令）

选择对象: 指定对角点: 找到 6 个（选择缩放的图形对象）

选择对象:（按〈Enter〉键完成选择）

指定基点:（指定一点作为缩放基点）

指定比例因子或 [复制(C)/参照(R)] <1.000>:0.6（指定缩放比例）

完成对象缩放，结果如图 3-79b 所示。

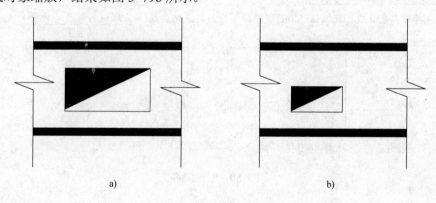

a)　　　　　　　　　　　　　　　　b)

图 3-79　图形缩放

使用对象缩放功能，需要指定基点和比例因子。基点将作为缩放操作的中心，并保持静止。指定的基点表示选定对象的大小发生改变时位置保持不变的点。比例因子大于 1 时将放大对象。比例因子介于 0 和 1 之间时将缩小对象。另外，用户还可以通过拖动光标使对象放大或缩小。

5．圆角与倒角

在绘图过程中，经常会遇到绘制圆角和倒角的情况。利用 AutoCAD 提供的圆角与倒角功能，用户可以修改对象使其以圆角或平角相接。

（1）倒角

1）功能。

使用"倒角"命令可以将两个非平行的对象进行倒角连接，使它们以平角或倒角相接。通常用于表示角点上的倒角边。可以使用倒角命令的对象有：直线、多段线 、射线、构造线、三维实体。

2）命令调用。

在功能区"常用"标签内的"修改"面板上选择"倒角"工具⌐·。

从菜单中执行"修改"→"倒角"命令。

在命令行中输入"chamfer"，按〈Enter〉键执行。

3）操作示例。

用户可使用两种方法来创建倒角，一种是指定倒角两端的距离，另一种是指定一端的距离和倒角的角度，如图 3-80 所示。

命令行提示内容如下：

命令：_chamfer（倒角命令）

（"修剪"模式）当前倒角距离 1 = 2.0000，距离 2 = 2.0000

选择第一条直线或 [放弃(U)/多段线(P)/距离(D)/角度(A)/修剪(T)/方式(E)/多个(M)]：d（输入"d"，指定倒角距离）

指定第一个倒角距离 <1.0000>：4（指定第一个倒角距离为 4）

指定第二个倒角距离 <4.0000>：（指定第二个倒角距离为 4）

选择第一条直线或 [放弃(U)/多段线(P)/距离(D)/角度(A)/修剪(T)/方式(E)/多个(M)]：（用鼠标点取要进行倒角的图形对象）

选择第二条直线，或按住 Shift 键选择要应用角点的直线：（点取进行倒角的对象）

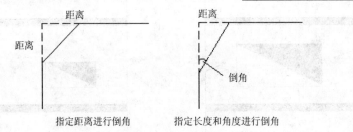

图 3-80　创建倒角

倒角距离是每个对象与倒角线相接或与其他对象相交而进行修剪或延伸的长度。如果两个倒角距离都为 0，则倒角操作将修剪或延伸这两个对象直至它们相交，但不创建倒角线。默认情况下，对象在倒角时被修剪。对整条多段线进行倒角时，每个交点都将被倒角。对整条多段线倒角时，只对那些长度足够适合倒角距离的线段进行倒角。

（2）圆角

1）功能。

使用"圆角"命令可以通过一个指定半径的圆弧来光滑地连接两个对象。可以进行圆角处理的对象包括直线、多段线的直线段、样条曲线、圆、圆弧和椭圆等。

2）命令调用。

在功能区"常用"标签内的"修改"面板上选择"圆角"工具⌐·。

从菜单中执行"修改"→"圆角"命令。

在命令行中输入"fillet"，按〈Enter〉键执行。

3）操作示例。

利用圆角功能，为如图 3-81a 所示的图形对象添加圆角。命令行提示内容如下：

命令: _fillet（圆角命令）

当前设置: 模式 = 修剪，半径 = 0.0000

选择第一个对象或 [放弃(U)/多段线(P)/半径(R)/修剪(T)/多个(M)]: r

指定圆角半径 <0.0000>: 5（指定圆角半径为 5）

选择第一个对象或 [放弃(U)/多段线(P)/半径(R)/修剪(T)/多个(M)]:（点取圆角对象 1）

选择第二个对象，或按住 Shift 键选择要应用角点的对象:（点取圆角对象）

命令:（按〈Enter〉键，重复圆角命令）

FILLET（圆角命令）

当前设置: 模式 = 修剪，半径 = 5.0000

选择第一个对象或 [放弃(U)/多段线(P)/半径(R)/修剪(T)/多个(M)]: r

指定圆角半径 <5.0000>: 2

选择第一个对象或 [放弃(U)/多段线(P)/半径(R)/修剪(T)/多个(M)]:（点取圆角对象 2）

选择第二个对象，或按住 Shift 键选择要应用角点的对象:

命令:

FILLET（圆角命令）

当前设置: 模式 = 修剪，半径 = 2.0000

选择第一个对象或 [放弃(U)/多段线(P)/半径(R)/修剪(T)/多个(M)]: r

指定圆角半径 <1.0000>: 3

选择第一个对象或 [放弃(U)/多段线(P)/半径(R)/修剪(T)/多个(M)]:（点取圆角对象 3）

选择第二个对象，或按住 Shift 键选择要应用角点的对象:

命令: _fillet（圆角命令）

当前设置: 模式 = 修剪，半径 = 3.0000

选择第一个对象或 [放弃(U)/多段线(P)/半径(R)/修剪(T)/多个(M)]: r

指定圆角半径 <3.0000>: 4

选择第一个对象或 [放弃(U)/多段线(P)/半径(R)/修剪(T)/多个(M)]:（点取圆角对象 4）

选择第二个对象，或按住 Shift 键选择要应用角点的对象:

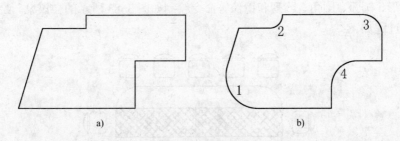

图 3-81　创建圆角

说明：默认情况下"圆角"为"修剪"模式。用户可以使用"修剪"选项指定是否修剪选定的对象、将对象延伸到创建的圆弧端点，或不做修改。

3.3 家具配景图形绘制

3.3.1 办公家具绘制

用户在绘制平面图时，经常需要插入一些家具配景，下面就通过几个办公家具的图形绘制进行演示。

1. 办公桌平面图

利用矩形、圆弧、圆角等命令绘制如图 3-82a 所示的办公桌。绘制办公桌平面图的操作过程如下：

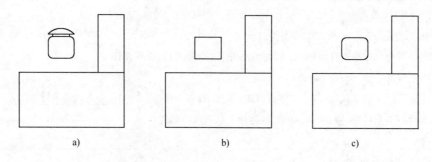

a)   b)   c)

图 3-82   办公桌绘制

1）在功能区"常用"标签内的"绘图"面板上选择"矩形"工具 ⬜，绘制如图 3-82b 所示的三个矩形，尺寸分别是 1800×900、450×950、450×360，单位为毫米。

2）在功能区"常用"标签内的"修改"面板上选择"圆角"工具 ⬜，将表示凳子的矩形四角修改为圆角，圆角半径设为 80，如图 3-82c 所示。

3）在功能区"常用"标签内的"绘图"面板上选择"圆弧" ⌒ 和"直线"工具 ✎，绘制表示椅子靠背的图形，如图 3-82a 所示。

注意：在办公桌的绘制过程中，应灵活应用捕捉、动态输入和对齐等功能，以快速准确地完成办公桌平面图的绘制。

2. 会议桌平面图

利用矩形、圆弧、圆角、阵列和镜像等命令绘制如图 3-83 所示的会议桌。绘制会议桌平面图的操作过程如下：

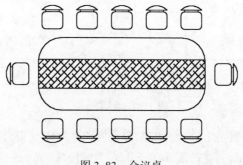

图 3-83   会议桌

1）在功能区"常用"标签内的"绘图"面板上选择"矩形"工具⬜，绘制如图3-84a所示的两个矩形，尺寸分别是3600×1500、3600×600，单位为毫米。

2）在功能区"常用"标签内的"修改"面板上选择"复制"工具，将上例中绘制的凳子复制到办公桌附近的合适位置。

3）在功能区"常用"标签内的"修改"面板上选择"阵列"工具，将凳子进行阵列，行数设为1，列数设为5，列偏移设为750，结果如图3-84b所示。

4）在功能区"常用"标签内的"修改"面板上选择"镜像"工具，将凳子进行镜像，完成如图3-84c所示的会议桌。

5）在功能区"常用"标签内的"修改"面板上选择"圆角"工具，将会议桌的四角进行圆角处理，圆角半径设为500，完成如图3-84d所示的会议桌。

6）在功能区"常用"标签内的"绘图"面板上选择"填充"工具，将会议桌中间填充上木纹图案，注意选择合适的填充比例，最终结果如图3-83所示。

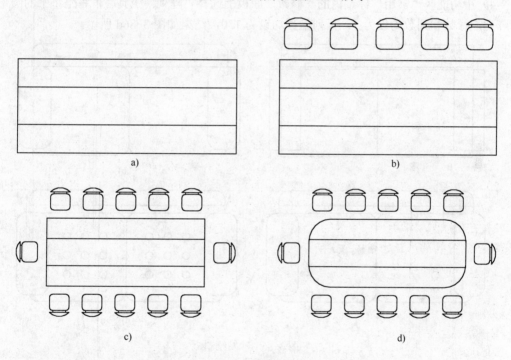

图3-84　会议桌绘制

3.3.2　住宅家居绘制

1. 沙发平面图

利用矩形、圆、圆角、阵列、镜像和修剪等命令绘制如图3-85所示的沙发。绘制沙发平面图的操作过程如下：

1）在功能区"常用"标签内的"绘图"面板上选择"矩形"工具⬜，绘制如图3-86a所示的六个矩形，尺寸分别是两个800×700、两个260×650、一个1600×120、一个1600×60，单位为毫米。

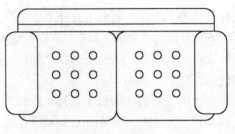

图 3-85　沙发

2）在功能区"常用"标签内的"修改"面板上选择"圆角"工具⌂，按照图示将沙发扶手、靠背等处做圆角处理，圆角半径设为 80，如图 3-86b 所示。

3）在功能区"常用"标签内的"绘图"面板上选择"圆"工具⊙，绘制沙发坐垫中的圆形，圆形半径为 30，如图 3-86c 所示。

4）在功能区"常用"标签内的"修改"面板上选择"阵列"工具⌗，将坐垫中的圆形进行阵列，行数和列数均设为 3，行列偏移均设为 150，结果如图 3-86d 所示。

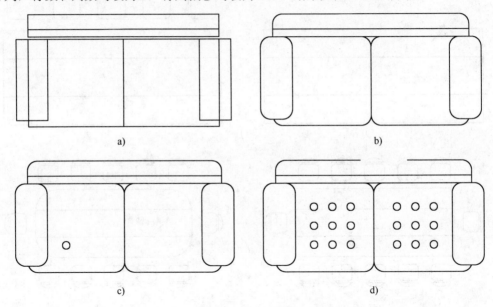

a)

b)

c)

d)

图 3-86　沙发绘制

2. 单人床平面图

利用矩形、样条曲线、圆角和修剪等命令绘制如图 3-87 所示的单人床。绘制单人床平面图的操作过程如下：

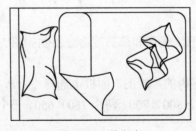

图 3-87　单人床

104

1）在功能区"常用"标签内的"绘图"面板上选择"矩形"工具□，绘制如图 3-88a 所示的 4 个矩形，尺寸分别是 2000×1200、1400×1100、350×1100、100×1200，单位为毫米。

2）在功能区"常用"标签内的"绘图"面板上选择"样条曲线"工具～，按照图 3-88b 所示绘制枕头。若枕头图样尺寸不合适，用户可以利用"缩放"或"拉伸"工具进行修改。

3）在功能区"常用"标签内的"修改"面板上选择"圆角"工具┌，按照图 3-88c 所示将被子边角等处做圆角处理，圆角半径设为 100。如图 3-87c 所示。

4）在功能区"常用"标签内的"绘图"面板上选择"直线"／以及"样条曲线"工具～，绘制被子角和靠垫，结果如图 3-88d 所示。

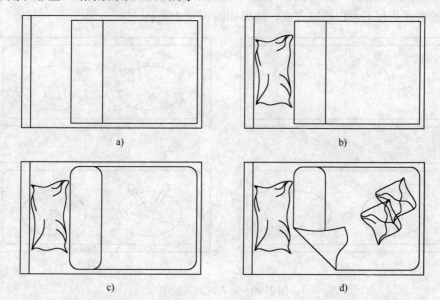

图 3-88　单人床绘制

3.3.3　卫生器具绘制

1．洗面盆平面图

利用矩形、椭圆、偏移、圆角、复制和修剪等命令绘制如图 3-89 所示的洗面盆。绘制洗面盆平面图的操作过程如下：

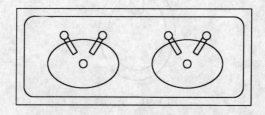

图 3-89　双人洗面盆

1）在功能区"常用"标签内的"绘图"面板上选择"矩形"工具□，绘制一个尺寸为 1200×480 的矩形，用来表示洗面台轮廓，单位为毫米。

2）在功能区"常用"标签内的"修改"面板上选择"偏移"工具△，将偏移距离设为

30，偏移方向为内侧，结果如图3-90a所示。

3）在功能区"常用"标签内的"绘图"面板上选择"椭圆"工具⊙·，绘制两个椭圆来表示洗面盆，椭圆的长短轴分别为180mm和120mm。

4）在功能区"常用"标签内的"修改"面板上选择"圆角"工具◯·，按照图示将洗面台做圆角处理，圆角半径设为50。结果如图3-90b所示。

5）在功能区"常用"标签内的"绘图"面板上选择"圆"⊙·和"矩形"工具▢，绘制如图3-90c所示的水龙头和下水口。

6）在功能区"常用"标签内的"修改"面板上选择"镜像"工具⚑和"复制"工具⅋，将已绘制的水龙头和下水口绘制完成，结果如图3-90d所示。

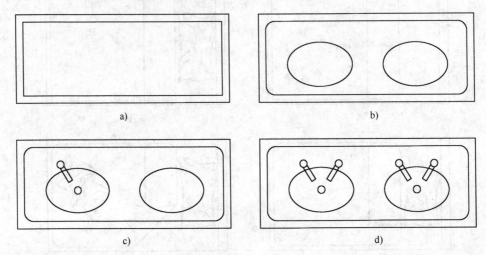

图3-90　双人洗面盆绘制

2. 坐便器平面图

利用矩形、圆、圆弧、偏移、圆角和修剪等命令绘制如图3-91所示的坐便器。绘制坐便器平面图的操作过程如下：

图3-91　坐便器

1）在功能区"常用"标签内的"绘图"面板上选择"矩形"工具▢，绘制三个尺寸分别为450×160、220×70、120×40的矩形，单位为毫米，用来表示坐便器水箱。

2）在功能区"常用"标签内的"绘图"面板上选择"圆弧"工具⌒·，绘制如图3-92a所示的坐便器的弧线轮廓。

3）在功能区“常用”标签内的“修改”面板上选择“偏移”工具，生成坐便器的第二条弧线轮廓，将偏移距离设为 30，偏移方向为内侧，分别点取不同的弧线段进行偏移，结果如图 3-92b 所示。

4）在功能区“常用”标签内的“绘图”面板上选择“椭圆”工具，绘制坐便器的冲水开关，椭圆的长短轴分别为 80mm 和 40mm。

5）最后利用“矩形”、“圆弧”等工具完成坐便器的绘制。结果如图 3-92c 所示。在绘制过程中，为方便快捷地进行绘制，需要灵活运用对象捕捉、夹点编辑、镜像和偏移等工具。

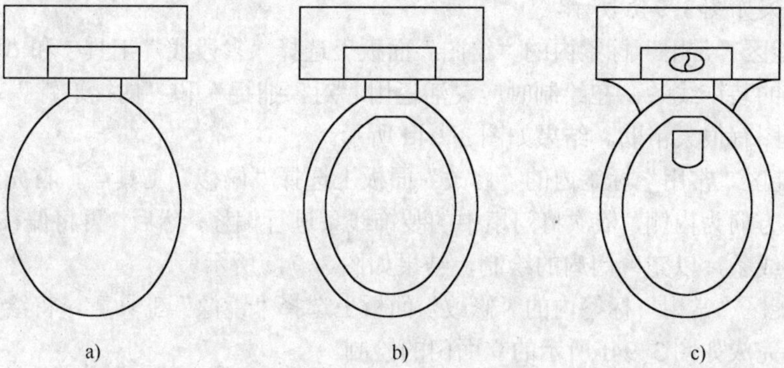

图 3-92　坐便器绘制

3.4　门窗图形绘制

3.4.1　门的绘制

1．立面门的绘制

利用矩形、椭圆、圆弧、偏移和修剪等命令绘制如图 3-93 所示的木门立面图例。绘制立面门的操作过程如下：

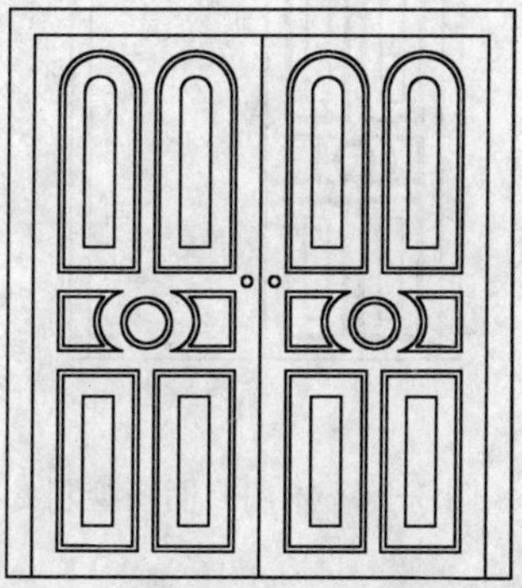

图 3-93　木门立面图

1）在功能区“常用”标签内的“绘图”面板上选择“矩形”工具，绘制两个矩形，尺寸分别为 2000×2200、1800×2100，单位为毫米，用来表示立面门框。

2）在功能区“常用”标签内的“绘图”面板上选择“直线”工具，并配合使用“捕捉到中点"功能，绘制门扇线条。

3）在功能区"常用"标签内的"绘图"面板上选择"矩形"工具，绘制4个尺寸为320×700的矩形，用来表示立面门扇装饰线条。绘制时应注意配合使用"对象捕捉"和"捕捉追踪"功能。结果如图3-94a所示。

4）在功能区"常用"标签内的"绘图"面板上选择"两点画圆"工具，绘制门扇装饰线条弧线。结果如图3-94b所示。

5）在功能区"常用"标签内的"修改"面板上选择"修剪"工具，将装饰线条多余部分修去，结果如图3-94c所示。

6）在功能区"常用"标签内的"绘图"面板上选择"多段线"工具和"圆"工具，绘制门扇中部的装饰线条，在绘制时应灵活运用"对象捕捉"和"捕捉追踪"功能，这对准确快速完成绘图有很大帮助。结果如图3-94d所示。

7）在功能区"常用"标签内的"修改"面板上选择"偏移"工具，首先，将偏移距离设为20，偏移方向为内侧，依次将门扇中的装饰线条进行偏移，然后，再将偏移距离设为80，依次偏移装饰线条，以完善门扇的绘制，结果如图3-94e所示。

8）在功能区"常用"标签内的"修改"面板上选择"镜像"工具，将绘制好的半个门扇进行镜像，完成如图3-94f所示的立面门的绘制。

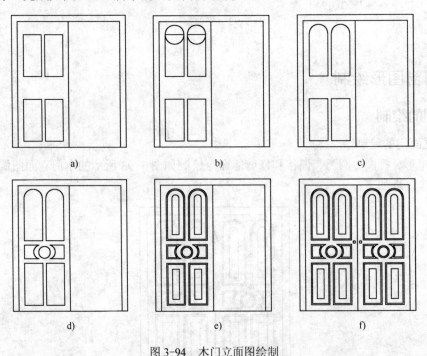

图3-94 木门立面图绘制

2. 双扇门平面图的绘制

利用直线、多段线、圆弧等命令绘制如图3-95所示的双扇门平面图例。绘制双扇门平面图的操作过程如下：

1）在功能区"常用"标签内的"绘图"面板上选择"直线"工具，绘制墙体示意图，并指定墙体线条宽度为0.7mm。

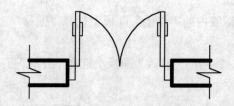

图 3-95　双扇门平面图

2）在功能区"常用"标签内的"绘图"面板上选择"多段线"工具 ，绘制如图 3-96a 所示的墙体折断线符号。

3）在功能区"常用"标签内的"绘图"面板上选择"矩形"工具 ，绘制双扇门的门框与门扇示意图。结果如图 3-96b 所示。

4）在功能区"常用"标签内的"绘图"面板上选择"圆弧"工具 ，绘制双扇门的开启轨迹。完成双扇门平面图绘制，最终结果如图 3-95 所示。

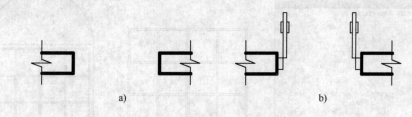

a)　　　　　　　　　　　　　　b)

图 3-96　双扇门平面图绘制

3.4.2　窗的绘制

1. 立面窗的绘制

利用多段线、矩形、圆弧、定数等分和镜像等命令，绘制如图 3-97 所示的立面窗示意图。绘制立面窗的操作过程如下：

图 3-97　造型窗立面图

1）在功能区"常用"标签内的"绘图"面板上选择"矩形"工具 ，绘制一个尺寸为 700 ×1500 的矩形，单位为毫米，用以表示窗扇。

2）在功能区"常用"标签内的"修改"面板上选择"偏移"工具⬁，首先，将偏移距离设为 20，偏移方向为内侧。

3）在功能区"常用"标签内的"修改"面板上选择"分解"工具⬀，将内侧的矩形分解。结果如图 3-98a 所示。

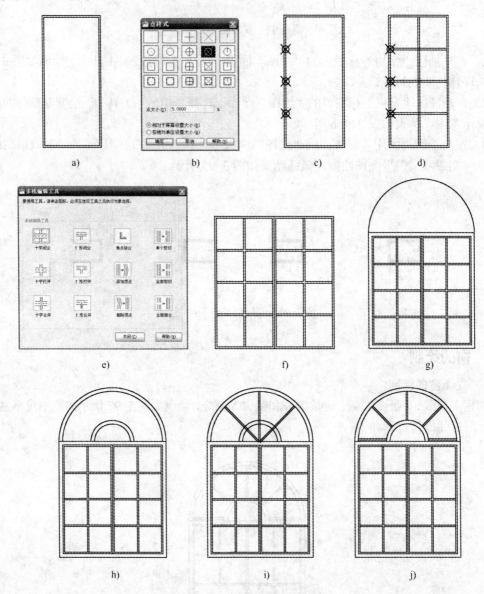

图 3-98　造型窗立面图绘制

4）在功能区"常用"标签内的"实用工具"面板上选择"点样式"工具⬁ 点样式...，系统将会弹出"点样式"对话框，选择如图 3-98b 所示的点样式作为当前的点样式，单击"确定"按钮退出对话框。

5）在功能区"常用"标签内的"绘图"面板上选择"定数等分"画点工具⬀，选择内边框的左侧线条，将其等分为 4 份。结果如图 3-98c 所示。

6）在"绘图"菜单中选择"多线"工具 **多线(U)**，设置多线的对正方式为"无"，比例设为20，配合使用"对象捕捉"、"捕捉到中点"和"正交"功能，绘制窗扇内的纵横向支撑。结果如图3-98d所示。

7）在"修改"菜单中选择"对象"→"多线"工具，弹出如图3-98e所示的"多线编辑工具"对话框，选择"十字打开"选项，对前面绘制的多线交点进行编辑，并删除等分点。

8）在功能区"常用"标签内的"修改"面板上选择"镜像"工具 ⚖，将前面所绘制的窗扇图形以右侧边线为轴，将其进行镜像。结果如图3-98f。

9）在功能区"常用"标签内的"绘图"面板上选择"矩形"工具 ▭，配合使用捕捉工具栏内的"捕捉自"工具 🔲，以距离左下角点向外各50个单位的点为起点，绘制一个尺寸为1500×1600的矩形，作为窗户边框。

10）在功能区"常用"标签内的"绘图"面板上选择"圆弧"工具 ⌒，以"起点、端点、半径"的方式，在窗框上侧绘制一个半径为750的圆弧，结果如图3-98g。

11）在功能区"常用"标签内的"修改"面板上选择"偏移"工具 ⊿，将所绘制的圆弧依次向内偏移50、400、50，结果如图3-98h所示。

12）在"绘图"菜单中选择"多线"工具 **多线(U)**，设置多线的对正方式为"无"，比例设为20，配合使用"对象捕捉"、"极轴追踪"功能，绘制扇形亮窗的支撑，结果如图3-98i所示。然后利用"修剪"工具将多余线条修掉。结果如图3-98j所示。

至此，完成了造型窗立面图的绘制，在该案例的绘制过程中，用户应体会圆弧的不同绘制方法和多线的绘制，以及"对象捕捉"、"极轴追踪"、"多线编辑"、"镜像"等工具的使用，以提高在以后绘图过程中的工作效率。

2．平面窗的绘制

利用直线、多段线、圆弧等命令绘制如图3-99所示的窗户平面图例。绘制窗户平面图的操作过程如下：

图3-99　窗户平面图

1）在功能区"常用"标签内的"绘图"面板上选择"直线"工具 ✎，绘制墙体示意图，墙体厚度为240mm，并指定墙体线条宽度为0.7mm。

2）在"格式"菜单中选择"多线样式"工具 **多线样式(M)...**，新建一个名为"窗线"的多线样式，将图元偏移量依次设为120、-120、30、-30，如图3-100所示。完成设置后将该样式置为当前。

3）在功能区"常用"标签内的"绘图"面板上选择"多段线"工具 ⊃，绘制如图3-101a所示的墙体折断线符号。

4）在"绘图"菜单中选择"多线"工具 **多线(U)**，设置多线的对正方式为"上"，比例设为1，配合使用"对象捕捉"功能，绘制如图3-101b所示的窗线。

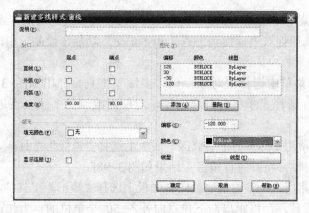

图 3-100　新建多线样式"窗线"

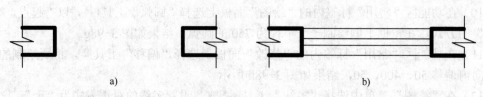

a)　　　　　　　　　　　　　　　　b)

图 3-101　窗户平面图绘制

3.5　图框绘制

在建筑工程设计出图过程中，无论哪种专业图纸都需要使用图框，并将所绘制的图形对象放在相应规格的图框中。由于不同地区、不同单位和部门所使用的图框并非完全一样，而是根据各自需要进行绘制，因此，在这里我们以常用的 A2 号横幅图框为例，来学习图框的绘制。

3.5.1　绘制图框

利用矩形、动态输入、偏移、拉伸、多行文字等工具，绘制如图 3-102 所示的 A2 号横幅图框。绘制 A2 号横幅图框的操作过程如下：

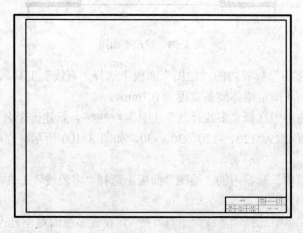

图 3-102　A2 号横幅图框

1）在功能区“常用”标签内的“绘图”面板上选择“矩形”工具，绘制一个尺寸为 420×594（高×宽）的矩形，作为图框的外框，单位为毫米。

2）在功能区“常用”标签内的“修改”面板上选择“偏移”工具，将所绘制的外框矩形向内偏移 10mm，作为内框。

3）在功能区“常用”标签内的“修改”面板上选择“拉伸”工具，将内框左边线向右拉伸 15mm，完成内框的绘制。

4）在功能区“常用”标签内的“特性”面板上选择“线宽”工具，将外框线宽设为 0.5，内框线宽设为 0.3。

3.5.2 绘制标题栏

利用矩形、直线、偏移、修剪、多行文字等工具，绘制如图 3-104 所示的标题栏。绘制标题栏的操作步骤如下：

1）在功能区“常用”标签内的“绘图”面板上选择“矩形”工具，绘制一个尺寸为 32×130（高×宽）的矩形，作为标题栏外框，并将其线宽设为 0.3，单位为毫米。

2）在功能区“常用”标签内的“绘图”面板上选择“直线”工具，绘制标题栏的表格线，为提高绘制效率，用户可以配合使用“捕捉到中点”和“复制”功能。标题栏表格线的尺寸要求参见第一章相关内容。结果如图 3-103 所示。

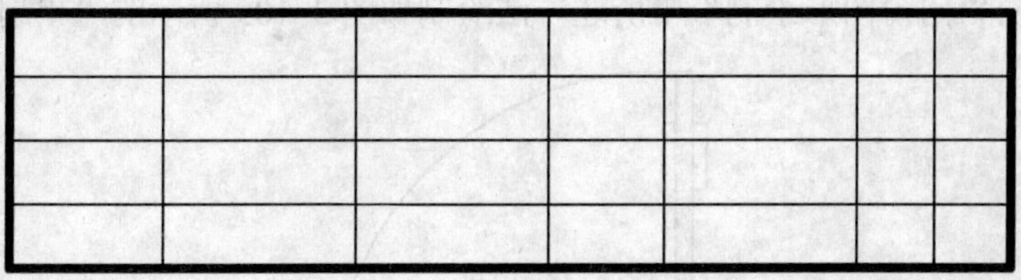

图 3-103　标题栏表格线绘制

3）在功能区“常用”标签内的“修改”面板上选择“修剪”工具，将标题栏内多余的表格线删除掉，完成标题栏的绘制。

4）在功能区“常用”标签内的“注释”面板上选择“多行文字”工具，标注标题栏内的文字内容，文字高度设为 3。结果如图 3-104 所示。

<table>
<tr><td colspan="3" rowspan="2">（图名）</td><td>班级</td><td></td><td rowspan="2">成绩</td><td rowspan="2"></td></tr>
<tr><td>学号</td><td></td></tr>
<tr><td>制图</td><td>（姓名）</td><td>（日期）</td><td colspan="4" rowspan="2">（校名、专业）</td></tr>
<tr><td>审核</td><td>（姓名）</td><td>（日期）</td></tr>
</table>

图 3-104　标题栏

3.6 建筑图中的图块应用

在建筑工程制图中，经常会有各种各样的标准图形需要绘制，有些图形的重复使用量非常大，为了避免重复工作，提高绘图效率，可以使用 AutoCAD 提供的图块功能。而且，使用图块的数据量要比直接绘图小得多，从而节省了计算机的存储空间，也提高了工作效率。

图块可以是绘制在几个图层上的不同颜色、线型和线宽特性的对象的组合。尽管块总是在当前图层上，但块参照保存了有关包含在该块中的对象的原图层、颜色和线型特性的信息。用户也可以控制块中的对象是保留其原特性还是继承当前的图层、颜色、线型或线宽设置。

3.6.1 在图形中创建图块

1. 功能

在绘图过程中定义图块后，用户可以在图形中根据需要多次插入块参照。使用此方法可以快速创建块。每个块定义都包括块名、一个或多个对象、用于插入块的基点坐标值和所有相关的属性数据。插入块时，将基点作为放置块的参照。建议用户指定基点位于块中对象的左下角。

2. 命令调用

在功能区"常用"标签内的"块"面板上选择"创建图块"工具 创建 。

从菜单依次单击"绘图"→"块"→"创建"命令。

在命令行输入"block"命令，按〈Enter〉键执行。

3. 操作示例

1）利用前面"门窗图形绘制"中所述方法绘制如图 3-105 所示的"单扇门"基本图形。

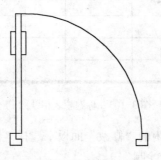

图 3-105　单扇门

2）在功能区"常用"标签内的"块"面板上选择"创建图块"工具 创建 ，弹出如图 3-106 所示的"块定义"对话框。

图 3-106　"块定义"对话框

3）在"名称"文本框中输入"单扇门"；单击"拾取点"按钮，定义拾取点为图块的左下角点；单击对象按钮，选择定义图块的相应图形。最后单击"确定"按钮即完成了块定义。

3.6.2 创建用做块的图形文件

1．功能

使用该命令，用户可以创建图形文件，用于作为图块插入到其他图形中。作为块定义源，单个图形文件容易创建和管理，使用时也更加方便。尤其对于那些在设计中需多次用到的行业标准图形，可以创建为块形式的图形文件，即外部块。

2．命令调用

在命令提示行中输入"wblock"，并按〈Enter〉键执行。

3．操作示例

利用"写块"工具创建如图 3-107 所示的"洗菜池"图块。创建"洗菜池"图块的操作步骤如下：

1）利用前面所学基本绘图命令，绘制如图 3-107 所示的"洗菜池"。

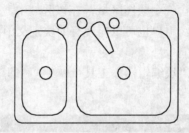

图 3-107　"洗菜池"图块

2）在命令行输入"wblock"，弹出如图 3-108 所示"写块"对话框，在"源"区域中选择"对象"。另外，要在图形中保留用于创建新图形的原对象，请确保未选中"从图形中删除"选项。如果选择了该选项，将从图形中删除原对象。

图 3-108　"写块"对话框

3）单击"选择对象"图标，选择要创建为块的图形对象，按〈Enter〉键结束。

4）在"基点"区域下，使用坐标输入或拾取点两种方法均可定义基点位置。

5）在"目标"区域，输入新图形的文件名称和路径，或单击"..."按钮，显示标准的文件选择对话框，将图形进行保存，单击"确定"按钮即完成了定义。

"写块"对话框与"块定义"对话框有两处不同，一个是"源"区域，它是指作为写块对象的图形来源可以是现有块，从列表中选取，也可以是当前的整个图形，或是整个图形中的某一部分；另一个是"目标"区域，指定文件的新名称和新位置以及插入块时所用的测量单位。

3.6.3 使用块编辑器添加动作

1. 功能

用户可以通过使用块编辑器向块中添加参数和动作，用以向新的或现有的块定义中添加动态行为。要使块成为动态块，至少需添加一个参数。然后添加一个动作并将该动作与参数相关联。块编辑器是专门用于创建块定义并添加动态行为的编写区域，用于添加能够使块成为动态块的元素。块编辑器包含一个绘图区域，在该区域中，用户可以像在程序的主绘图区域中一样绘制和编辑几何图形。用户也可以向现有的块定义中添加动态行为。

2. 命令调用

在"工具"菜单栏中选择"块编辑器"工具 块编辑器(B)，即可打开"编辑块定义"对话框，如图 3-109 所示。

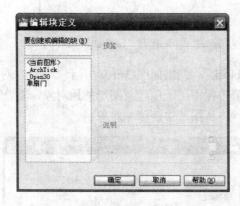

图 3-109　"编辑块定义"对话框

3. 操作示例

为前面所创建的"单扇门"图块添加动作，以便在绘制图形时能够根据需要更改单扇门的大小。为"单扇门"图块添加动作的操作步骤如下：

1）在"工具"菜单栏中选择"块编辑器"工具 块编辑器(B)，在弹出的"编辑块定义"对话框中选择"单扇门"图块，单击"确定"按钮，进入编辑界面，如图 3-110 所示。

2）在"块编写选项板"中选择"参数"选项卡内的"线性参数" 线性，然后选择"门"宽度的起点和终点，为图块添加线型参数"距离 1"。

3）选择"距离 1"参数，单击鼠标右键，将该参数的夹点设为 1 个。结果如图 3-111 所示。

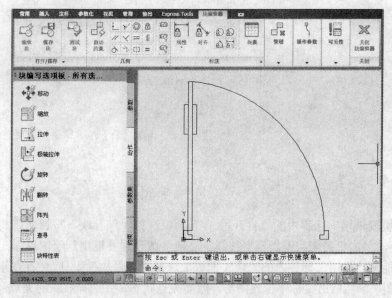

图 3-110　块编辑器界面

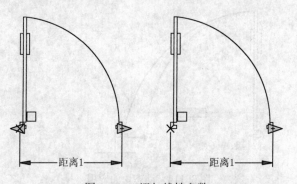

图 3-111　添加线性参数

4）选择"距离"参数，单击鼠标右键，在弹出的快捷菜单中选择"特性"，并将其"距离类型"设为"增量"，"距离增量"设为 100，如图 3-112 所示。

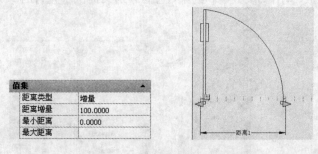

图 3-112　修改"距离 1"特性

5）在"块编写选项板"中选择"动作"选项卡内的"拉伸动作" ，再选择"距离"参数和其夹点作为与动作关联的参数点。根据命令提示，选择拉伸框架，并选择要拉伸的对象，如图 3-113 所示。

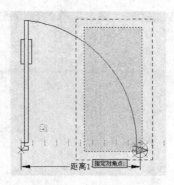

图 3-113 添加"拉伸动作"

6）在"块编辑器"标签内的"打开/保存"面板选择"保存块"按钮 ，将前面的参数设置进行保存，单击"关闭块编辑器"按钮，完成参数设置并退出到绘图界面。

7）在功能区"常用"标签内的"块"面板上选择"插入块"工具 ，在图形中插入名为"单扇门"的图块，然后用鼠标单击该图形，激活夹点状态，并选择右侧的夹点箭头，即可进行拉伸动作，拉伸的距离增量为100，效果如图3-114所示。

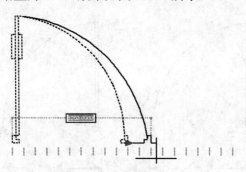

图 3-114 动态块的应用

在 AutoCAD 2010 中，用户可以在创建动态块时测试块定义，而无须保存并退出块编辑器。为了使用户能够方便地使用动态图块，AutoCAD 2010 的块编辑器中提供了丰富的图块编写选项。常用的有参数、动作、参数集和约束，它们分别又提供了完善的二级选项，如图3-115所示。

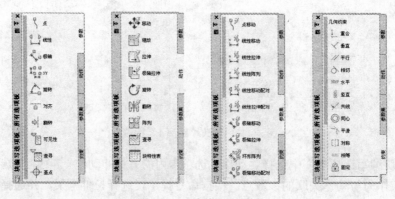

图 3-115 块编写选项板

3.6.4 向动态块添加约束

1. 功能

在动态块定义中使用几何约束和标注约束可以简化动态块的创建。基于约束的控件对于插入取决于用户输入尺寸或部件号的图块来说非常理想。

几何约束可定义两个对象之间或对象与坐标系之间的关系。通过几何约束，用户可以保留两个对象之间的平行、垂直、相切或重合点，强制使直线或一对点保持垂直或水平，也可将对象上的点固定至 WCS。

在块编辑器中应用的标注约束称为约束参数，用户可以在块定义中使用标注约束和约束参数，在块编辑器中，参数管理器显示约束、用户和操作参数以及属性定义的列表。在默认情况下，标注约束是动态的。对常规参数化图形和设计任务来说，它们是非常理想的。动态约束具有以下特征：缩小或放大时大小不变；可以轻松打开或关闭；以固定的标注样式显示；提供有限的夹点功能；打印时不显示。

2. 命令调用

在功能区"块编辑器"标签内的"几何"面板或"标注"面板中选择相应的约束工具，即可为对象添加约束。如图 3-116 所示的"几何"面板、"标注"面板。

图 3-116　添加约束工具面板

3. 操作示例

（1）向动态块添加几何约束

为动态块添加平行约束的操作步骤如下：

1）平行约束是几何约束中的一项，平行约束可强制使两条直线保持相互平行。

2）在功能区"常用"标签内的"绘图"面板上选择"矩形"工具▭，绘制出如图 3-117a 所示的两个矩形。

3）在"块编辑器"的"几何"面板上选择"平行"工具，根据命令行的提示，依次选择要使用"平行约束"的图形对象，如图 3-117b。

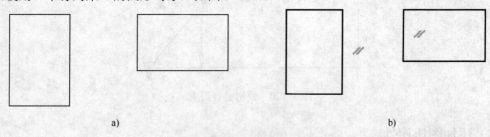

a)　　　　　　　　　　　　　　　　　　　　　b)

图 3-117　添加平行约束

4）在编辑应用了平行约束的图块时，指定的直线将始终保持相互平行。如对前面指定平行约束的矩形相邻两条边采取夹点编辑操作后，它们依然保持平行状态。结果如图 3-118 所示。

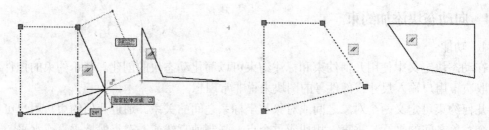

图 3-118 使用平行约束

（2）向动态块添加标注约束

为动态块添加标注约束的操作步骤如下：

1）标注约束会使几何对象之间或对象上的点之间保持指定的距离和角度。竖直约束是标注约束的其中之一。竖直约束控制一个对象上的两点之间或两个对象之间的竖向距离。

2）在功能区"常用"标签内的"绘图"面板上选择"矩形"工具口，绘制一个尺寸为 1200×700 的矩形，如图 3-119a 所示。

3）在"块编辑器"的"标注"面板上选择"竖直"工具，根据命令行的提示，选择要使用的"约束点"即可，如图 3-119b。

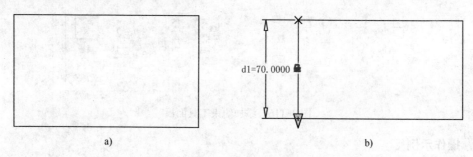

a)   b)

图 3-119 添加竖直约束

4）使用编辑命令或夹点功能旋转该矩形时，受约束的对象在竖直方向上将保持相同的间距。结果如图 3-120 所示。

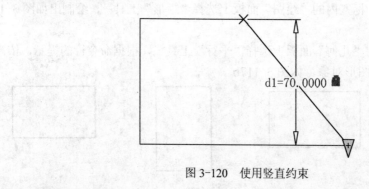

图 3-120 使用竖直约束

3.6.5 添加图块属性

属性是将数据附着到块上的标签或标记，它是一种特殊的文本对象，可包含用户所需要的各种信息。属性图块常用于形式相同，而文字内容需要变化的情况，如建筑图中的门窗编号、标高符号、房间编号等等，用户可以将它们创建为带有属性的图块，使用时可按需要指定文字内容。当插入图块时，系统将显示或提示输入属性数据。属性是非图形信息，但它是块的组成部分。

1. 功能

要创建属性，首先创建包含属性特征的属性定义。特征包括标记（标识属性的名称）、插入块时显示的提示、值的信息、文字格式、块中的位置和所有可选模式（不可见、常数、验证、预置、锁定位置和多线）。

2. 命令调用

在功能区"常用"标签内的"块"面板上选择"定义属性"工具，

在命令行输入"ATTDEF"，并按〈Enter〉键执行。调用该命令后，AutoCAD 2010 将弹出"属性定义"对话框，如图 3-121 所示。

图 3-121 "属性定义"对话框

3. 操作示例

利用"定义属性"工具为标高符号添加标高值属性。为图块添加属性的操作步骤如下：

1) 在功能区"常用"标签内的"绘图"面板上选择"多段线"工具。绘制出如图 3-122 所示的标高符号。

2) 在功能区"常用"标签内的"块"面板上选择"定义属性"工具，打开"属性定义"对话框。在"标记"文本框中输入"标高值"，"提示"文本框中输入"请输入标高值"，"默认"文本框中输入"±0.000"，对正方式选为"左"，"文字高度"设为 50。完成后单击"确定"按钮退出，并用鼠标指定标高值的放置位置。结果如图 3-123 所示。

图 3-122 绘制标高符号   图 3-123 定义图块属性

3) 在功能区"常用"标签内的"块"面板上选择"创建块"工具，在弹出的"块定义"对话框的"名称"文本框中输入"标高符号"，拾取标高符号的底部为基点，在选择对象时，将标高符号与其属性全部选中，如图 3-124 所示。

4）块定义设置完成后，单击"确定"按钮，将弹出"编辑属性"对话框。这时将会显示前面所添加的属性内容，如图 3-125 所示，单击"确定"按钮完成图块属性的编辑。

图 3-124 "块定义"对话框

图 3-125 "编辑属性"对话框

3.6.6 插入图块

1．功能

在建筑图绘制过程中，经常要用到各种图块，如建筑图中的门窗及编号、轴线编号、标高符号、房间编号、索引符号等等，用户可以将它们创建为带有动作或属性的图块，使用时可根据需要灵活选用。

2．命令调用

在功能区"常用"标签内的"块"面板上选择"插入块"工具。

在命令提示行输入"INSERT"，按〈Enter〉键执行。

3．操作示例

将前面创建的标高符号按要求插入到如图 3-126 所示的平面图中。插入图块的操作步骤如下：

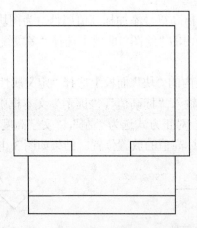

图 3-126 平面图

1）打开平面图文件，按前面所讲方法创建标高符号图块，并添加属性。

2）在功能区"常用"标签内的"块"面板上选择"插入块"工具，弹出"插入"对话框，选择名称为"标高符号"的图块，如图3-127所示。

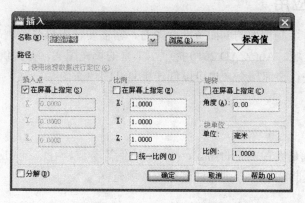

图3-127 "插入"对话框

3）单击"确定"按钮，在适当位置单击鼠标左键，提示"请输入标高值"，利用动态输入，完成标高值的标注，如图3-128所示。

4）重复上述几步操作，根据设计要求依次插入标高符号并输入标高数值，如图3-129所示。

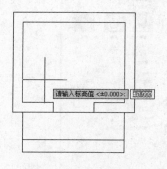

图3-128 插入图块提示

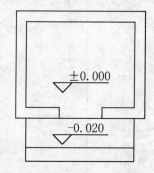

图3-129 插入标高符号

5）在绘图过程中，用户若要更改已插入的图块属性，可以利用鼠标左键双击该图块，在弹出的"增强属性编辑器"中进行相应修改，该对话框中列出了"属性"区域、"文字选项"区域、"特性"区域，如图3-130所示。

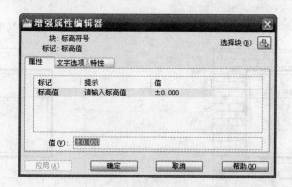

图3-130 "增强属性编辑器"对话框

3.7 图案填充应用

在建筑制图中，绘制构件的剖面或断面图时，常需要使用材料图例表示其所用的材料，并将其填充到指定区域。AutoCAD 2010 提供了丰富的填充图案，并提供了多种预定义图案，可以利用这些图案进行快速填充，也可以创建更复杂的填充图案。

3.7.1 图案填充

1．功能

创建图案填充就是设置填充的图案、样式、比例等参数。用户首先应创建一个区域边界，这个区域边界必须是封闭的，否则无法进行图案填充。

2．命令调用

在功能区"常用"标签内的"绘图"面板上选择"图案填充"工具 。

选择"绘图"菜单栏→"图案填充"选项。

在命令行输入"BHATCH"，按〈Enter〉键执行。以上方法均可打开如图 3-131 所示的"图案填充和渐变色"对话框。

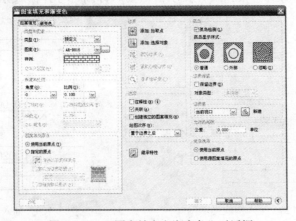

图 3-131　"图案填充和渐变色"对话框

3．操作示例

利用前面所学知识，绘制一个局部的墙体，并填充材料符号，如图 3-132 所示。图案填充的操作步骤如下：

1）利用基本绘图命令，绘制局部墙体的轮廓线条，如图 3-133 所示。

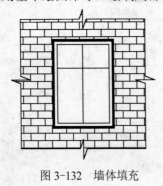

图 3-132　墙体填充

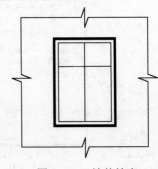

图 3-133　墙体轮廓

2）在功能区"常用"标签内的"绘图"面板上选择"图案填充"工具，在弹出的"图案填充和渐变色"对话框中，单击"图案"列表框右侧的□按钮，弹出"填充图案选项板"对话框，选择"其他预定义"选项卡中的"AR-B816"样例作为填充图案，如图3-134所示。

3）单击"添加拾取点"按钮，在墙体与窗户之间的位置单击鼠标，其轮廓会呈虚线状态，若有其他区域采用同样的填充图案，可以连续点取，如图3-135所示。

4）完成区域选择后，单击鼠标右键回到"图案填充和渐变色"对话框中，单击"预览"按钮，可查看填充效果，若填充比例未设置好，看到的填充图案可能为"全黑"或看不到填充内容。为了显示正常，需调整"比例"选项。此处将"比例"改为0.1，单击"确定"按钮，完成图案填充。结果如图3-132所示。

图3-134　墙体填充

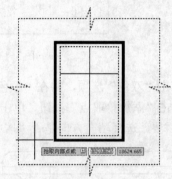

图3-135　墙体轮廓

3.7.2　渐变色填充

1. 功能

使用"渐变色"选项卡可以对图形区域进行渐变色填充。渐变色填充是实体图案填充，能够体现出光照在平面上而产生的过渡颜色效果。使用渐变色填充中的颜色可以从浅色到深色再到浅色，或者从深色到浅色再到深色平滑过渡，也可选择预定义的图案（例如，线性扫掠、球状扫掠或径向扫掠）并为图案指定角度。用户可以使用渐变色填充在二维图形中表示实体。

2. 命令调用

在功能区"常用"标签内的"绘图"面板上选择"渐变色"工具。

在功能区"常用"标签内的"绘图"面板上选择"图案填充"工具，在弹出的对话框中选择"渐变色"选项板。

选择"绘图"菜单栏→"渐变色"选项。

在命令行输入"GRADIENT"，按〈Enter〉键执行。

以上方法均可打开"图案填充和渐变色"对话框，如图3-136所示。

3. 操作示例

利用基本绘图功能，绘制如图3-137所示的双人沙发。并进行渐变色填充。渐变色填充的操作步骤如下：

1）在功能区"常用"标签内的"绘图"面板上选择"渐变色"工具，打开"图案填充和渐变色"对话框。

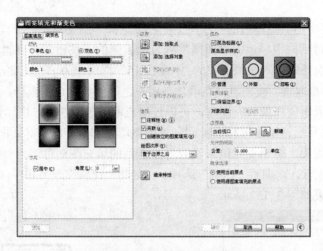

图 3-136　"渐变色"对话框

2）单击"双色"选项，并在"颜色"选项中设置所需的颜色。

3）单击"添加拾取点"按钮，单击选择所需填充区域，完成填充，如图 3-138 所示。用户可根据需要，选择填充方向是否"居中"，以及设置"填充角度"。

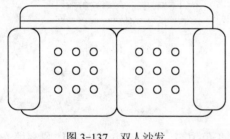

图 3-137　双人沙发

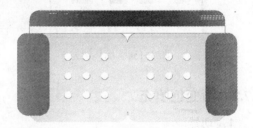

图 3-138　"渐变色"填充

3.8　实训

1．实训要求

根据本章所学内容，绘制一个房间平面图，在图中添加门、窗图块和标高符号的标注，并使用"图案填充"工具为其填充图案和渐变色。完成如图 3-139 所示的房间布置图。

2．操作指导

1）打开 AutoCAD 2010 中文版，新建一个图形文件，工作空间选为"二维草图与注释"。

2）在菜单栏选择"格式"→"多线样式"命令，新建一个名为"墙线"的多线样式，将图元偏移量分别设为"120"和"-120"。

3）在菜单栏选择"绘图"→"多线"工具，按图示尺寸绘制出房间平面图并将文件保存至"E:\AutoCAD2010 练习"文件夹中，文件名为"基本建筑图形绘制练习"。

4）利用"矩形"、"直线"、"多段线"、"弧线"工具绘制"门"、"窗""床"、"标高"的基本图形。

5）在功能区"常用"标签内的"块"面板上选择"创建"工具 　　 创建，将所绘制的"门"、

"窗""床"、"标高"分别创建为相应的图块。

6）在菜单栏选择"工具"→"块编辑器"工具，为"门"、"窗"图块添加拉伸和翻转动作，使其能够灵活改变尺寸和开启方向。注意，必须先创建图块才可为其添加动作。

7）为"标高"图块添加属性，使其能够随机输入标高数值。

8）将创建的图块，按图所示布置到房间平面图中。

9）在功能区"常用"标签内的"绘图"面板上选择"图案填充"工具，利用"图案填充"功能为房间布置图设置填充效果。

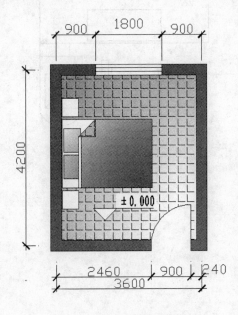

图 3-139　房间布置图

3.9　练习题

1．利用本章所学的"矩形"、"多线"、"直线"、"修剪"、"图案填充"等工具，绘制如图 3-140 所示的电梯平面图，电梯井尺寸为 2400×1800。

2．利用本章所学的"矩形"、"直线"、"圆弧"、"多段线"、"修剪"、"夹点"等工具，绘制如图 3-141 所示的坐便器平面图。

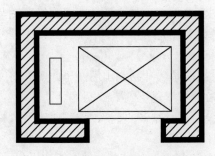

图 3-140　电梯平面图

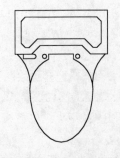

图 3-141　坐便器平面图

3．利用"多段线"、"弧线"、"矩形"、"圆角"等工具，绘制如图 3-142 所示的办公桌平面图。

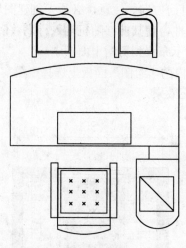

图 3-142　办公桌平面图

第4章 AutoCAD 2010 图形标注

在建筑施工图中除了要有完整的表达对象形状的工程图形，还需要相关的尺寸与文字标注。尺寸标注是一项重要内容，因为图形中各个对象的真实大小和相互位置只有经过尺寸标注后才能确定，所以在施工图中必须准确、完整地标注尺寸。在施工图中一些无法直接用图形表示清楚的内容可以采取文字和表格说明的形式来表达，例如标题栏、材料做法明细表、设计说明、技术要求等都需要通过文字标注或表格的形式来表达。

本章主要学习在绘制建筑施工图的过程中，使用 AutoCAD 2010 提供的尺寸标注、文字、表格等工具为图形进行尺寸和文字的标注，以及表格的注写与编辑。

4.1 建筑图的尺寸标注

4.1.1 尺寸标注基本知识

1．尺寸标注规则

在使用 AutoCAD 绘制施工图的过程中，对绘制的图形进行尺寸标注时应遵循以下规则：

1）物体的实际大小应以图样中所标注的尺寸值为依据，与图形大小及绘图的准确度无关。

2）建筑图中的尺寸一般均以毫米为单位，不需要标注计量单位的名称。如采用其他单位，则必须注明相应计量单位的名称，如厘米、米等。

3）施工图中的每一个尺寸均应标注在最能清晰反映该构件特征的部位，并且图形对象的每一个尺寸只需标注一次，不可重复。

4）尺寸标注应做到清晰、齐全且没有遗漏。

2．尺寸标注组成

用户在使用 AutoCAD 2010 进行尺寸标注时，必须先了解尺寸标注的组成，标注样式的创建和设置方法。

在建筑工程制图中，一个完整的标注应具有以下元素：标注文字、尺寸线、起止符号和尺寸界线，如图 4-1 所示。

1）尺寸界线应采用细实线绘制，也称为投影线或证示线，从部件延伸到尺寸线。一般应与被标注长度垂直，其一端应离开图形轮廓线不小于 2mm，另一端宜超出尺寸线 2～3mm，必要时，图形轮廓线也可作为尺寸界线。

2）尺寸线应采用细实线绘制，应与被标注长度平行，用于指示标注的方向和范围。对于角度标注，尺寸线是一段圆弧。需注意的是，图形本身的任何图线均不得用做尺寸线。

3）尺寸起止符号一般用中粗斜短线绘制，其倾斜方向应与尺寸界线成顺时针 45°角，长度宜为 2～3mm。在 AutoCAD 中一般记为"建筑标记"，即 45°斜线。

4）尺寸数字应写在尺寸线的中部，水平方向尺寸应从左向右标在尺寸线的上方，垂直方向的尺寸应从下向上标在尺寸线的左方，字头朝向应逆时针转 90°角。

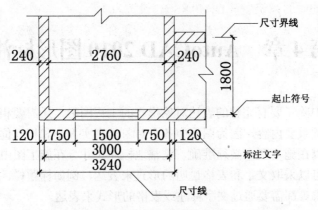

图 4-1 尺寸标注的组成

5）图形中的尺寸以尺寸数字为准，不得从图中直接量取。图样上的尺寸单位，除标高及总平面图以米为单位外，其他必须以毫米为单位，图上尺寸数字不再注写单位。

6）相互平行的尺寸线，较小的尺寸在内，较大的尺寸在外，两道平行排列的尺寸线之间的距离宜为 7～10mm，并应保持一致。

3. 尺寸标注类型

AutoCAD 2010 提供了多种标注工具，用以标注图形对象，分别位于"标注"菜单或"注释"面板的"线型"工具中 线性 ·，使用它们可以进行角度、直径、半径、线性、对齐、连续、圆心及基线等标注，如图 4-2 所示。

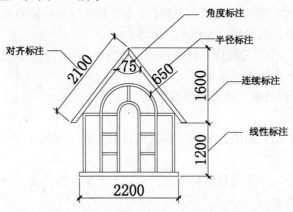

图 4-2 尺寸标注的类型

用户可以为各种图形对象沿各个方向创建标注。线性标注可以是水平、垂直、对齐、旋转、基线或连续的方式。

4. 关联标注

标注可以是关联的、无关联的或分解的。关联标注根据所测量的图形对象的变化而进行调整。标注的关联性定义了图形对象与其标注间的关系。图形对象和标注之间有三种关联性。

关联标注：当与其关联的图形对象被修改时，关联标注将自动调整其位置、方向和测量值。布局中的标注可以与模型空间中的对象相关联。此时的系统变量 DIMASSOC 设置为 2。

非关联标注：与其测量的图形一起被选定和修改。无关联标注在其测量的图形对象被修改时不发生改变。此时的系统变量 DIMASSOC 设置为 1。

分解的标注：包含单个对象而不是单个对象的集合。系统变量 DIMASSOC 设置为 0。

虽然关联标注支持大多数希望标注的对象类型，但是它们不支持：图案填充、多线对象、二维实体、非零厚度的对象。

4.1.2　尺寸标注样式

标注样式是标注设置的命名集合，可用来控制标注的外观，如箭头样式、文字位置和尺寸公差等。用户可以通过更改设置来控制标注的外观。为了便于使用、维护标注标准，可以将这些设置存储在标注样式中。用户可以创建标注样式，以快速指定标注的格式，并确保标注符合行业或项目标准。

1．尺寸标注管理器

（1）功能

用于创建新样式、设置当前样式、修改样式、设置当前样式的替代等。

（2）命令调用

在功能区"常用"标签内的"注释"面板上选择"标注样式"工具。

从菜单依次单击"标注"→"标注样式…"。

在命令行输入"dimstyle"，并按〈Enter〉键执行。

上述三种方法均可打开"标注样式管理器"对话框，如图 4-3 所示。

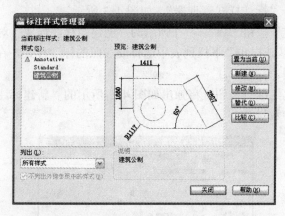

图 4-3　"标注样式管理器"对话框

在此对话框中，各区域及按钮功能如下：

1）当前标注样式：显示当前标注样式的名称。如图 4-3 所示的"建筑公制"为当前标注样式，并将应用于所创建的标注。

2）样式：列出图形中的标注样式。当前样式被亮显。

3）列出：在"样式"列表中控制样式显示。

4）预览和说明：显示"样式"列表中选定的尺寸标注样式。

5）置为当前：将在"样式"下选定的标注样式设置为当前标注样式。当前样式将应用于所创建的标注。

6）新建：显示"创建新标注样式"对话框，可以定义新的标注样式，如图 4-4 所示。

7）修改：显示"修改标注样式"对话框，从中可以修改标注样式。其对话框选项与"新建标注样式"对话框中的选项相同。

图 4-4 "创建新标注样式"对话框

8）替代：显示"替代当前样式"对话框，从中可以设置标注样式的临时替代。其对话框选项与"新建标注样式"对话框中的选项相同。

9）比较：显示"比较标注样式"对话框，从中可以比较两个标注样式或列出一个标注样式的所有特性。

2. 创建标注样式

（1）新建标注样式

"新建标注样式"对话框是用来设置尺寸四要素的外观与方式的。"新建标注样式"对话框可用下列方法打开：

按照上述方法打开"标注样式管理器"，如图 4-3 所示。

用鼠标单击"新建"按钮 新建(N)... ，在弹出的"创建新标注样式"对话框中输入要创建的样式名"建筑"，在"基础样式"下拉列表中选择要参照的标注样式，在"用于"下拉列表中选择该样式的应用范围。

设置完成后单击"继续"按钮，将弹出如图 4-5 所示的"新建标注样式"对话框，根据所需样式进行详细的参数设置。

图 4-5 "新建标注样式"对话框

（2）"线"的设置

在"线"设置面板中可进行"尺寸线"和"尺寸界线"的设置，以控制其线型、线宽、颜色、间距和偏移等参数，如图4-5所示。

1）尺寸线。

用于设置尺寸线的各项特性，诸如颜色、线型、线宽、超出标记、基线间距等。

2）尺寸界线。

用于控制尺寸界线的外观，包括颜色、线型、尺寸线的线型、线宽、隐藏、超出尺寸线、起点偏移量等。

（3）符号和箭头

在"符号和箭头"面板中，可设置箭头、圆心标记、弧长符号、半径折弯标注和线性折弯标注的格式与位置，如图4-6所示。

图4-6 "符号和箭头"选项卡

1）箭头。

此选项可控制标注箭头的样式。当改变第一个箭头的类型时，第二个箭头将自动改变，同第一个箭头相匹配。若要另外指定用户自定义的箭头图块，请选择"用户箭头"，此时将显示"选择自定义箭头块"对话框。选择用户定义的箭头块的名称。

"引线"下拉列表框列出了执行引线标注方式时，引线端点起止符号的样式，可从中选取所需形式，其样式类似于箭头样式。

"箭头大小"文字编辑框用于确定尺寸起止符号的大小。例如，箭头的长度、45°斜线的长度、圆点的大小等，按照制图标准一般应设为3～4mm。

2）圆心标记。

控制直径、半径标注的圆心标记和中心线的样式。

3）弧长符号。

用于控制弧长标注中圆弧符号的显示。

4）半径标注折弯。

用于控制半径折弯（Z字型）标注的显示。半径折弯标注通常在中心点位于页面外部时创建。折弯角度即是用于连接半径标注的尺寸界线和尺寸线的横向直线的角度。

（4）标注文字

在"文字"面板中，可以控制标注文字的外观，标注文字、箭头和引线相对于尺寸线和尺寸界线的位置，文字对齐的方式，如图4-7所示。

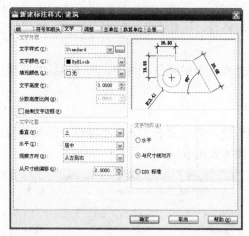

图4-7 "文字"选项卡

1）文字外观。

在"文字外观"区域，用户可以进行文字样式、文字颜色、填充颜色、文字高度等项的设置。在建筑制图中，习惯上将标注文字高度设为3～5mm。

2）文字位置。

在"文字位置"区域，用户可以进行垂直、水平、观察方向、从尺寸线偏移等项的设置。用以控制标注文字相对尺寸线的垂直和水平位置以及距离。

3）文字对齐。

不论文字在尺寸线之内还是之外，用户都可以选择文字与尺寸线是否对齐或保持水平状态。默认对齐方式是水平标注文字。另外还提供了ISO标准，当文字在尺寸界线内时，文字与尺寸线对齐；当文字在尺寸界线外时，文字水平排列。

（5）主单位设置

"主单位"选项面板用来设置主单位的格式与精度，以及给标注文字添加前缀和后缀。其选项设置如图4-8所示。

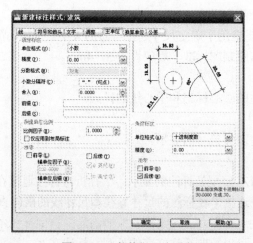

图4-8 "主单位"选项卡

1）线性标注。

该选项组用来设置线性标注的格式与精度。使用该选项组可以进行单位格式、精度、分数格式、小数分隔符、舍入、前缀、后缀等方面的设置。

2）角度标注。

该选项组用来设置角度标注的单位、精度以及是否消零等。

4.1.3　尺寸标注方式

AutoCAD 2010 提供了线性标注、半径标注、角度标注、坐标标注、弧长标注，还提供了对齐标注、连续标注、基线标注和引线标注等工具。

1. 创建线性标注

（1）功能

线性标注用于测量并标记两点之间的连线在指定方向上的投影距离。线性标注可以水平、垂直或对齐放置。使用对齐标注时，尺寸线将平行于两尺寸界线原点之间的直线。基线标注和连续标注是一系列基于线性标注的连续标注方法。

（2）命令调用

在功能区"常用"标签内的"注释"面板上选择"线性"工具 ⊢⊣线性 。

从菜单依次单击"标注"→"线性"命令。

在命令行输入"dimlinear"，并按〈Enter〉键执行。

（3）操作示例

利用线性标注工具为如图 4-9 所示的平面图标注尺寸。命令行提示如下：

命令: _dimlinear

指定第一条延伸线原点或 <选择对象>:（点取尺寸标注起点）

指定第二条延伸线原点:（点取尺寸标注终点）

指定尺寸线位置或[多行文字(M)/文字(T)/角度(A)/水平(H)/垂直(V)/旋转(R)]:（鼠标拖拽尺寸标注到合适的位置后，单击鼠标左键）

标注文字 = 1500

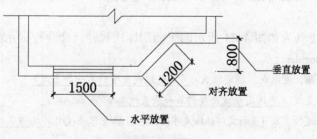

图 4-9　线性标注

2. 创建半径标注

（1）功能

半径标注使用可选的中心线或中心标记，测量圆弧和圆的半径。半径标注生成的尺寸标注文字以 R 引导，以表示半径尺寸。圆形或圆弧的圆心标记可自动绘出。

（2）命令调用

在功能区"常用"标签内的"注释"面板上选择"半径"工具 ⟨半径⟩·。

从菜单依次单击"标注"→"半径"命令。

在命令行输入"dimradius",并按〈Enter〉键执行。

（3）操作示例

利用半径标注工具为如图4-10所示的平面图标注尺寸。命令行提示如下：

> 命令: _dimradius
>
> 选择圆弧或圆:（点取所要标注半径的圆弧）
>
> 标注文字 = 1800
>
> 指定尺寸线位置或 [多行文字(M)/文字(T)/角度(A)]:（指定半径标注的位置）

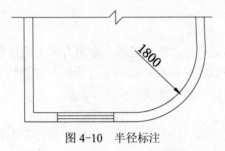

图 4-10   半径标注

3. 创建角度标注

（1）功能

该命令用于测量和标记角度值。角度标注测量两条直线或三个点之间的角度。要测量圆的两条半径之间的角度，可以选择此圆，然后指定角度端点。对于其他对象，需要选择对象然后指定标注位置。还可以通过指定角度顶点和端点标注角度。创建标注时，可以在指定尺寸线位置之前修改文字内容和对齐方式。

（2）命令调用

在功能区"常用"标签内的"注释"面板上选择"角度"工具 ⟨角度⟩·。

从菜单依次单击"标注"→"角度"命令。

在命令行输入"dimangular",并按〈Enter〉键执行。

（3）操作示例

利用角度标注工具为如图4-11所示的平面图标注尺寸。命令行提示如下：

> 命令: _dimangular
>
> 选择圆弧、圆、直线或 <指定顶点>:（选定组成角度的第一条直线）
>
> 选择第二条直线:（再选定组成角度的另一条直线）
>
> 指定标注弧线位置或 [多行文字(M)/文字(T)/角度(A)/象限点(Q)]:（拖拽鼠标，指定标注位置）
>
> 标注文字 = 135.00

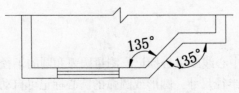

图 4-11   角度标注

说明：如果选择两条非平行直线，则测量并标记直线之间的角度。如果选择圆弧，则测量并标记圆弧所包含的圆心角。如果选择圆，则以圆心作为角的顶点，测量并标记所选的第一个点和第二个点之间包含的圆心角。选择"指定顶点"项，则需分别指定角点、第一端点和第二端点来测量并标记该角度值。

4．创建弧长标注

（1）功能

弧长标注用于测量圆弧或多段线弧线段上的距离。为区别它们是线性标注还是角度标注，默认情况下，弧长标注将显示一个圆弧符号，显示在标注文字的上方或前方。用户可以使用"标注样式管理器"指定位置样式。

（2）命令调用

在功能区"常用"标签内的"注释"面板上选择"弧长"工具 弧长。

从菜单栏选择"标注"→"弧长"。

在命令行输入"dimarc"，并按〈Enter〉键执行。

（3）操作示例

利用弧长标注工具为如图 4-12 所示的平面图标注尺寸。命令行提示如下：

命令: _dimarc

选择弧线段或多段线圆弧段：（用鼠标选中要标注的弧线）

指定弧长标注位置或 [多行文字(M)/文字(T)/角度(A)/部分(P)/引线(L)]:（拖拽鼠标，并按〈Enter〉键完成）

标注文字 ＝3036

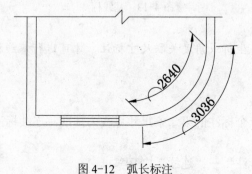

图 4-12　弧长标注

5．创建基线标注

（1）功能

基线标注用于以前一个标注的第一条尺寸界线为基准，连续标注多个线性尺寸。每个新尺寸线会自动偏移一个距离以避免重叠。

（2）命令调用

从菜单依次单击"标注"→"基线" 基线(B)。

在命令行输入"dimbaseline"，并按〈Enter〉键执行。

（3）操作示例

利用基线标注工具为如图 4-13 所示的办公桌立面图标注尺寸。命令行提示如下：

命令: _dimlinear（先用线性标注标出第一个尺寸）

指定第一条尺寸界线原点或 <选择对象>:（指定第一个标注点）

指定第二条尺寸界线原点:（指定第二个标注点）

指定尺寸线位置或

[多行文字(M)/文字(T)/角度(A)/水平(H)/垂直(V)/旋转(R)]:（拖拽鼠标，指定标注位置）

标注文字 = 379

命令: _dimbaseline（使用基线标注，依次完成其他标注内容）

指定第二条尺寸界线原点或 [放弃(U)/选择(S)] <选择>:（指定下一个标注点）

标注文字 = 939

指定第二条尺寸界线原点或 [放弃(U)/选择(S)] <选择>:（指定下一个标注点）

标注文字 = 1305

指定第二条尺寸界线原点或 [放弃(U)/选择(S)] <选择>:（按〈Enter〉键完成连续标注）

结果如图 4-13 所示。

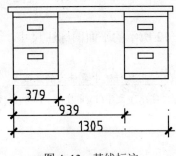

图 4-13　基线标注

说明：必须是线性、坐标或角度关联尺寸标注，才可进行基线标注。

6. 创建连续标注

（1）功能

连续标注用于以前一个标注的第二条尺寸界线为基准，连续标注多个线性尺寸。

（2）命令调用

从菜单依次单击"标注"→"连续"｜￫ 连续(C)。

在命令行输入"dimcontinue"，并按〈Enter〉键执行。

（3）操作示例

利用连续标注工具为如图 4-14 所示的平面图标注尺寸。命令行提示如下：

命令: _dimlinear（先用线性标注标出第一个尺寸）

指定第一条延伸线原点或 <选择对象>:（指定第一个标注点）

指定第二条延伸线原点:（指定第二个标注点）

指定尺寸线位置或

[多行文字(M)/文字(T)/角度(A)/水平(H)/垂直(V)/旋转(R)]:（拖拽鼠标，指定标注位置）

标注文字 = 120

命令: _dimcontinue（使用连续标注，依次完成其他标注内容）

指定第二条延伸线原点或 [放弃(U)/选择(S)] <选择>:（指定下一个标注点）

标注文字 = 750

指定第二条延伸线原点或 [放弃(U)/选择(S)] <选择>:（指定下一个标注点）

标注文字 = 1500

指定第二条延伸线原点或 [放弃(U)/选择(S)] <选择>:（指定下一个标注点）

标注文字 = 750

指定第二条延伸线原点或 [放弃(U)/选择(S)] <选择>:（指定下一个标注点）

标注文字 = 120（按〈Enter〉键完成连续标注）

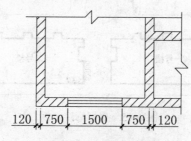

图 4-14　连续标注

　　该命令的用法与基线标注类似，区别之处在于该命令是从前一个尺寸的第二条尺寸界线开始标注而不是固定于第一条界线。此外，各个标注的尺寸线将处于同一直线上，而不会自动偏移。

7.　创建坐标标注

（1）功能

　　坐标标注是从测量原点（称为基准）到特征点（例如图形上的一个角点）的垂直距离。这种标注可保持特征点与基准点的精确偏移量，从而避免增大误差。坐标标注由 X 或 Y 值和引线组成。X 基准坐标标注沿 X 轴测量特征点与基准点的距离。Y 基准坐标标注沿 Y 轴测量距离。

（2）命令调用

　　在功能区"常用"标签内的"注释"面板上选择"坐标"工具 坐标。

　　从菜单栏选择"标注"→"坐标"。

　　在命令行输入"dimordinate"，并按〈Enter〉键执行。

（3）操作示例

　　利用坐标标注工具为图 4-15 所示的为某生活区总平面图中的每栋住宅楼标注定位点坐标。命令行提示如下：

命令: _dimordinate（坐标标注命令）

指定点坐标:（点取要标注的一号楼左下角点）

指定引线端点或 [X 基准(X)/Y 基准(Y)/多行文字(M)/文字(T)/角度(A)]:（指定标注位置）

标注文字 = 4000（一号楼左下角点的 Y 坐标）

命令:

DIMORDINATE（重复命令）

指定点坐标:（点取要标注的一号楼左下角点）

指定引线端点或 [X 基准(X)/Y 基准(Y)/多行文字(M)/文字(T)/角度(A)]:（指定标注位置）

标注文字 = 2000（一号楼左下角点的 X 坐标）

命令:（按〈Enter〉键重复命令，依次标注其余各楼角点坐标）

按照上述步骤依次为四栋楼标注出左下角点的 X、Y 坐标。结果如图 4-15 所示。

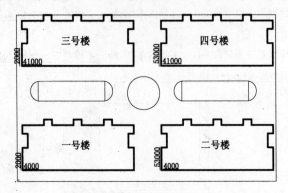

图 4-15　坐标标注示例

注意: 当前 UCS 的位置和方向确定坐标值。在创建坐标标注之前，通常要设置 UCS 原点以与基准相符。在用户指定特征位置后，程序将提示指定引线端点。默认情况下，指定的引线端点将自动确定是创建 X 基准坐标标注还是 Y 基准坐标标注。创建坐标标注后，用户还可以使用夹点编辑轻松地重新定位标注引线和文字。标注文字始终与坐标引线对齐。

4.1.4　尺寸标注编辑

在完成图形的尺寸标注后，根据需要还可以对其进行编辑修改。AutoCAD 2010 提供了多种编辑标注的方式，除了可以使用"标注样式管理器"，还可以通过"特性"管理器以及其他编辑命令来编辑修改标注。

1. 调整标注间距

（1）功能

可以自动调整图形中现有的平行线性标注和角度标注，以使其间距相等或在尺寸线处相互对齐。

（2）命令调用

从菜单栏选择"标注"→"标注间距" 圛 标注间距(P)。

在命令行输入"Dimspace"，并按〈Enter〉键执行。

（3）操作示例

利用"标注间距"功能将如图 4-16a 所示的三道尺寸线的间距进行适当调整。命令行提示如下:

命令: _DIMSPACE

选择基准标注:（选取合适的尺寸线作为间距调整的基准）

选择要产生间距的标注:找到 1 个（选取需调整间距的尺寸线）

选择要产生间距的标注:找到 1 个，总计 2 个（选取需调整间距的尺寸线）

选择要产生间距的标注:找到 1 个，总计 3 个（选取需调整间距的尺寸线）

选择要产生间距的标注:

输入值或 [自动(A)]<自动>: A（按回车键即可完成调整）

结果如图 4-16b 所示。

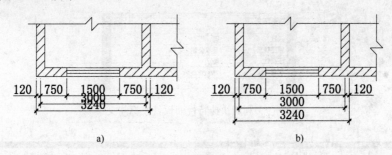

图 4-16　调整标注间距

2. 修改标注文字

在创建标注后，根据需要可以修改现有标注文字的位置和方向或者以新文字内容进行替换。用户可以使用夹点功能将标注文字沿尺寸线移动到左、右、中心或尺寸延伸线之内及之外的任意位置。如果向上或向下移动文字，当前文字相对于尺寸线的垂直对齐不会改变，因此尺寸线和尺寸延伸线相应地有所改变。

（1）旋转标注文字

此功能可将标注文字按一定角度进行旋转，首先应指定旋转的角度要求。在"标注"菜单中选择"对齐文字"→"角度"工具 角度(A)。根据提示可完成标注文字的旋转。效果如图 4-17 所示。

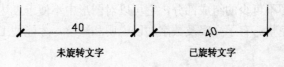

图 4-17　旋转标注文字

（2）移动标注文字

利用夹点功能可以将标注文字沿尺寸线移动到左侧、右侧、中心或尺寸延伸线之内、之外的任意位置。用户可以根据所绘图形将标注文字放置在合适位置，如图 4-18 所示。

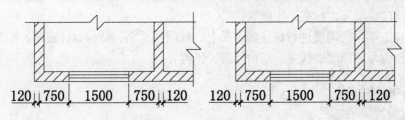

图 4-18　移动标注文字

（3）替换标注文字

在绘图过程中，可能会遇到实测尺寸与实际尺寸不一致的情况，这时，用户可利用

AutoCAD 2010 提供的"快捷特性"工具替换标注对象的文字，如图 4-19 所示。或者依次单击菜单栏中"修改"菜单下的"对象"→"文字"→"编辑"命令，在选择对象后会弹出"文字格式"编辑器，在此可对标注文字进行替换，也可编辑标注文字的一些特殊格式，如图 4-20 所示。

图 4-19　利用快捷特性面板替换标注文字

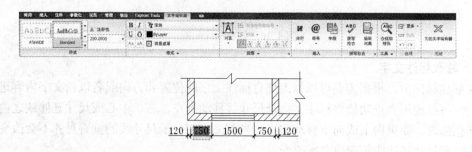

图 4-20　利用文字编辑器修改标注文字

4.2　建筑图的文字标注

文字是工程图中必不可少的组成部分。它可以对图形中不便于表达的内容加以说明，使图形更加清晰、更加完整。有了文字及数字加以说明和注解，才能使工程图在生产中起到应有的作用。

4.2.1　文字标注基本知识

工程图中的字体，要求清晰、易读、美观整齐。一般在工程图中会包括有汉字、字母和数字的标注。

在建筑施工图中常需要进行标注的有图名、标题栏文字、房间名称、建筑设计说明、构造做法说明、门窗编号、标高、比例等。

在结构施工图中常需要进行标注的有图名、标题栏文字、结构设计说明、图集编号、材料要求、构件编号、预制板代号、结构标高、比例等。

4.2.2　文字标注样式

1. 功能

在 AutoCAD 中新建一个图形文件后，系统将自动建立一个默认的文字样式"标准（Standard）"，并且该样式会被默认引用。在工程图绘制过程中，仅有一个"标准（Standard）"样式是不够的，用户可以使用文字样式命令来创建或修改其他文字样式。在图形中标注文字时，当前的文字样式将决定标注文字的字体、字号、角度、方向和其他文字特征。

2．命令调用

在功能区"常用"标签内的"注释"面板上选择"文字样式"工具 ❖。

从菜单依次单击"格式"→"文字样式"。

在命令行输入"style"，并按〈Enter〉键执行。

系统弹出"文字样式"对话框，如图 4-21 所示。

图 4-21　"文字样式"对话框

3．操作示例

除了默认的 Standard 文字样式外，用户还必须创建其他所需的文字样式。文字样式名称最长可达 255 个字符，名称中可包含字母、数字和特殊字符，如美元符号（$）、下划线（_）和连字符（-）。如果不输入文字样式名，将自动把文字样式命名为"样式 n"，其中 n 是从 1 开始的数字。

在"文字样式"对话框中，单击 新建(N)... 按钮，弹出"新建文字样式"对话框，样式名默认为"样式 1"，用户可以更改为所需要的名称，如"建筑"，如图 4-22 所示。

图 4-22　"新建文字样式"对话框

图形中的所有文字都具有与之相关联的文字样式。输入文字时，程序将使用当前文字样式。如果要使用其他文字样式来创建文字，可以将其他文字样式置于当前。用户也可以修改当前文字样式的设置，如字体、字号、倾斜角度、方向和其他文字特征。

如果将固定高度指定为文字样式的一部分，则在创建单行文字时将不提示输入"高度"。如果文字样式中的高度设置为 0，每次创建单行文字时都会提示用户输入高度。

某些样式设置对多行文字和单行文字对象的影响不同。例如，修改"颠倒"和"反向"选项对多行文字对象无影响。修改"宽度比例"和"倾斜角度"对单行文字无影响。

4.2.3　文字标注方式

根据用户需要可以使用若干种方法创建文字。对于不需要多种字体或多行的文字标注，可以创建单行文字；对于较长、较为复杂的内容，可以创建多行文字；通过输入文字或者从

Windows 资源管理器中拖动文件图标，还可以将 TXT 或 RTF 文本文件插入到图形中。

1. 单行文字

（1）功能

使用单行文字可以创建一行或多行文字，通过按〈Enter〉键结束每一行文字。每行文字都是独立的对象，用户可以重新定位、调整格式或进行其他修改。

创建单行文字时，用户要指定文字样式并设置对齐方式。用于单行文字的文字样式与用于多行文字的文字样式相同。创建文字时，通过在"输入样式名"提示下输入样式名来指定现有样式。对齐则是决定字符的哪一部分与插入点对齐。

（2）命令调用

在功能区"常用"标签内的"注释"面板上选择"单行文字"工具A 单行文字。

从菜单依次单击"绘图"→"文字"→"单行文字"；

在命令行输入"text"或"dtext"，并按〈Enter〉键执行。

（3）操作示例

利用"单行文字"工具，标注如图 4-23 所示的文字内容。命令行提示如下：

命令: _dtext（单行文字命令）

当前文字样式: "建筑" 文字高度: 3.5000 注释性: 否

指定文字的起点或 [对正(J)/样式(S)]: J（更改文字对正方式，也可输入"S"更改文字样式）

输入选项

[对齐(A)/布满(F)/居中(C)/中间(M)/右对齐(R)/左上(TL)/中上(TC)/右上(TR)/左中(ML)/正中(MC)/右中(MR)/左下(BL)/中下(BC)/右下(BR)]: ml（选择左中对齐方式）

指定文字的左中点:（鼠标点取文字标注的起点）

指定高度 <3.5000>:5 （根据需要指定字高）

指定文字的旋转角度 <0>:（根据需要指定文字的旋转角度）

用户在修改文字的"对正"方式时，除了在命令提示行有对正样式的提示以外，AutoCAD 2010 还提供了如图 4-24 所示的"对正样式"快捷菜单。

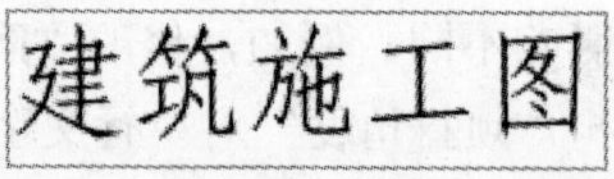

输入选项
对齐(A)
布满(F)
居中(C)
中间(M)
右对齐(R)
左上(TL)
中上(TC)
右上(TR)
左中(ML)
正中(MC)
右中(MR)
左下(BL)
中下(BC)
右下(BR)

建筑施工图

图 4-23　单行文字标注 　　　　　　图 4-24　"对正样式"快捷菜单

完成以上设置后，按〈Enter〉键，进入文字输入状态，输入所需标注的文字内容。此时，用户还可以在窗口其他地方单击鼠标左键，以继续文字的标注，直至完成所有的标注内容后，

再按〈Enter〉键完成标注工作。

2. 多行文字

（1）功能

使用多行文字可以通过输入或导入文字创建多行文字对象，它是利用一个"文字编辑器"，集中完成文字输入和编辑的全部功能。多行文字对象包含一个或多个文字段落，可作为单一对象处理。输入文字之前，用户应指定文字边框的对角点。文字边框用于定义多行文字对象中段落的宽度。多行文字对象的长度取决于文字量，而不是边框的长度。用户可以利用夹点功能移动或旋转多行文字对象。

（2）命令调用

在功能区"常用"标签内的"注释"面板上选择"多行文字"工具 **A** 多行文字。

从"绘图"菜单→单击"文字"→"多行文字"。

在命令行输入"Mtext"，并按〈Enter〉键执行。

通过以上三种方式执行命令后，用鼠标点取文本框的两个对角点，系统将会弹出"文字编辑器"，包含"样式"、"格式"、"段落"和"插入"等工具面板。另外，在绘图区域也会出现一个文字编辑窗口，如图 4-25 所示。

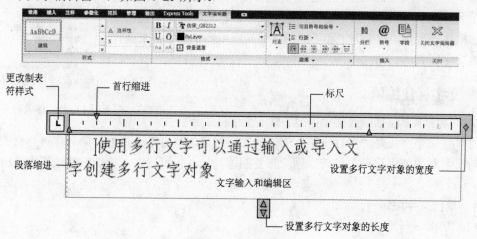

图 4-25　文字编辑器

（3）操作示例

利用"多行文字"工具，完成如图 4-26 所示的某工程部分设计说明的标注。命令行提示如下：

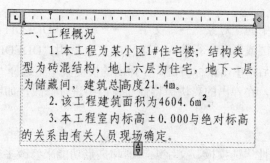

图 4-26　多行文字标注

命令: _mtext （多行文字命令）

当前文字样式: "建筑" 文字高度: 5 注释性: 否

指定第一角点: （鼠标点取文本框的第一角点）

指定对角点或 [高度(H)/对正(J)/行距(L)/旋转(R)/样式(S)/宽度(W)/栏(C)]: （可输入选项字母，以更改设置，也可直接点取文本框的第二角点）

完成以上设置后，按〈Enter〉键，进入文字输入状态，输入如上图所示的文字内容。

用户可以利用文字窗口提供的"首行缩进"、"段落缩进"工具来调整文字段落格式。例如要对每个段落均采取首行缩进，可以拖动标尺上的第一行缩进滑块；要对每个段落的其他行缩进，则可以拖动段落缩进滑块。

在文字内容中若要输入一些特殊符号，用户可以在"文字编辑器"中的"插入"面板上选择"符号"工具，将会弹出如图 4-27 所示的"插入符号"菜单，在这里单击所需使用的符号即可。

如果用户需要使用其他文字样式而不是默认值，则可以在"文字编辑器"的"样式"面板中，根据需要选择不同的"文字样式"。另外，在多行文字对象中，用户还可以通过将多种格式（如下画线、上划线、粗体、倾斜、宽度因子和不同的字体）应用到单个字符来替代当前的文字样式。

图 4-27 插入符号菜单

4.2.4 文字标注编辑

文字标注编辑包括修改文字内容、修改文字格式和特性。无论是利用"单行文字"还是"多行文字"创建的文字对象，都可以像其他对象一样进行修改。既可以对文字对象使用移动、旋转、删除和复制等功能，也可以在"特性"选项板中修改文字特性。

1. 单行文字编辑

（1）功能

用户可以采用"修改"面板中的常用编辑命令对单行文字对象进行复制、删除、移动、缩放等修改，可以采用对象特性功能来修改单行文字的内容、文字样式、位置、方向、大小、对正和其他特性，如果只需要修改文字的内容而无需修改文字对象的格式或特性时，只需使用"编辑"命令即可。

（2）命令调用

选择"修改"菜单中的"对象"→"文字"→"编辑"（DDEDIT）命令，也可以在单行文字对象上双击鼠标左键或在命令行输入"DDEDIT"，调用"DDEDIT"命令。

选择单行文字对象后，单击鼠标右键，在弹出的快捷菜单中选择"特性"选项进行修改。

选择单行文字对象，在弹出的"快捷特性"窗口中进行修改，如图 4-28 所示。

2. 多行文字编辑

（1）功能

用户可以使用"特性"选项板、文字编辑器和夹点功能来修改多行文字对象的位置和内容。另外，还可以使用夹点功能移动多行文字或调整列高和列宽。

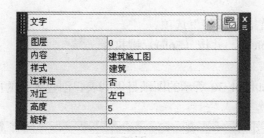

图 4-28　单行文字快捷特性

使用"文字编辑器"可以修改多行文字对象中的单个格式,例如粗体、颜色和下画线等,还可以更改多行文字对象的段落格式。

(2)命令调用

在多行文字对象上双击鼠标左键或在命令行输入"DDEDIT",均可调出文字编辑器进行修改,如图 4-25 所示。

选择多行文字对象后,单击鼠标右键,在弹出的快捷菜单中选择"特性"选项进行修改。

单击多行文字对象,利用夹点功能调整其属性,如图 4-29 所示。

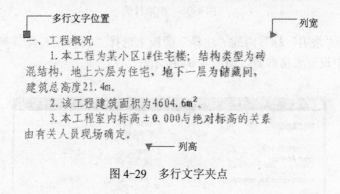

图 4-29　多行文字夹点

4.3　建筑图的表格应用

在一套完整的建筑施工图中,经常要绘制一些表格,例如图纸目录、构造做法表、门窗表、构件统计表等。为了使用户能够在图形绘制过程中快速、方便地创建和编辑表格,在 AutoCAD 2010 中提供了强大的表格编辑功能。

4.3.1　创建表格

1．创建新表格

(1)功能

表格是在行和列中包含数据的对象。用户可以从空表格或表格样式创建表格对象。表格创建完成后,用户可以单击该表格上的任意网格线以选中该表格,然后利用"特性"选项板或夹点功能来修改表格。

(2)命令调用

在功能区"常用"标签内的"注释"面板上选择"表格"工具 表格。

从"绘图"菜单→单击"表格"选项。

在命令行输入"Table"，并按〈Enter〉键执行。

（3）操作示例

利用表格功能创建如图 4-30 所示的图纸目录列表。创建表格的操作步骤如下：

	A	B	C	D	E
1			图纸目录		
2	序号	图号	图名	图幅	备注
3	1	建施-1	建筑设计说明	A2	
4	2	建施-2	总平面布置图	A2	
5	3	建施-3	一层平面图	A2+1/4	
6	4	建施-4	标准层平面图	A2+1/4	
7	5	建施-5	顶层平面图	A2+1/4	
8	6	建施-6	南立面图	A2+1/4	
9	7	建施-7	北立面图	A2+1/4	
10	8	建施-8	1-1剖面图	A2	
11	9	建施-9	楼梯详图	A2	
12	10	建施-10	门窗统计表	A2	

图 4-30　图纸目录

1）在功能区"常用"标签内的"注释"面板上选择"表格"工具 表格，在弹出的"插入表格"对话框中设置表格参数，如图 4-31 所示。

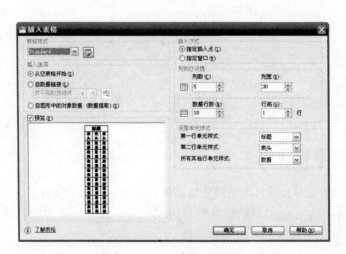

图 4-31　"插入表格"对话框

2）完成设置后，单击"确定"按钮，并为表格指定插入位置，结果如图 4-32a 所示。

3）在创建表格后，会亮显第一个单元，并显示"文字格式"工具栏，这时，可以输入表头文字"图纸目录"，如图 4-32b 所示。

4）重复上一步骤，完成所有单元格的文字输入，结果如图 4-33 所示。注意：单元的行高会自动加大以适应输入文字的行数，若要将光标移动到下一个单元，可以使用〈Tab〉键，或使用箭头方向键的向左、向右、向上和向下移动。

5）利用表格夹点功能，根据表格内容调整单元格大小。调整结果如图 4-30 所示。

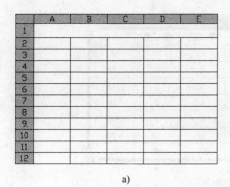

a)　　　　　　　　　　　　　　　　b)

图 4-32　创建表格

	A	B	C	D	E
1	图纸目录				
2	序号	图号	图名	图幅	备注
3	1	建施-1	建筑设计说明	A2	
4	2	建施-2	总平面布置图	A2	
5	3	建施-3	一层平面图	A2+1/4	
6	4	建施-4	标准层平面图	A2+1/4	
7	5	建施-5	顶层平面图	A2+1/4	
8	6	建施-6	南立面图	A2+1/4	
9	7	建施-7	北立面图	A2+1/4	
10	8	建施-8	1-1剖面图	A2	
11	9	建施-9	楼梯详图	A2	
12	10	建施-10	门窗统计表	A2	

图 4-33　输入表格内容

2．从链接的电子表格创建表格

（1）功能

用户可以将表格链接至 Microsoft Excel 文件中的数据。也可以将其链接至 Excel 中的整个电子表格、各行、列、单元格范围。包含数据链接的表格将在链接的单元格周围显示标识符。如果将光标悬停在数据链接位置，将会显示有关数据链接的信息。

如果链接的电子表格内容发生变化，用户可以在选中表格后，单击鼠标右键，选择快捷菜单中"更新表格数据链接"命令（DATALINKUPDATE），相应地更新图形文件中的表格数据。同样，如果对图形文件中的表格进行更改，也可使用此命令更新链接的电子表格。

（2）命令调用

在功能区"常用"标签内的"注释"面板上选择"表格"工具，在"插入表格"对话框的"插入选项"中选择"自数据链接"。

（3）操作示例

利用该功能创建如图 4-34 所示的门窗表。使用链接电子表格功能创建门窗表的操作步骤如下：

	A	B	C	D	E	F
1	门窗编号	宽×高	第一层	第二层	第三层	小计
2	C-1	1500×1800	10	10	10	30
3	C-2	1800×1800	5	5	5	15
4	C-3	2400×1800	5	5	2	12
5	C-4	1000×1800	4	4	2	10
6	M-1	1500×2400	2	1	1	4
7	M-2	900×2400	10	10	10	30
8	总计		36	35	30	101

图 4-34　门窗表

1）在功能区"常用"标签内的"注释"面板上选择"表格"工具 ，在"插入表格"对话框中选择"自数据链接"。

2）单击"启动数据链接管理器对话框"按钮，系统将会弹出"选择数据链接"对话框。如图 4-35 所示。

3）在对话框中单击 按钮，在名称输入框中输入"门窗表"，按〈Enter〉键完成，系统将弹出如图 4-36 所示的"新建 Excel 数据链接"对话框。

图 4-35　"选择数据链接"对话框

图 4-36　"新建 Excel 数据链接"对话框

4）单击浏览文件下拉列表后的 按钮，选择需要插入的 Excel 文件后，将会弹出如图 4-37 所示的"新建 Excel 数据链接：门窗表"对话框。

5）在"新建 Excel 数据链接：门窗表"对话框中单击"确定"按钮后，将会返回到"选择数据链接"对话框，如图 4-38 所示。

6）单击"确定"按钮，将会返回到"插入表格"对话框，在此单击"确定"按钮，即可完成 Excel 表格的插入。

7）若在绘制过程中，门窗数量发生变化，需要更改"门窗表"数据时，用户可以在 Excel 表格中修改数据，在图形文件中更新表格数据链接，也可以直接在图形文件中修改数据，再将数据链接写入外部源。

注意：在默认情况下，数据链接将会被锁定而无法编辑，从而防止对链接的电子表格进行不必要的更改。用户可以锁定单元从而防止更改数据、更改格式，或两者都更改。要解锁数据链接，可以在功能区的"表格单元"标签中选择"单元格式"面板中的"单元锁定"按钮 。

图 4-37 "新建 Excel 数据链接：门窗表"对话框   图 4-38 选择数据链接：门窗表

4.3.2 表格样式

在 AutoCAD 2010 中，表格的外观由表格样式控制。用户可以使用默认表格样式，也可以创建自己的表格样式，如图 4-39 所示。

图 4-39 "表格样式"对话框

单击"新建"按钮，将弹出如图 4-40 所示的"新建表格样式"对话框。这时，用户可以指定一个起始表格。起始表格是图形中用作设置新表格样式的样例的表格。单击"选择起始表格"按钮，用户可在图形文件中选择一个已有的表格作为起始表格。一旦选定表格，用户即可指定要从此表格复制到表格样式的结构和内容。

新建表格样式时，用户可以在不同的行中指定不同的单元样式，可以使文字和表格线显示不同的对正方式和外观。可以利用表格单元样式的边框特性来控制表格线的显示效果。修改边框选项时，程序会同时更新"表格样式"对话框右下角的单元样式预览图像。用户还可以通过指定当前单元样式中的文字样式来控制表格单元中的文字外观。

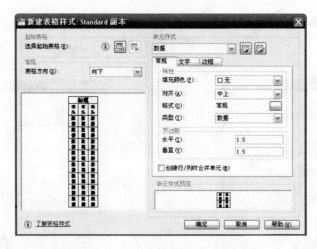

图 4-40 "新建表格样式"对话框

4.3.3 编辑表格

表格创建完成后,用户可以单击该表格上的任意网格线以选中该表格,然后通过使用"特性"选项板或表格夹点功能对该表格进行编辑,也可利用"表格单元"标签中的功能面板来编辑表格。

1. 编辑表格

当选中表格后,在表格的四周、标题行上将显示许多夹点,用户可以通过拖动这些夹点来更改表格的高度或宽度,这时只有与所选夹点相邻的行或列将会更改。表格的高度或宽度保持不变,如图 4-41 所示。

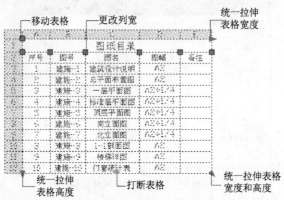

图 4-41 表格的夹点编辑

2. 编辑表格单元

在表格单元内单击鼠标,单元边框周边将显示夹点。拖动表格单元上的夹点可以调整单元的列宽或行高,如图 4-42 所示。

用户可以使用"自动填充"夹点,在表格内的相邻单元中自动增加数据。如果选定并拖动一个单元,则将以"1"为增量自动填充数字。同样,如果仅选择一个单元,则日期将以一天为增量进行解析。如果用以一周为增量的日期手动填充两个单元,则剩余的单元也会以一周为增量增加。

图 4-42　表格单元的夹点编辑

　　若用户需要选择多个表格单元进行编辑，则可在表格单元上按住鼠标左键，并在多个单元上拖动，或按住〈Shift〉键并在另一个单元内单击鼠标左键，则可以同时选中这两个单元以及它们之间的所有单元。

　　选中表格单元后，窗口将会显示如图 4-43 所示的"表格单元"标签中的功能面板。在此，用户可以执行以下操作：编辑行和列；合并和取消合并单元；改变单元边框的外观；编辑数据格式和对齐；单元锁定和解锁；插入块、字段和公式；创建和编辑单元样式；将表格链接至外部数据。另外，用户也可以在选择表格单元后单击鼠标右键，然后使用快捷菜单上的选项来插入或删除列和行、合并相邻单元或进行其他修改。

图 4-43　"表格单元"标签

4.4　建筑图符号标注

　　在建筑施工图的设计与绘制过程中，符号标注工作是一个比较繁琐的内容。用户经常会反复地用到一些拥有相同元素的图形对象，如风玫瑰图、指北针、标高符号、轴线符号、索引符号等。如果每次都重复地绘制这些常用的图形对象，会造成绘图工作效率非常低下。在此，就以这些常用的标注符号为例，介绍一下如何灵活运用 AutoCAD 提供的图块、动态图块、图块属性功能来解决这些符号标注的方法。

4.4.1　标高符号标注

1．基本知识

　　在总平面图、平面图、立面图和剖面图上，经常需要用到标高符号的标注。标高是用来标注建筑物高度的一种尺寸形式，标高符号的形式要求如图 4-44 所示。

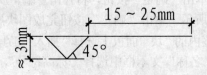

图 4-44　标高符号形式

标高有绝对标高和相对标高两种。在建筑施工图中，一般均采用相对标高，即把首层室内地面标高定为相对标高的零点，并在设计说明中说明相对标高和绝对标高的关系。

2．操作示例

利用多段线、定义图块属性、创建图块等工具，完成如图4-45所示的首层标高标注。标高符号标注的操作步骤如下：

1）在功能区"常用"标签内的"绘图"面板上选择"多段线"工具 ，并配合使用动态输入功能绘制如图4-46所示的标高符号，绘制时应考虑符号尺寸的比例问题。

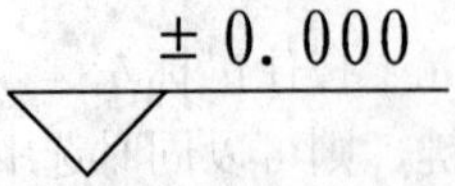

图4-45　首层标高符号 　　　　　　　　　　　　　　图4-46　绘制标高符号

2）在功能区"常用"标签内的"块"面板上选择"定义属性"工具 ，并按如图4-47所示进行设置。

图4-47　属性定义

3）完成属性定义后，单击"确定"按钮，在标高符号适当位置单击鼠标左键，为标高符号属性指定标注位置，如图4-48所示。

4）在功能区"常用"标签内的"块"面板上选择"创建"工具 ，在弹出的"块定义"对话框中，输入"标高符号"作为图块名称，拾取标高符号的底部为基点，并在选择对象时，将标高符号与其属性全部选中，如图4-49所示。

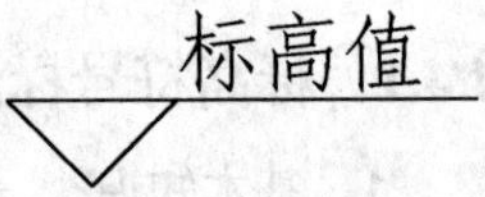

图4-48　指定属性位置

5）块定义设置完成后，单击"确定"按钮，将弹出"编辑属性"对话框，并显示前面所添加的属性内容，如图4-50所示，单击"确定"按钮完成图块属性的编辑。

6）在功能区"常用"标签内的"块"面板上选择"插入"工具 ，系统将会弹出如图4-51所示的"插入"对话框，在"名称"文本框中选择"标高符号"，并单击"确定"按钮，即可在图形中插入"标高符号"图块。

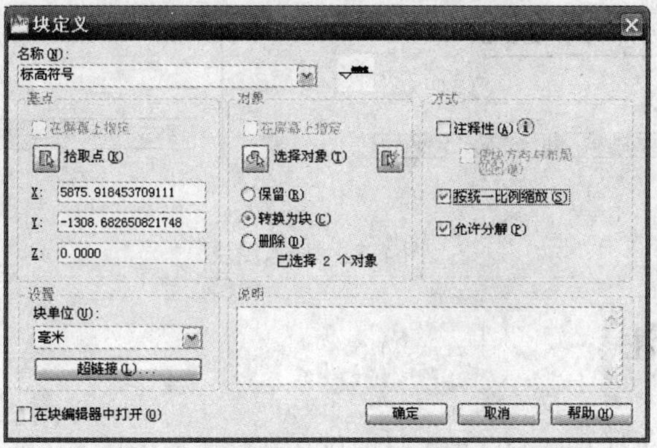

图 4-49 "块定义"对话框

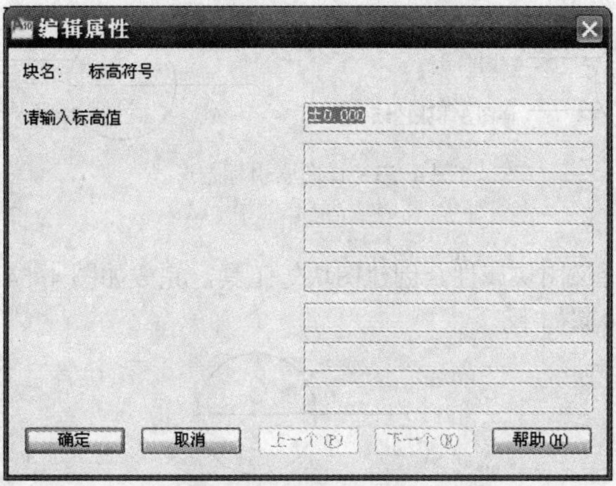

图 4-50 "编辑属性"对话框

图 4-51 "插入"对话框

7）在插入图块时，光标附近将会出现如图 4-52a 所示的动态提示"指定插入点"，当用户在适当位置点取鼠标指定插入点后，将会出现如图 4-52b 所示的动态提示"请输入标高值"，用户可在动态提示窗口输入要标注的标高数据即可，若未输入其他标高数据，则会标注默认标高数据±0.000，结果如图 4-45 所示。

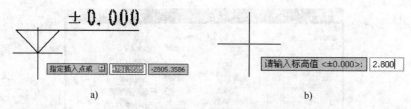

a)   b)

图 4-52　插入图块

4.4.2　索引符号标注

1. 基本知识

在建筑施工图的设计与绘制过程中，图样的某一局部或某一构件如需另见详图，应使用索引符号加以索引，以便在查看图纸时能够方便地查找相应图样。如图 4-53 所示的为详图索引标志形式。

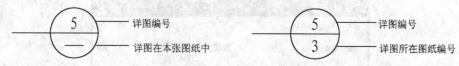

图 4-53　详图索引标志形式

2. 操作示例

利用直线、圆、定义图块属性、创建图块等工具，完成如图 4-54 所示的详图索引标志。索引符号标注的操作步骤如下：

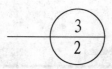

图 4-54　详图索引标志

1）在功能区"常用"标签内的"绘图"面板上选择"圆"工具，在适当位置，绘制一个直径为 10mm 的圆形，绘制时应考虑符号尺寸的比例问题。

2）在功能区"常用"标签内的"绘图"面板上选择"直线"工具，配合使用捕捉工具象限点(Q)，绘制一条直线，完成如图 4-54 所示的详图索引标志图形。

3）在功能区"常用"标签内的"块"面板上选择"定义属性"工具，为所绘制的详图索引标志添加两个属性，属性设置如图 4-55 所示。

a)   b)

图 4-55　属性定义

4）完成上述的添加属性设置，分别将两个属性标记定位在适当位置，如图4-56所示。

5）在功能区"常用"标签内的"块"面板上选择"创建"工具 ，在弹出的"块定义"对话框中，输入"详图索引标志"作为图块名称，拾取直线段左端点为基点，并在选择对象时，将索引符号与其属性全部选中，如图4-57所示。

图4-56　指定属性位置

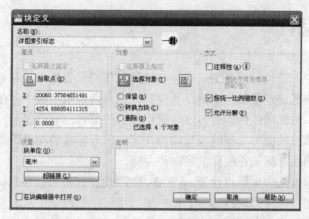

图4-57　"块定义"对话框

6）块定义设置完成后，单击"确定"按钮，将弹出"编辑属性"对话框，并显示前面所添加的属性内容，如图4-58所示，单击"确定"按钮完成图块属性的编辑。

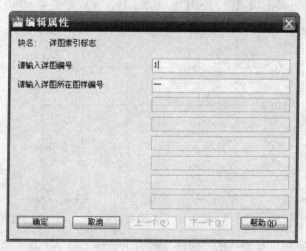

图4-58　"编辑属性"对话框

7）在功能区"常用"标签内的"块"面板上选择"插入"工具，在弹出的"插入"对话框中，选择"详图索引标志"，并单击"确定"按钮，即可在图形中插入该图块。在插入图块时，首先应确定其插入点，当用户在适当位置点取鼠标指定插入点后，将会出现如图4-59a所示的动态提示"请输入详图编号"，用户在动态提示窗口输入详图编号之后，将会出现如图4-59b所示的动态提示"请输入详图所在图样编号"，当用户根据提示完成数据输入后，将完成如图4-54所示的"详图索引标志"图块。

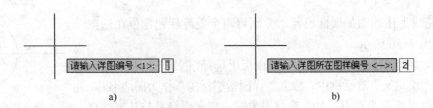

a)   b)

图 4-59　插入图块

4.4.3　轴线符号标注

1. 基本知识

在建筑施工图中，定位轴线是施工定位与放线工作的重要依据。凡是承重墙、柱子等重要的承重构件，都应通过定位轴线来确定其位置。如果两道承重墙中存在隔墙，隔墙的定位轴线应为附加轴线，附加轴线的编号方法应采用分数的形式，分母表示前一根定位轴线的编号，分子表示附加轴线的编号。有时也可用标注其与附近轴线的相对距离来确定隔墙位置。在建筑图中的定位轴线宜标记在图样的下部和左侧。

定位轴线的表示方法为采用直径 8mm 的细实线圆圈，其圆心应在定位轴线的延长线或延长线的折线上，且圆内应注写轴线编号。横向编号用阿拉伯数字，从左至右书写，竖向的编号用大写拉丁字母，从下到上编写。其中拉丁字母 I、O、Z 与数字 1、0、2 容易混淆，所以拉丁字母 I、O、Z 不得用做轴线编号。

2. 操作示例

利用直线、圆、定义图块属性、创建图块等工具，完成如图 4-60 所示的定位轴线标注。轴线符号标注的操作步骤如下：

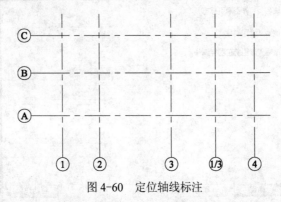

图 4-60　定位轴线标注

1）在功能区"常用"标签内的"绘图"面板上选择"圆"工具 ，在适当位置，绘制一个直径为 8mm 的圆形，在详图中，定位轴线的圆形直径可增大为 10mm，绘制时由于符号尺寸的比例问题，所以圆的直径应为 800。

2）在功能区"常用"标签内的"绘图"面板上选择"直线"工具 ，配合使用捕捉工具 象限点(Q)，绘制一条直线，完成如图 4-61 所示的定位轴线图形。

3）在功能区"常用"标签内的"块"面板上选择"定义属性"工具 ，为所绘制的定位轴线符号添加属性，属性设置如图 4-62 所

图 4-61　定位轴线符号

示。并将属性标记定位在圆的中心位置。

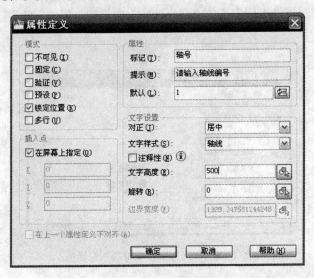

图 4-62　定义属性

4）在功能区"常用"标签内的"块"面板上选择"创建"工具 ，在弹出的"块定义"对话框中，输入"定位轴线"作为图块名称，拾取直线段端点为基点，并在选择对象时，将定位轴线符号与其属性全部选中，如图 4-63 所示。

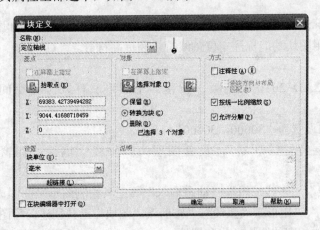

图 4-63　定义图块

5）块定义设置完成后，单击"确定"按钮，将弹出"编辑属性"对话框，并显示前面所添加的属性内容，单击"确定"按钮完成图块属性的编辑。

6）在功能区"常用"标签内的"块"面板上选择"插入"工具 ，在弹出的"插入"对话框中，选择"定位轴线"，并单击"确定"按钮，即可在图形中插入该图块。在插入图块时，首先应确定其插入点，当用户在适当位置点取鼠标指定插入点后，将会出现动态提示"请输入轴线编号"，用户可在动态提示窗口输入轴线编号以完成定位轴线图块的插入。

7）重复上一步，直至完成其余定位轴线的标注。在标注竖向定位轴线符号时，可根据命令行提示将图块旋转 270°，但是此时，轴线编号也会随着旋转，用户可在编号位置双击鼠标左键，在弹出的"增强属性编辑器"的"文字选项"面板中，将"旋转"项设置为"0"即可，如图 4-64 所示。

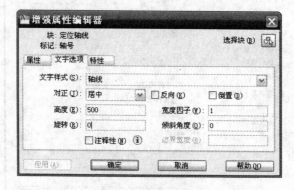

图 4-64　"增强属性编辑器"对话框

8）完成竖向定位轴线编号的角度设置，结果如图 4-60 所示。

4.5　实训

1. 实训要求

创建一个新的标注样式，利用"线性标注"、"连续标注"工具，为如图 4-65 所示的户型图标注尺寸，并利用图块功能标注定位轴线符号和标高符号。

2. 操作指导

1）打开 AutoCAD 2010 中文版，新建一个图形文件，工作空间选为"二维草图与注释"。

2）将图形界限设置为"30000，30000"。

3）打开"图层特性管理器"，设置图层为"轴线、墙线、门窗、尺寸标注、符号标注"。

4）利用"多线"、"多线编辑"、"动态输入"等工具绘制图示平面图。

5）利用"直线"、"矩形"、"弧线"、"修剪"、"图块"工具创建门窗图块、标高图块和定位轴线图块，并添加相应的图块动作和属性。

6）在菜单栏选择"格式"→"标注样式"工具，创建名为"建筑尺寸标注"的标注样式并置为当前。注意，用户可在"标注样式"对话框中的"调整"面板中，将"标注特征比例"设为"使用全局比例"，并将比例数值调整为 100。

7）使用"线性"和"连续"标注工具，为平面图标注图示尺寸。注意，标注尺寸时应配合使用"对象捕捉"功能，以便于指定尺寸起止位置。

8）根据图示，依次完成门窗、标高、定位轴线图块的插入。

9）完成图示"户型图"的绘制，将图形文档保存至"E:\AutoCAD2010 练习"文件夹中，文件名为"AutoCAD2010 图形标注"。

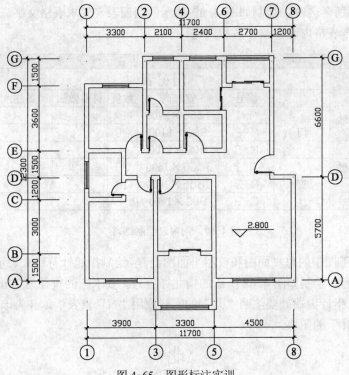

图 4-65　图形标注实训

4.6　练习题

1. 利用"线性"和"连续"标注工具，为图 4-66 所示的建筑平面图标注尺寸和文字。

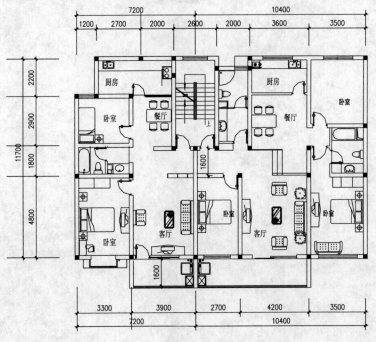

图 4-66　图形标注练习

2. 利用本章所学内容，绘制如图 4-67 所示的门窗表。要求表格文字高度为 5，字体为"仿宋体"，并根据表格内容调整行高和列宽。

	A	B	C	D	E	F
1			门窗表			
2		编号	宽×高	数量	材料做法	备注
3	门	M-1	1500×2400	2		
4		M-2	900×2100	20		
5		M-3	800×2100	4		
6	窗	C-1	1500×1500	30		
7		C-2	1800×1500	10		
8		C-3	900×1500	4		

图 4-67 门窗表绘制练习

3. 在建筑施工图中的总平面图和首层平面图上，应绘制指北针符号来表示建筑物的朝向。利用本章所学内容，绘制如图 4-68 所示的指北针符号。要求圆的直径为 24mm，指针下端的宽度宜为 3mm，指针尖端处要注明"北"的字样或用"N"来表示。并为该指北针符号创建一个名为"指北针"的图块。

图 4-68 指北针绘制练习

第 5 章 建筑总平面图的绘制

建筑总平面图是拟建工程所在基地一定范围内的水平投影图，主要反映拟建房屋、原有建筑物等的平面形状、位置和朝向，室外场地、道路、绿化等的布局，地形、地貌、标高以及与原有环境的关系和邻界情况等。

本章在向用户介绍有关建筑总平面图的基础知识的同时，还将着重介绍如何运用前面学习的 AutoCAD 基本功能来绘制建筑总平面图，并通过具体实例来介绍建筑总平面图的绘制过程，使用户能够在较短的时间内熟练地掌握建筑总平面图的绘制。

5.1 建筑总平面图绘制常识

5.1.1 建筑总平面图绘制概述

建筑总平面图是拟建工程建筑物定位、施工放线、规划布置施工场地、土方施工以及绘制给排水、电气、供暖、燃气等管线总平面图的依据。它是建筑施工图的重要组成部分，是关于拟建工程所在基地范围内的地形、地貌、道路、建筑物、构筑物等的水平投影图，它表明了拟建建筑物的平面形状、位置、朝向，以及周边的原有建筑、道路、绿化的布置等。

一般情况下，建筑总平面图应该包括以下内容：

1．图名和比例

由于总平面图所包括的区域面积比较大，所以常采用 1:500、1:1000、1:2000、1:5000 等比例进行绘制，房屋只用外围轮廓线的水平投影表示。在总平面图中，除了用指定的图例表示工程基地范围的地形和地貌外，还应标出建筑物、构筑物的名称，对于自定的图例，还应采用文字进行标注。

2．基地范围内的布局

建筑总平面图应标明各建筑物和构筑物的位置，道路、广场、室外场地和绿化等的布置情况。当地形起伏较大时，还应绘制出地形等高线。

3．定位尺寸和坐标

确定拟建建筑物的具体位置，一般根据原有建筑物或道路来定位，并以米为单位标出定位尺寸，在绘制总平面图时，常采用坐标来确定每栋建筑物或构筑物的位置。

4．标高

在总平面图中应注明新建建筑物首层室内地面和室外地面的绝对标高，并应标出各建筑物的楼层数。建筑物楼层数常用代表楼层的黑点数量表示。

5．指北针和风玫瑰

在建筑总平面图中，应绘制带有指北针的风向频率玫瑰图（简称风玫瑰图）或指北针，用以表示该地区的常年风向频率和建筑物的朝向。

当然，并不是任何总平面图都需要绘制出以上全部内容，对于较为简单的总平面图，也可以不绘制等高线、坐标网、管道和绿化等内容。所需绘制的内容是根据具体情况和实际工程来确定的。

5.1.2 建筑总平面图绘制步骤

建筑总平面图的绘制步骤如下：

1）设置绘图环境。

2）绘制周边道路以及各类控制界线和建筑红线。

3）采用不同的线型和比例绘制各种建筑物和构筑物的轮廓线。

4）绘制建筑物局部细节特征和整体绿化、场地布置等内容。

5）标注图中的坐标、尺寸、文字说明、图例等内容。

6）在适当位置标注出总建筑面积、建筑密度、容积率等各项技术经济指标。

7）绘制或插入图框以及标题栏。

8）进行图形页面设置，打印出图。

5.1.3 建筑总平面图常用图例

在建筑总平面图中的建筑物和构筑物通常是按比例缩小绘制在图纸上的，对于有些建筑细部、构件形状以及建筑材料等，往往不能如实表达，也难以用文字注释来表达清楚，所以，在国家制图标准中规定了一系列的图例来代表这些内容。当标准图例不能明确表达图中内容时，用户也可以自行设置图例，但必须在建筑总平面图中绘制出来，并详细注明其名称，以便识图。建筑总平面图常用图例见表5-1。

表5-1 建筑总平面图常用图例

名　称	图　例	说　明
新建建筑物	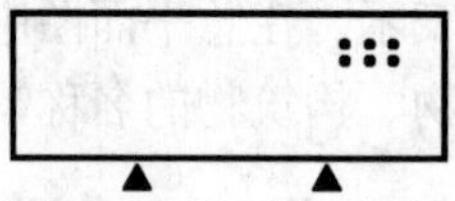	需要时，可用▲表示出入口；在建筑轮廓内的右上角用点数表示楼层数；地上建筑轮廓线用粗实线表示；地下建筑用细虚线表示
原有建筑物	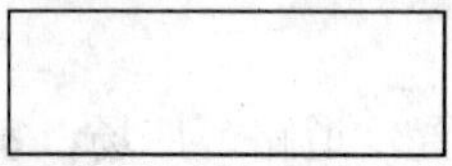	用细实线表示
规划建筑物		用中粗虚线表示
拆除建筑物	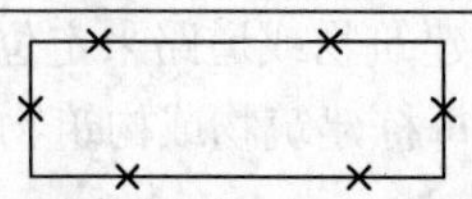	用细实线表示
原有道路		用细实线表示
规划道路		用细虚线表示
人行道	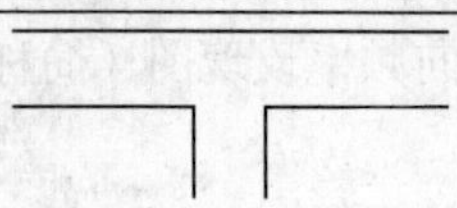	用细实线表示

名　称	图　例	说　明
公路桥	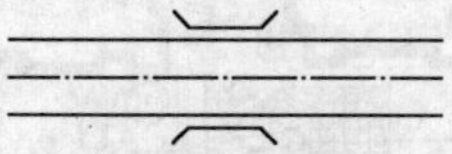	用细实线表示
测量坐标	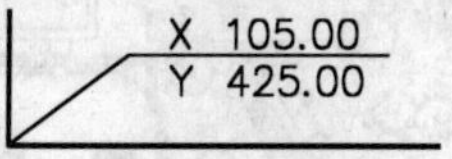 X　105.00 Y　425.00	用细实线表示
室内标高	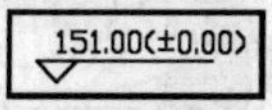 151.00(±0.00)	用细实线表示
室外标高	 143.00	用细实线表示
风玫瑰图	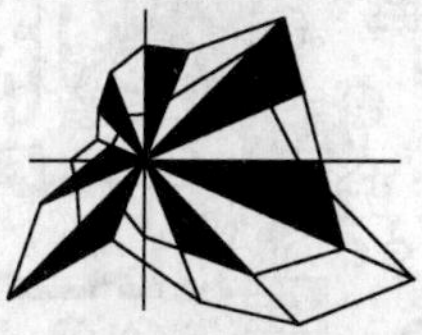	表示全年风向频率
指北针	 N	表示建筑物朝向
消火栓		用细实线表示
绿化植物		

5.2　某住宅区总平面图绘制实例

本节通过某住宅区总平面图的绘制实例，详细介绍使用 AutoCAD 2010 绘制建筑总平面图的方法，如图 5-1 所示。在绘制过程中，首先应绘制基本地形，再绘制建筑物、周边设施和绿化，最后进行景观的布置以及文字的标注。绘制住宅区总平面图的操作步骤如下。

5.2.1　设置绘图环境

为方便后面的总平面图绘制工作，一般应在开始图形绘制之前，先对绘图环境进行设置。绘图环境设置的操作步骤如下：

1．创建新文件

新建一个图形文件，将其保存至"E:\住宅区总平面图"文件夹中，并为该文件起名为"住宅区总平面图"。

2．设置图形界限

单击"格式"菜单→"图形界限"工具，将图形界限设置为 200000mm×200000mm 的范围。通过该设置，可调整模型空间的绘图区域大小。在绘制建筑施工图时，通常需要指定图形界限以确定图形环境的范围，然后按实际的单位来绘图。

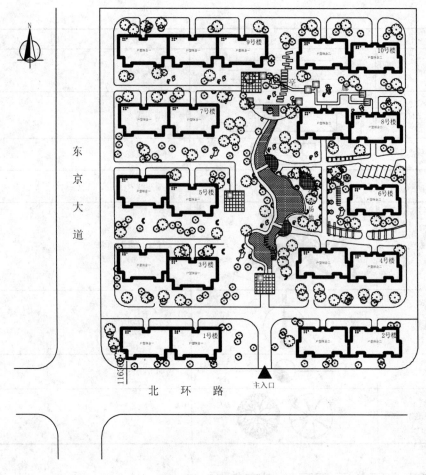

图 5-1　建筑总平面图

3. 设置图层

在功能区"常用"标签内的"图层"面板上选择"图层特性"工具 ，系统会弹出"图层特性管理器"对话框，在"图层特性管理器"对话框中单击"新建图层"按钮，新建名为"围墙"、"标注"、"文字"、"道路"、"拟建建筑"、"景观"、"绿化"、"水"的图层，结果如图 5-2 所示。

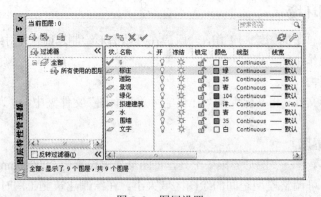

图 5-2　图层设置

4．新建文字样式

在功能区"常用"标签内的"注释"面板上选择"文字样式"工具 ，系统会弹出"文字样式"对话框，新建一个名为"文字标注"的文字样式，字体选为"仿宋"，并将其置为当前，用于总平面图中的文字标注，结果如图 5-3 所示。

图 5-3　文字样式设置

5.2.2　绘制基本地形图

利用矩形、圆角、直线工具绘制如图 5-4 所示的基本地形图。绘制基本地形图的操作步骤如下：

1）在功能区"常用"标签内的"绘图"面板上选择"矩形"工具，绘制一个尺寸为 145000mm×158000mm 的矩形，作为住宅区的围墙轮廓线。

2）在功能区"常用"标签内的"修改"面板上选择"圆角"工具，对围墙轮廓下侧两个角做圆角处理，设置圆角半径为 10000mm。

3）在功能区"常用"标签内的"绘图"面板上选择"直线"工具，绘制住宅区外的临近道路，围墙左侧及下侧的道路示意线的宽度均为 20000mm。

4）在功能区"常用"标签内的"修改"面板上选择"圆角"工具，对左下角的道路交叉口四边做圆角处理，设置圆角半径为 10000，结果如图 5-4 所示。

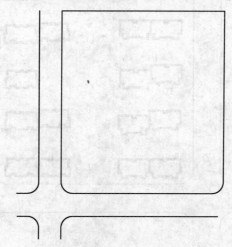

图 5-4　地形轮廓

5.2.3 绘制建筑物

利用多段线、圆、多行文字和图块工具绘制如图 5-6 所示的建筑物布局图样。住宅区建筑物绘制的操作步骤如下：

1）在功能区"常用"标签内的"图层"面板上选择"图层"下拉列表，单击"拟建建筑"图层，将其切换为当前图层。

2）在功能区"常用"标签内的"绘图"面板上选择"多段线"工具 ，绘制出"户型组合一"和"户型组合二"的轮廓线，尺寸如图 5-5 所示。

3）将图层切换到"文字"，使用"多行文字"工具，为图形标注图示文字。

4）在功能区"常用"标签内的"绘图"面板上选择"圆"工具 ，绘制楼层示意符号，并用"填充"工具为圆形符号进行填充。注：本工程均为五层建筑，结果如图 5-5 所示。

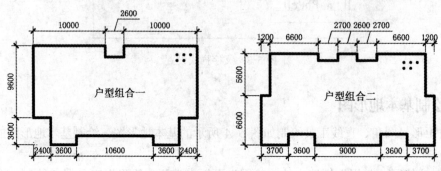

图 5-5 建筑物轮廓线

5）在功能区"常用"标签内的"块"面板上选择"创建"工具 ，将所绘制的建筑物轮廓线分别创建为图块，并分别命名为"户型组合一"和"户型组合二"。使用"插入"工具，将所创建的图块插入到总平面图中。注意，楼间距为 17000mm 和 20000mm，结果如图 5-6 所示。

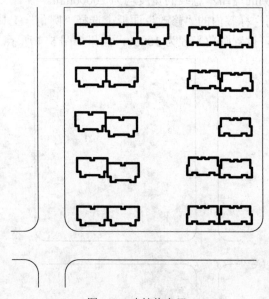

图 5-6 建筑物布局

168

5.2.4 绘制道路

利用直线、样条曲线、圆角工具绘制如图 5-7 所示的住宅区道路。住宅区道路绘制的操作步骤如下：

1）在功能区"常用"标签内的"图层"面板上选择"图层"下拉列表，单击"道路"图层，将其切换为当前图层。

2）在功能区"常用"标签内的"绘图"面板上选择"直线"工具，绘制住宅区内的道路，主干道和环路宽度为 6000mm，楼前小路宽度为 2600mm。

3）在功能区"常用"标签内的"绘图"面板上选择"样条曲线"工具，绘制住宅区内的水景边小路。宽度为 1000～1500mm，结果如图 5-7 所示。

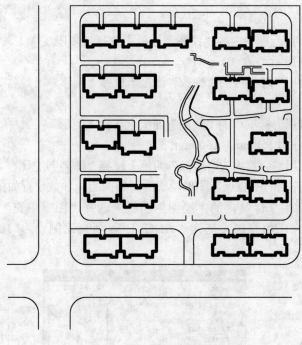

图 5-7　住宅区道路绘制

4）在功能区"常用"标签内的"修改"面板上选择"圆角"工具，对住宅区内部道路交叉口和拐弯处进行圆角处理，圆角半径设为 1000mm，另外，小区环路四角的圆角半径设为 6000mm。

5.2.5 建筑环境布置

利用矩形、样条曲线、图案填充、多段线、偏移和阵列工具绘制如图 5-15 所示的住宅区景观。住宅区景观绘制及布置的操作步骤如下：

1）在功能区"常用"标签内的"绘图"面板上选择"矩形"工具，绘制两个矩形，尺寸分别为 9000mm×9000mm、3000mm×3000mm，作为住宅区的"景观 1"轮廓。

2）在功能区"常用"标签内的"绘图"面板上选择"图案填充"工具，对所绘制的 9000mm×9000mm 矩形进行图案填充，填充图案为"ANGLE"，填充比例设为 200。对所绘制的 3000mm×3000mm 矩形进行"渐变色"填充，颜色选为单色"208,125,62"，结果如图 5-8 所示。

3）在功能区"常用"标签内的"绘图"面板上选择"样条曲线"工具～，绘制如图 5-9 所示的"景观石"示意图。注意，其外轮廓范围的尺寸为 3000mm×4000mm。

图 5-8　景观 1 效果　　　　　　　　　　　　图 5-9　景观石示意图

4）在功能区"常用"标签内的"绘图"面板上选择"多段线"工具，绘制"景观 2"轮廓。尺寸如图 5-10 所示。

5）在功能区"常用"标签内的"修改"面板上选择"偏移"工具，将所绘制的轮廓线向内偏移 500mm。

6）在功能区"常用"标签内的"绘图"面板上选择"矩形"工具，在前面所绘制轮廓的左上角绘制一个尺寸为 150mm×1500mm 的矩形。

7）在功能区"常用"标签内的"修改"面板上选择"阵列"工具，对上一步所绘制的矩形进行环形阵列，阵列的中心点为图形轮廓圆弧的圆心，参数设置如图 5-11 所示。

8）在功能区"常用"标签内的"绘图"面板上选择"图案填充"工具，为"景观 2"图样进行图案填充，填充图案选为"ANGLE"，填充比例设为 100。结果如图 5-12 所示。

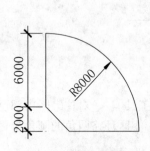

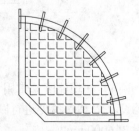

图 5-10　景观 2 轮廓线　　　　图 5-11　环形阵列设置　　　　图 5-12　景观 2 效果

9）利用"圆弧"、"矩形"、"多段线"工具绘制住宅区内其他景观图样。具体绘制过程不再重复。结果如图 5-13 所示。

10）在功能区"常用"标签内的"绘图"面板上选择"图案填充"工具，为图中所绘制的水景进行图案填充，填充图案选为"DASH"，填充比例设为 200。结果如图 5-13 所示。

11）在功能区"常用"标签内的"修改"面板上选择"复制"工具，将前面所绘制的"景观 1"、"景观 2"、"景观石"以及其他景观图样，复制到如图 5-13 所示的位置。

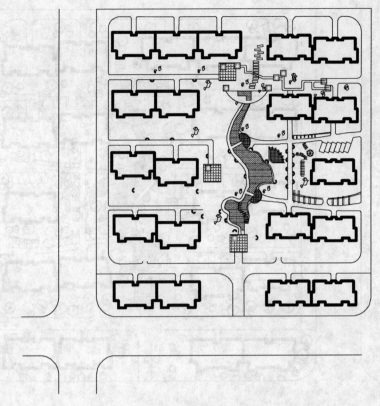

图 5-13　住宅区景观绘制

12）在功能区"常用"标签内的"绘图"面板上选择"圆"工具 ，绘制一组同心圆，作为植物轮廓。其内圆直径为 150mm，外圆直径为 1500mm，如图 5-14a 所示。

13）在功能区"常用"标签内的"绘图"面板上选择"多段线"工具 ，在外圆内侧绘制如图 5-14b 所示的图样，并进行环形阵列，阵列数量为 10，填充角度为 360°，结果如图 5-14c 所示。

14）在功能区"常用"标签内的"修改"面板上选择"修剪"工具 ，对所绘图形进行修剪，完成"植物"图样的绘制。结果如图 5-14d 所示。

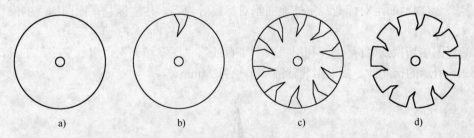

a)　　　　　　b)　　　　　　c)　　　　　　d)

图 5-14　植物绘制

15）在功能区"常用"标签内的"块"面板上选择"创建"工具 ，将所绘制的"植物"图样创建为图块，并利用图块的"插入"工具将"植物"图块插入到总平面图中的适当位置。重复本步骤，完成住宅区总平面图的绿化布置。结果如图 5-15 所示。

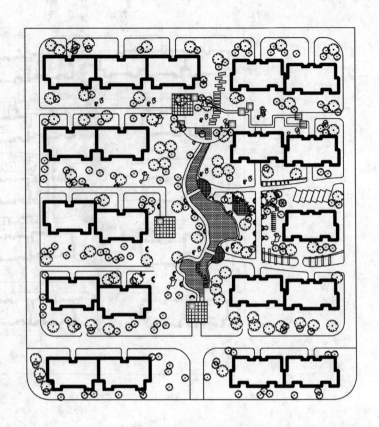

图 5-15　住宅区绿化布置

5.2.6　总平面图标注要求

在建筑总平面图中，一般需要标注指北针、入口标志、区域说明文字、新建房屋名称编号、层数、室内地面绝对标高、室外地面绝对标高等内容。住宅区总平面图标注的操作步骤如下：

1）将图层切换到"标注"，利用"圆"、"直线"、"图案填充"、"多行文字"工具，绘制如图 5-16 所示的指北针。要求指北针圆形半径为 24mm。

图 5-16　指北针

2）在功能区"常用"标签内的"注释"面板上选择"多行文字"工具，在"文字"图层中，为建筑物标注名称编号及说明文字，如图 5-17 所示。

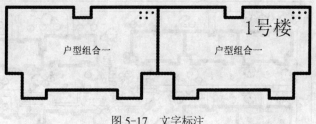

图 5-17　文字标注

3）重复上一步，完成住宅区内全部建筑物的文字标注，并对前面所绘制的景观、广场等区域标注文字说明。字体均采用"仿宋"。结果如图 5-19 所示。

4）在功能区"常用"标签内的"注释"面板上选择"标注样式"工具，在弹出的"标注样式管理器"对话框中，新建一个名为"尺寸标注"的标注样式，在"符号与箭头"选项板中将"箭头"选项改为"建筑标记"，如图 5-18a 所示；在"文字"选项板中将文字高度设为"5"，如图 5-18b 所示；在"调整"选项板中选择"使用全局比例"，并设为"200"，如图 5-18c 所示。

a)　　　　　　　　　　　　　　　　　　b)

c)

图 5-18　标注样式设置

5）在功能区"常用"标签内的"注释"面板上选择"线性"工具，标注总平面图中的建筑物长度、宽度、楼间距、道路宽度等尺寸。结果如图 5-19 所示。

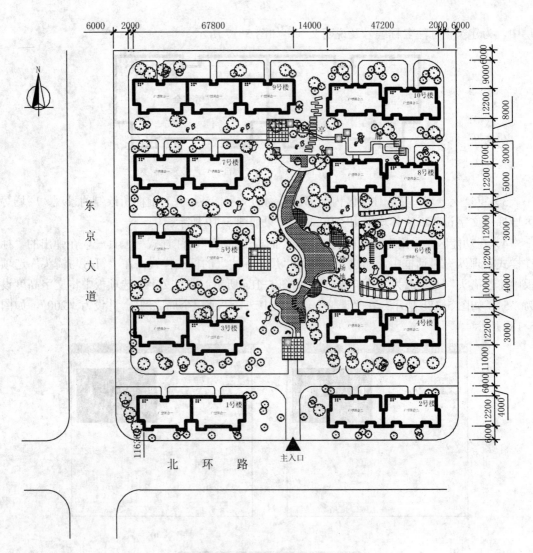

图 5-19 总平面图标注

5.3 实训

1. 实训要求

利用所学知识，绘制如图 5-20 所示的建筑总平面图。在绘制过程中，应注意绘图环境的设置、图块的应用、对象捕捉和动态输入功能的应用，以提高绘图效率。

2. 操作指导

1）打开 AutoCAD 2010 软件，新建图形文件，将工作空间切换到"二维草图与注释"。

2）设置绘图环境，将图形界限设置为 80000mm×60000mm 的范围，并建立图层"围墙"、"标注"、"文字"、"道路"、"拟建建筑"、"已建建筑"、"绿化"、"河流"。

3）利用"矩形"工具，在"围墙"图层绘制地形轮廓，尺寸如图所示。注意图中尺寸单位为"米"。

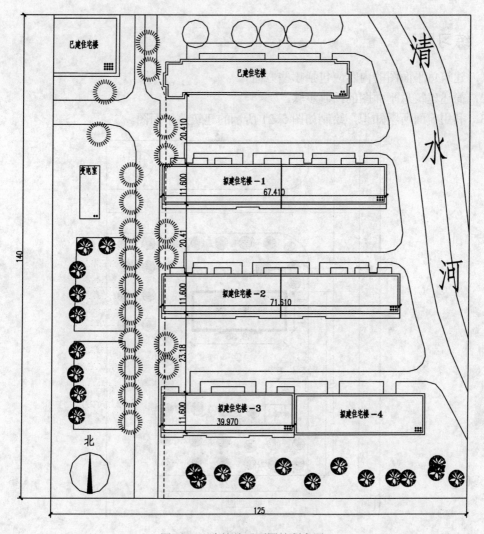

图 5-20　建筑总平面图绘制实训

4）切换到"道路"图层，利用"直线"、"圆角"工具绘制图示道路。

5）切换到"已建建筑"图层，利用"矩形"工具，绘制图示已建建筑物。

6）切换到"拟建建筑"图层，利用"矩形"、"多段线"工具，绘制图示拟建建筑物。

7）在"0"图层绘制"植物"图样，并创建为图块。

8）切换到"绿化"图层，利用图块的"插入"工具，进行住宅区内的绿化布置。

9）在"河流"图层，利用"多段线"工具绘制图中所示的河流示意图样。

10）切换到"文字"图层，利用"多行文字"工具标注建筑物名称与河流名称。

11）切换到"标注"图层，利用"线性"标注工具，将建筑物的长度、宽度、楼间距和围墙总尺寸标注在总平面图中。

12）在"标注"图层，利用"圆"、"多段线"、"多行文字"工具绘制图示指北针。

13）完成图示"总平面图"的绘制，将图形文档保存至"E:\AutoCAD2010练习"文件夹中，文件名为"建筑总平面图绘制实训"。

5.4 练习题

1. 建筑总平面图的内容应包括哪些方面？
2. 简述建筑总平面图的绘制步骤。
3. 利用前面所学知识，绘制如图 5-21 所示的建筑总平面图。

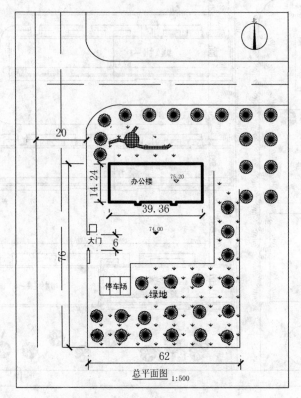

图 5-21　建筑总平面图绘制练习

176

第6章 建筑平面图的绘制

建筑平面图是建筑施工图的重要组成部分。本章在向用户介绍有关建筑平面图的基础知识的同时，将着重介绍如何运用前面所学的 AutoCAD 基本功能来绘制建筑平面图。并通过具体实例来介绍建筑平面图的绘制过程，使用户能够在较短的时间内熟练地掌握建筑平面图的绘制。

6.1 建筑平面图绘制概述

6.1.1 建筑平面图基本知识

建筑平面图是建筑施工图的重要组成部分。实际上它是假想用一个水平剖切面沿门窗洞的位置将房屋剖切后，对剖切面以下部分做出的水平剖面图，即为建筑平面图，简称平面图。

建筑平面图用来反映房屋的平面形状、布局、大小和房间的布置，门、窗、主入口、走道、楼梯的位置，墙（柱）的位置、厚度和材料，建筑物的尺寸、标高等内容。它是进行建筑施工的主要依据。

每个建筑平面图对应一个建筑物楼层，建筑平面图通常是以楼层来命名的，如首层平面图、二层平面图、顶层平面图等，若建筑物各楼层的平面布局和构造完全相同，可以用一个平面图表示，称为标准层平面图，若变化比较大，则应分别绘制出各层平面图。另外，在平面图绘制过程中，还应注意以下内容：

1）在绘制过程中，布局相同的楼层可绘制在一个图形文件中，不同的楼层要分别绘制，并分别命名为"首层平面图"、"标准层平面图"、"某某平面图"。

2）建筑平面图通常采用的绘图比例有 1:20、1:50、1:100、1:200。

3）绘制前应合理规划图层，图层设置是否合理，对绘图效率的影响较大，尤其在复杂的图形中，图层设置合理可以大大提高绘图效率。

6.1.2 建筑平面图绘制内容

一般情况下，建筑平面图应该包括以下内容：

1．定位轴线

表明纵横向定位轴线的位置及其编号，轴线之间的间距表示房间的开间和进深。定位轴线用细单点长画线表示。

2．平面布置

包括楼层各房间的组合与分隔，墙和柱的断面形状及尺寸。墙线用粗实线表示，柱应涂黑。

3．门窗的类型、布置与编号

门的代号用"M"表示，窗的代号用"C"表示。在门窗代号后标注阿拉伯数字作为门窗的编号，如 M-1、M1、C-1、C1……等。

4．尺寸标注

在建筑平面图中一般需标注三道尺寸，第一道为总尺寸，表示建筑物的总长和总宽；第二道为轴线尺寸，表示建筑物定位轴线间的距离；第三道为细部尺寸，表示外墙门窗洞口的大小和位置。另外，还需要标注平面图内的一些细部尺寸，如内墙上的门窗洞口尺寸和一些构件的位置及尺寸。

5．标高

建筑平面图常以首层主要房间的室内地坪作为零点（标记为±0.000），分别标注出各楼层及不同部位的标高数据。

6．楼梯

建筑平面图中应绘制出楼梯的形状、上下方向和踏步数。

7．其他

其他构件如台阶、散水、花台、雨篷、阳台等构件的位置、形状和大小。

8．符号标注

首层平面图中还应标出剖面图的剖切位置和剖视方向及编号，以及表示建筑物朝向的指北针。屋顶平面图中应标注出屋顶形状、排水方向、坡度等内容。

9．其他标注

在建筑平面图中还应标注出如下内容：详图索引符号、图名、比例、房间名称、房间使用面积等。

注意：在建筑施工图的绘制过程中，应绘制出各楼层的平面图，若中间各层布置相同时，可用一个标准层平面图表示，但至少应绘制出三个平面图，即首层平面图、标准层平面图、顶层平面图。

6.1.3 建筑平面图绘制步骤

利用 AutoCAD 绘制一套完整的建筑施工图是一项非常繁杂的工作，必须遵循合理的绘图顺序，养成良好的绘图习惯，这样才能使绘制工作有条不紊，并能够提高绘图效率。

在绘制建筑平面图的时候，首先要明确绘制顺序，一般情况下首先要确定定位轴线；绘制建筑外墙线；绘制建筑物的内墙线；绘制建筑的门窗；绘制室内的厨卫器具；标注文字与尺寸。

建筑平面图的绘制步骤如下：

1）设置绘图环境。

2）绘制定位轴线及柱网。

3）绘制墙线、门窗洞口等。

4）绘制楼梯、台阶等。

5）绘制室内家具、厨卫器具等。

6）进行尺寸、标高、索引、文字等的标注。

7）绘制或插入图框以及标题栏。

8）进行图形页面设置，打印出图。

6.2 建筑平面图绘制实例

本节通过一个住宅楼标准层平面图的绘制实例，详细介绍使用 AutoCAD 2010 绘制建筑平面图的方法，如图 6-1 所示。绘制建筑平面图的操作步骤如下：

178

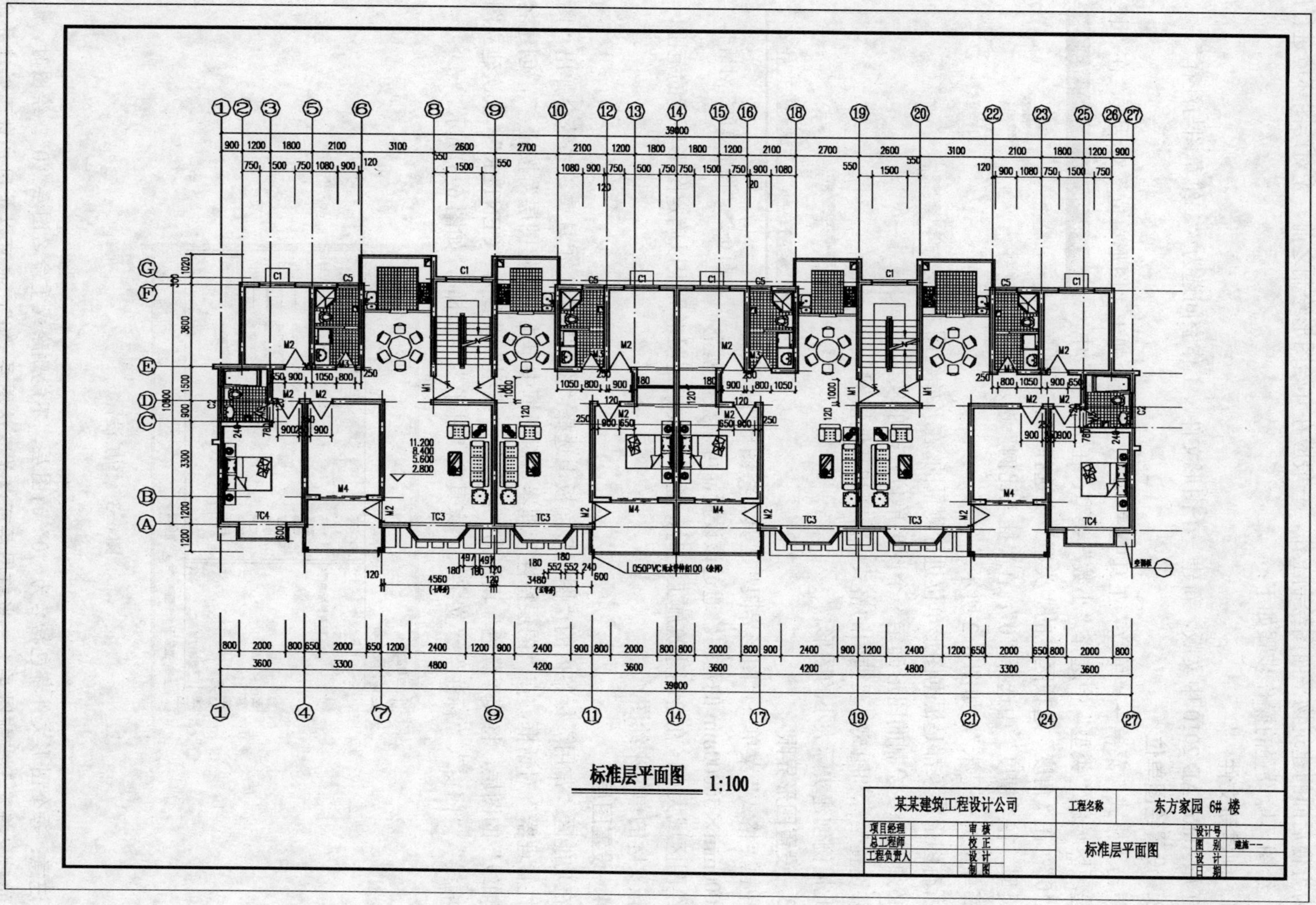

标准层平面图 1:100

图 6-1 住宅楼标准层平面图

179

6.2.1　设置绘图环境

为方便后面的建筑物平面图绘制工作，一般应在开始图形绘制之前，先对绘图环境进行设置。绘图环境设置的操作步骤如下：

1.　创建新文件

打开 AutoCAD 2010 中文版，新建一个图形文件，工作空间选为"二维草图与注释"。

2.　设置绘图单位

单击"格式"菜单→"单位"工具  ，系统会弹出"图形单位"对话框，在"长度"选项区域的"类型"中选择"小数"类型；在"精度"中选择"0"；在"角度"选项区域的"类型"中选择"十进制度数"类型，在"精度"中选择"0"；在"插入比例"选项区域中选择单位为"毫米"，如图 6-2 所示。

所有图形对象都是根据图形单位进行测量的。在开始绘图前，必须基于要绘制的图形确定一个图形单位代表的实际大小，并设置坐标和距离、要使用的格式、精度和其他惯例。然后据此惯例创建实际大小的图形。

图 6-2　"图形单位"对话框

3.　设置图形界限

单击"格式"菜单→"图形界限"工具，将图形界限设置为 60000mm×50000mm 的范围。通过该设置，可调整模型空间的绘图区域大小。在绘制建筑施工图时，通常需要指定图形界限以确定图形环境的范围，然后按实际的单位来绘图。

4.　设置图层

在功能区"常用"标签内的"图层"面板上选择"图层特性"工具 ，系统会弹出"图层特性管理器"对话框，在"图层特性管理器"对话框中单击"新建图层"按钮 ，创建名为"轴线"的图层，将其"颜色"设置为"红色"，"线型"设置为"CENTER"。依次建立图层"墙线"、"门窗"、"标注"、"文字"、"家具"、"柱子"、"楼梯"，如图 6-3 所示。

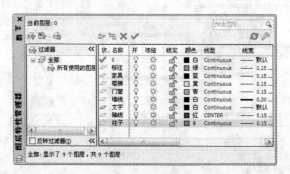

图 6-3　图层设置

注意：每个图形文件都包括名为"0"的图层，不能删除或重命名图层"0"。绘图时，新创建的对象将置于当前图层上。当前图层可以是默认图层"0"，也可以是用户自己创建并命名的图层。要合理组织图层，应在绘制图形前创建几个新图层来组织图形，而不是将整个图形均创建在图层"0"上。通过将其他图层置为当前图层，可以从一个图层切换到另一个图层；随后创建的任何对象都与新的当前图层关联并采用其颜色、线型和其他特性。

5．设置文字样式

在功能区"常用"标签内的"注释"面板上选择"文字样式"工具 ，系统会弹出"文字样式"对话框，新建一个名为"文字标注"的文字样式，字体选为"仿宋"，并将其置为当前，用以平面图中的文字标注，结果如图 6-4 所示。

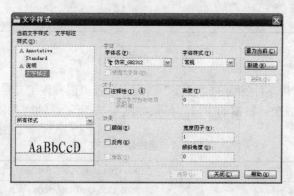

图 6-4　文字样式设置

6.2.2　轴网绘制

1．轴线基本知识

轴网是由轴线组成的平面网格，轴线是指建筑物组成部分的定位中心线，是设计中建筑物各组成部分的定位依据。绘制墙体、门窗等图形对象均以定位轴线为基准，以确定其平面位置与尺寸。

2．绘制步骤

利用直线、偏移和拉伸工具绘制如图 6-7 所示的建筑物平面轴网。建筑物平面轴网绘制的操作步骤如下：

1）在功能区"常用"标签内的"图层"面板上选择"图层"下拉列表，单击"轴线"图层，将其切换为当前图层，如图 6-5 所示。

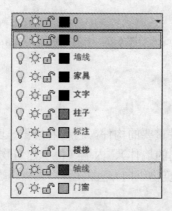

图 6-5　选择"轴线"图层

2）在功能区"常用"标签内的"绘图"面板上选择"直线"工具，绘制两条正交的轴线，长度分别为 22000mm、16000mm。绘制完成后，在直线的特性面板中将其"线型比例"设置为 2000，结果如图 6-6 所示。

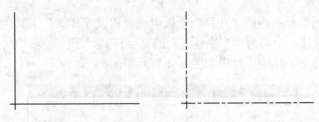

图 6-6　绘制轴线

3）在功能区"常用"标签内的"修改"面板上选择"偏移"工具，对所绘制的两条轴线进行偏移，依次完成全部轴网的生成。结果如图 6-7a 所示。轴网具体尺寸如表 6-1 所示。

表 6-1　直线轴网尺寸

上开间	900,1200,1800,2100,3100,2600,2700,2100,1200,1800
下开间	3600,3300,4800,4200,3600
左进深	1200,1200,3300,900,1500,3600,300,1200
右进深	同左进深

4）在功能区"常用"标签内的"修改"面板上选择"拉伸"工具，或利用直线的夹点功能，对轴线进行编辑，完成如图 6-7b 所示的户型图轴网。

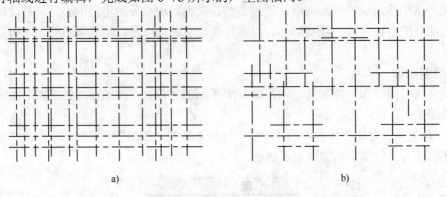

a)　　　　　　　　　　　　　　　b)

图 6-7　平面图轴网

6.2.3　墙体绘制

1．墙体基本知识

墙体是建筑物中最基本和最重要的构件，它起着承重、围护和分隔的作用。按照位置可将其分为外墙（位于建筑物四周的墙体）、内墙（位于建筑物内部的墙体）、横墙（沿建筑物横向布置的墙体）、纵墙（沿建筑物纵向布置的墙体）。

2．绘制步骤

利用多线和多线编辑工具绘制如图 6-12 所示的建筑物墙线。建筑物平面轴网绘制的操作步骤如下：

1）在功能区"常用"标签内的"图层"面板上选择"图层"下拉列表，单击"墙线"图层，将其切换为当前图层，如图 6-8 所示。

2）选择"格式"菜单中的"多线样式"工具 ，在弹出的"多线样式"对话框中，新建一个名为"墙线"的多线样式，设置其偏移量分别为 120、-120，并将该样式"置为当前"，如图 6-9 所示。

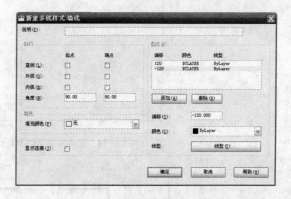

图 6-8　选择"墙线"图层　　　　　　　　图 6-9　设置多线样式

3）选择"绘图"菜单中的"多线"工具，并辅助使用"对象捕捉"功能，绘制出如图 6-10 所示的墙线。注意，根据命令行的提示，绘制墙线时需将多线的"对正方式"设为"无"，"比例"设为"1"。

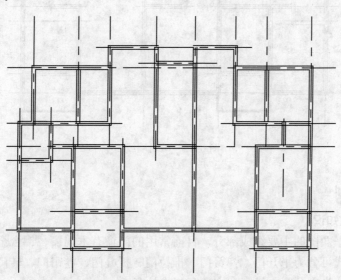

图 6-10　绘制墙线

4）由于利用"多线"命令绘制的墙线，在交叉点会出现不连贯或封口错误的现象，用户可以利用"多线编辑工具"进行修改。

在菜单栏中选择"修改"→"对象"→"多线"工具，系统会弹出如图 6-11 所示的"多线编辑工具"对话框，用户可选择提供的"角点结合"、"T 形打开"、"十字打开"等功能进行多线编辑。结果如图 6-12 所示。

图 6-11 "多线编辑工具"对话框

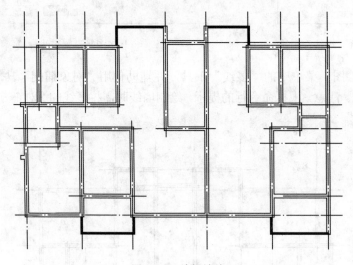

图 6-12 编辑墙线

6.2.4 门窗绘制

1. 门窗基本知识

门窗是建筑平面图的主要组成部分。目前常用的门窗有木门窗、铝合金门窗、塑钢门窗等。门按开启方式可分为平开门、弹簧门、推拉门、折叠门、卷帘门、转门等。窗按开启方式的不同，可以分为平开窗、悬窗、立转窗、推拉窗。

一般民用建筑的门高不宜小于 2100mm。单扇门的宽度一般为 700~1000mm，双扇门的宽度一般为 1200~1800mm。窗的尺寸主要指窗洞口的大小。窗洞口的高度与宽度尺寸通常采用扩大模数 3M 数列作为洞口的标志尺寸，一般洞口高度为 600~3600mm。

2. 绘制步骤

在 AutoCAD 中绘制门窗的方法有多种。在此，采用制作门窗图块的方法完成如图 6-17

所示的门窗绘制。平面图中门窗绘制的操作步骤如下：

1）在功能区"常用"标签内的"绘图"面板上选择"直线"工具、"圆弧"工具、"矩形"工具，并配合使用对象捕捉功能，在"0"图层中绘制如图6-13所示的门窗图例。门的图例尺寸按1000mm进行绘制，窗按1000mm×240mm进行绘制。

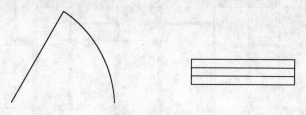

图6-13　门窗图例

2）在功能区"常用"标签内的"块"面板上选择"定义属性"工具，分别为门、窗两个图形对象创建图块属性，如图6-14所示。

3）在功能区"常用"标签内的"块"面板上选择"创建"工具，为以上所绘制的门、窗对象分别创建名为"单扇门"、"推拉窗"的图块。

图6-14　添加图块属性

4）选择"工具"菜单中的"块编辑器"工具，分别为门、窗图块添加动作。"单扇门"图块需添加"线性"和"翻转"参数，以及"缩放"和"翻转"动作。"推拉窗"图块需添加"线性"参数和"拉伸"动作，如图6-15所示。需要注意的是，用户应将"线性"参数的夹点数量设为1，并在其特性面板中将"距离类型"设为"增量"，"距离增量"设为100。

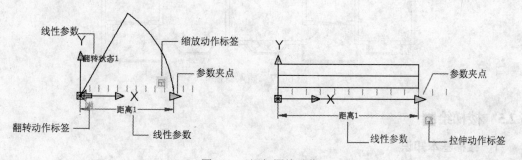

图6-15　添加图块动作

5）在绘制门窗图形前，必须先在墙体上开门窗洞口。选择"墙体"为当前图层，利用"直线"工具并配合使用"对象捕捉"和"动态输入"功能，绘制门窗洞口的边框线。并利用"修剪"工具将多余线条删除，即可得到如图 6-16 所示的门窗洞口。

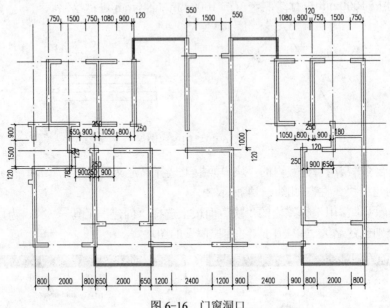

图 6-16　门窗洞口

6）在功能区"常用"标签内的"块"面板上选择"插入"工具，将前面所创建的单扇门、推拉窗图块插入到平面图中，在插入过程中，根据命令行提示，输入门或窗的名称，若图块尺寸不合适，则可利用动态图块的夹点进行调整。对于单扇门图块，还可利用添加的"翻转"动作来调整其开启方向，结果如图 6-17 所示。

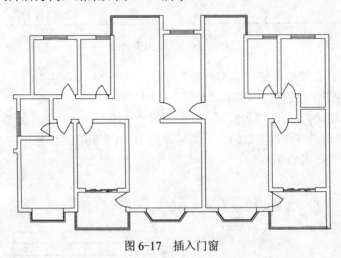

图 6-17　插入门窗

6.2.5　楼梯绘制

1. 楼梯基本知识

楼梯是连接上、下楼层之间的垂直交通设施。它是由楼梯梯段、楼层平台、休息平台、栏杆和扶手组成的。楼梯的样式有很多，如，双跑楼梯、多跑楼梯、旋转楼梯、剪刀楼梯、双分双合楼梯等。

楼梯的常见坡度范围为 20°～45°，楼梯坡度小于 20° 时，应采用坡道，大于 45° 时，应采用爬梯。楼梯踏步由踏面和踢面组成，踏面宽 300mm 时，行走较舒适，一般踏面宽不宜小于 240mm，踢面和踏面的关系应满足"2 × 踢面高 + 踏面宽 = 600～620mm"。楼梯栏杆扶手高度一般为 900mm，考虑儿童使用时，其高度应为 600mm 或设两道栏杆扶手。楼梯梯段宽度应考虑人流量确定，住宅楼的梯段宽度一般在 1000～1200mm。楼梯平台宽度应大于或等于梯段宽度。楼梯的净空高度在平台过道处应大于 2m，在梯段处应大于 2.2m。

2. 绘制步骤

楼梯可以采用前面所学的基本绘图命令和编辑命令来绘制。在此我们结合实例以双跑楼梯的绘制为例进行介绍。楼梯平面图的绘制步骤如下：

1）在功能区"常用"标签内的"图层"面板上选择"图层"下拉列表，单击"楼梯"图层，将其切换为当前图层。

2）在功能区"常用"标签内的"绘图"面板上选择"矩形"工具□，绘制休息平台轮廓线，尺寸为 2360mm×1500mm，如图 6-18a 所示。

3）在功能区"常用"标签内的"绘图"面板上选择"矩形"工具□，在楼梯间中间位置绘制一个尺寸为 120mm×2860mm 的矩形，配合使用"偏移"工具（偏移距离为 40），绘制楼梯井轮廓线，如图 6-18b 所示。

4）在功能区"常用"标签内的"绘图"面板上选择"直线"工具╱，绘制梯段的踏步线，并配合使用"阵列"工具完成梯段的绘制，踏步线间距为 280mm。

5）在功能区"常用"标签内的"修改"面板上选择"修剪"工具╱，对多余线条进行修剪，完成楼梯图样的绘制。

6）在功能区"常用"标签内的"绘图"面板上选择"多段线"工具，绘制出楼梯的剖断线和指向箭头。并利用"多行文字"工具标注楼梯的上下方向。结果如图 6-18c 所示。

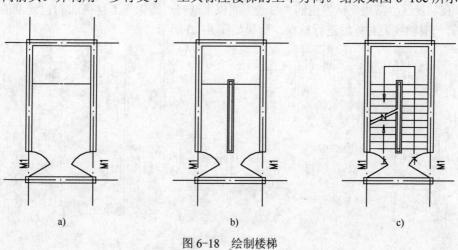

图 6-18　绘制楼梯

6.2.6　家具布置

为了完善平面图的绘制，体现房间布局的功能特点，一般会在平面图的绘制过程中加入一些家具和厨卫器具等图形对象。

1．创建家具图块

创建家具图块的操作步骤如下：

1）在功能区"常用"标签内的"图层"面板上选择"图层"下拉列表，单击"家具"图层，将其切换为当前图层。

2）根据本教材第 3 章"家具配景图形绘制"部分所述内容，利用 AutoCAD 提供的绘图工具和修改工具，绘制沙发、床、餐桌、橱柜、洗脸盆、浴缸、坐便器等图形对象。

2．布置家具

布置家具的操作步骤如下：

1）在功能区"常用"标签内的"块"面板上选择"插入"工具，将所创建的家具图块依次插入到图示位置。插入图块时应注意调整适当的比例和方向，结果如图 6-19 所示。

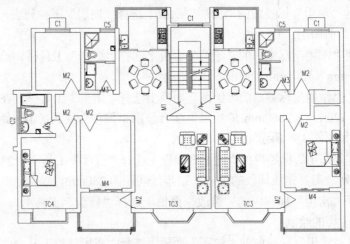

图 6-19　家具布置

2）在功能区"常用"标签内的"修改"面板上选择"镜像"工具，对已绘制的户型图以右侧第一根轴线为对称轴进行镜像。结果如图 6-20 所示。

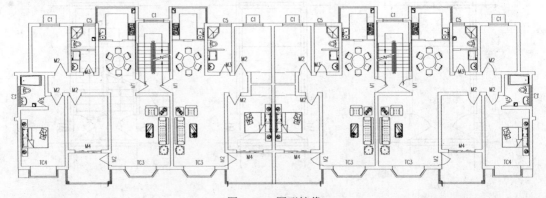

图 6-20　图形镜像

6.2.7　平面图标注

在绘制完成的建筑平面图中，需要进行尺寸标注、文字标注和一些常用符号的标注，以使建筑平面图所表示的内容更加清晰明了，便于读图。平面图标注的操作步骤如下：

1. 标注样式

在开始尺寸标注之前，应对标注样式进行设置，以满足在建筑制图中尺寸标注的要求。标注样式设置的操作步骤如下：

1）在功能区"常用"标签内的"注释"面板上选择"标注样式"工具，在弹出的"标注样式管理器"对话框中，新建一个名为"尺寸标注"的标注样式，并置为当前。

2）在"标注样式管理器"中，按照如图 6-21a 所示，对"线"选项卡进行设置；按照如图 6-21b 所示，对"符号和箭头"选项卡进行设置；按照如图 6-21c 所示，对"文字"选项卡进行设置；按照如图 6-21d 所示，对"主单位"选项卡进行设置。

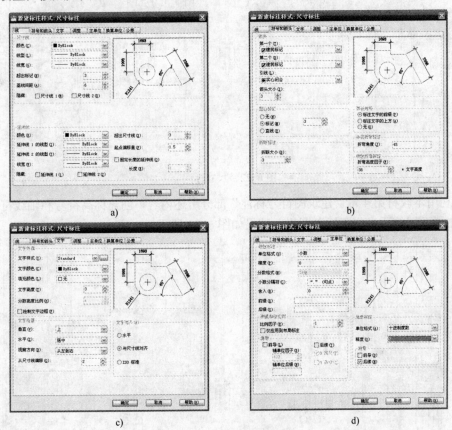

图 6-21　标注样式设置

a)"线"的设置　b)"符号和箭头"设置　c)"文字"的设置　d)"主单位"设置

3）在"标注样式管理器"中，切换到"调整"选项卡，选择"使用全局比例"，并将比例因子修改为"100"。注意：在模型空间出图时，如果出图比例为 1:100，则比例因子应设为100，如果出图比例为"1:500"，则比例因子应设为 500；如果是在布局中，则应选择"将标注缩放到布局"，且此时也不必指定全局比例。

2. 平面图标注

在建筑平面图中一般应标注尺寸、文字和符号，用户可利用前面第 4 章所介绍的内容进行标注。平面图标注的操作步骤如下：

1）在功能区"常用"标签内的"注释"面板上选择"线性"工具 线性，并配合使用"对象捕捉"功能，在"标注"图层中，为建筑平面图标注第一道尺寸。

2）在"标注"菜单中选择"连续"工具，以前一组尺寸标注位置为基础，分别标注出建筑物外部的三道尺寸和内部的细部尺寸。结果如图6-22所示。

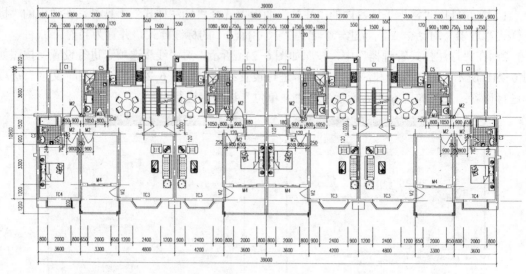

图 6-22　尺寸标注

3）利用本教材第4章"建筑图符号标注"部分所述内容，创建标高符号和轴线符号的图块，并在平面图的适当位置插入图块。结果如图6-23所示。

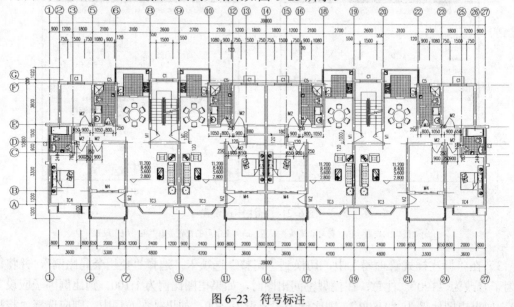

图 6-23　符号标注

4）在功能区"常用"标签内的"注释"面板上选择"多行文字"工具 A，将图层切换到"文字"图层，为该建筑平面图标注图名和房间名称。结果如图6-24所示。

5）利用本教材第3章"图框绘制"部分所述内容，在"0"图层中绘制一个2号图框，并创建为块，使用图块的"插入"功能，将图框插入到适当位置。结果如图6-25所示。

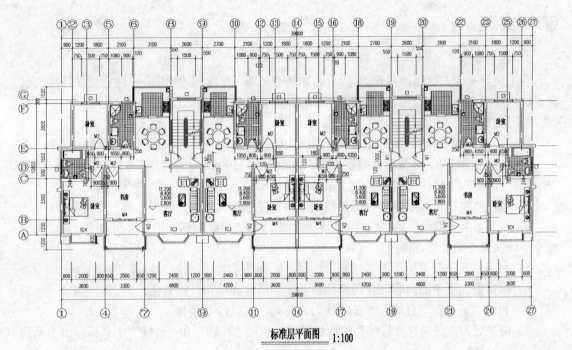

图 6-24　文字标注

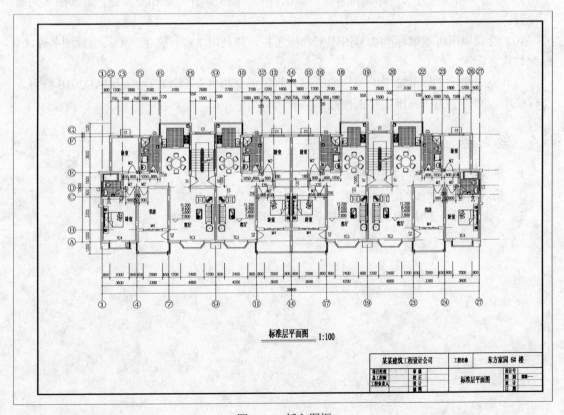

图 6-25　插入图框

191

6.3　实训

1．实训要求

利用所学知识，绘制如图 6-26 所示的建筑平面图。在绘制过程中，应注意绘图环境的设置、图块及动态图块的应用、对象捕捉和动态输入功能的应用，以提高绘图效率。

2．操作指导

1）打开 AutoCAD 2010 软件，新建图形文件，将工作空间切换到"二维草图与注释"。

2）设置绘图环境，将图形界限设置为 50000mm×35000mm 的范围，并建立图层"轴线"、"墙线"、"门窗"、"标注"、"文字"、"家具"、"楼梯"。

3）利用"直线"和"偏移"工具绘制轴网，注意将轴线的"线型比例"设为 2000。

4）定义名为"墙线"的多线样式，利用"多线"、"多线编辑"工具绘制墙线，此过程应注意多线交叉点的处理。

5）利用"直线"、"矩形"、"修剪"工具，根据图示尺寸创建门窗洞口。

6）根据前面所学的内容创建门窗图块并添加属性和动作，将其插入到平面图中。

7）利用"矩形"、"直线"、"多段线"、"阵列"工具绘制楼梯。

8）创建名为"建筑尺寸标注"的标注样式，利用"线性"和"连续"工具标注出图示建筑平面图的尺寸。

9）创建"轴线符号"、"标高符号"、"索引符号"图块，并添加相应属性，将其插入到图示位置。

10）绘制如图所示的标准 2 号图图框和标题栏，并利用"多行文字"工具进行图名标注、标题栏内容标注。

11）完成图示"标准层平面图"的绘制，将图形文档保存至"E:\ AutoCAD2010 练习"文件夹中，文件名为"标准层平面图绘制实训"。

6.4　练习题

1．建筑平面图绘制内容包括哪些方面？

2．简述建筑平面图的绘制步骤。

3．绘制如图 6-27 所示的某小学教学楼首层平面图。

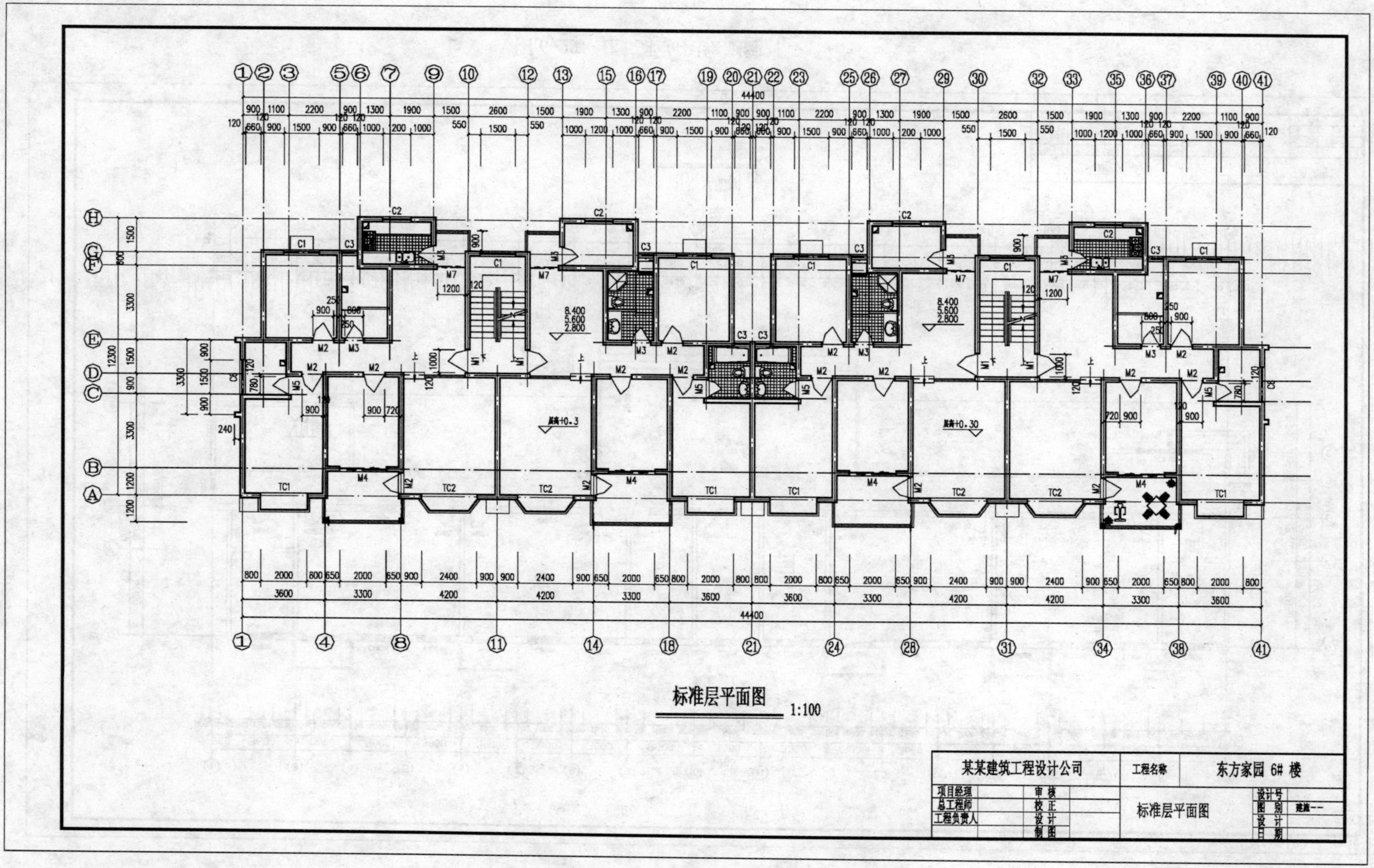

标准层平面图　1:100

图 6-26　建筑平面图绘制实训

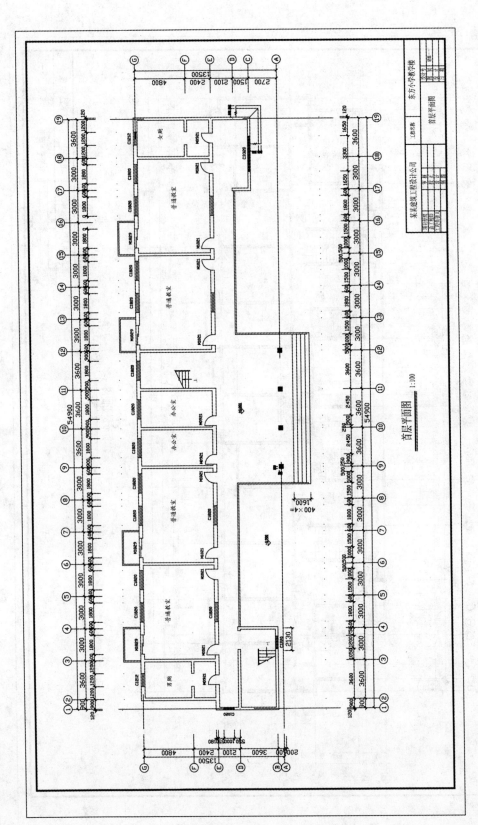

图 6-27　建筑平面图绘制练习

第7章 建筑立面图的绘制

建筑立面图是建筑施工图的重要组成部分。本章在向用户介绍有关建筑立面图的基础知识的同时，将着重介绍如何运用前面所学的 AutoCAD 基本功能来绘制建筑立面图。并通过具体实例来介绍建筑立面图的绘制过程，使用户能够在较短的时间内熟练地掌握建筑立面图的绘制。

7.1 建筑立面图绘制概述

7.1.1 建筑立面图基本知识

建筑立面图是以平行于房屋外墙面的投影面，用正投影的原理绘制出的房屋投影图。建筑立面图主要反映房屋的体型和外貌、门窗的形式和位置、墙面的材料和装修做法等，是建筑施工图的重要组成内容。

为了使建筑立面图主次分明，且具有一定的立体感，通常将建筑物外轮廓和较大转折处轮廓的投影用粗实线（b）来表示；外墙上的凸出、凹进部位，如壁柱、窗台、楣线、挑檐、门窗洞口等的投影用中粗实线（0.5b）表示；门窗的细部分格以及外墙上的装饰线用细实线（0.25b）表示；室外地坪线用加粗实线（1.4b）表示。

在建筑立面图上相同的门窗、阳台、外檐装修和构造做法等可在局部重点表示，绘出其完整图形，其余部分只需绘制轮廓线即可。在建筑立面图上，外墙表面分格线应表示清楚，并应用文字说明各部位所用的材料及颜色。

建筑立面图的绘图比例应与建筑平面图的比例一致，常采用的有 1:50、1:100、1:200 等。立面图图名的命名方式可采用以下三种：用朝向命名，如南立面图、北立面图等；按外貌特征命名，如正立面图、侧立面图；用建筑平面图中的首尾轴线命名，应按照观察者面向建筑物从左到右的轴线顺序命名。

7.1.2 建筑立面图绘制内容

一般情况下，建筑立面图应该包括以下内容：

1. 定位轴线

在立面图中一般只绘制出建筑物两侧的轴线及其编号，以便与平面图相对应。

2. 外部轮廓线

在建筑立面图中，需要绘制地坪线、外墙轮廓线、屋顶轮廓线，用以表示建筑物立面最高和最宽的轮廓线。

3. 其他轮廓线

在建筑立面图中，还需要绘制出在外轮廓线内凹进或凸出墙面的轮廓线，如窗台、门窗洞、檐口、阳台、雨篷、柱子、台阶等构配件的轮廓线；门窗扇、栏杆、雨水管和墙面分格线等。

4. 尺寸

立面图应标注建筑长度尺寸、楼层高度尺寸和门窗的竖向尺寸。

5. 标高

在建筑立面图中应注明各主要部分的标高，如室外地坪、台阶、窗台、门窗洞口顶面、阳台、腰线、雨篷、挑檐、女儿墙等处的标高。

6. 详图索引符号

凡是需要绘制详图的部位均要标注索引符号。如外墙面做法、檐口、女儿墙和雨水管等部位。

7. 文字标注

在建筑立面图中，工程的外墙面装修做法和一些细部处理等相应部位需标注文字。

7.1.3 建筑立面图绘制步骤

建筑立面图的绘制步骤如下：

1）设置绘图环境。

2）绘制地坪线、定位轴线、楼层位置线以及外墙轮廓线。

3）绘制建筑构配件的可见轮廓线，如门窗洞口、楼梯间、檐口、阳台、雨篷、柱子、台阶、雨水管等。

4）进行尺寸、标高、索引、文字等的标注。

5）绘制或插入图框以及标题栏。

6）进行图形页面设置，打印出图。

7.2 建筑立面图绘制实例

本节通过一个住宅楼正立面图的绘制实例，详细介绍使用 AutoCAD 2010 绘制建筑立面图的方法，如图 7-1 所示。绘制建筑立面图的操作步骤如下：

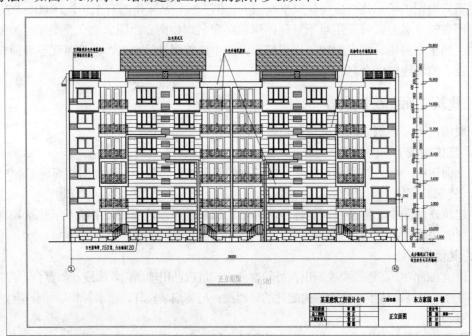

图 7-1　建筑立面图

7.2.1 设置绘图环境

为方便后面的建筑物立面图绘制工作，一般应在开始图形绘制之前，先对绘图环境进行设置。绘图环境设置的操作步骤如下：

1．创建新文件

打开 AutoCAD 2010 中文版，新建一个图形文件，工作空间选为"二维草图与注释"。

2．设置绘图单位

单击"格式"菜单→"单位"工具 ，在系统弹出的"图形单位"对话框中进行如图 7-2 所示的设置。

图 7-2 "图形单位"对话框

3．设置图形界限

单击"格式"菜单→"图形界限"工具，根据命令行提示，将图形界限设置为 60000mm×50000mm 的范围。

4．设置图层

在功能区"常用"标签内的"图层"面板上选择"图层特性"工具 ，在系统弹出的"图层特性管理器"对话框中创建如图 7-3 所示的图层。

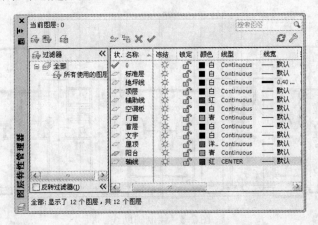

图 7-3 图层设置

5．设置文字样式

在功能区"常用"标签内的"注释"面板上选择"文字样式"工具，系统会弹出"文字样式"对话框，新建一个名为"文字标注"的文字样式，字体选为"仿宋"，并将其置为当前，用以立面图中的文字标注。

7.2.2 地平线与外墙线绘制

利用直线和射线工具绘制如图 7-6 所示的建筑物立面图轮廓。建筑物立面图轮廓绘制的操作步骤如下：

1）首先将上一章所绘制的建筑平面图插入到本图形文件中，并将多余的图形对象和线条删除，作为立面图绘制的参照。

2）在功能区"常用"标签内的"图层"面板上选择"图层"下拉列表，单击"地坪线"图层，将其切换为当前图层。

3）在功能区"常用"标签内的"绘图"面板上选择"直线"工具，绘制如图 7-4 所示的地坪线。

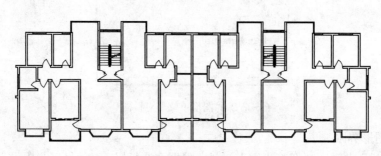

图 7-4　绘制地坪线

4）在功能区"常用"标签内的"图层"面板上选择"图层"下拉列表，将"辅助线"切换为当前图层，在功能区"常用"标签内的"绘图"面板上选择"射线"工具，绘制如图 7-5 所示的辅助线。

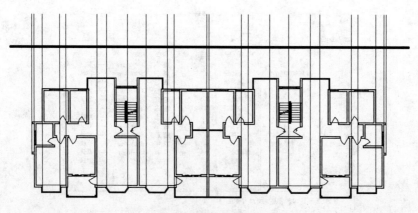

图 7-5　绘制辅助线

5）在功能区"常用"标签内的"修改"面板上选择"偏移"工具⌐，将地坪线依次向上偏移一个 1000mm（室内外高差）、六个 2800mm（层高）、一个 3900mm（阁楼高度），并将其线宽改为默认值，作为楼层高度线。

6）在功能区"常用"标签内的"绘图"面板上选择"直线"工具⟋，绘制外墙可见轮廓线，并将其线宽设为 0.4，结果如图 7-6 所示。注意，外墙轮廓线应分楼层绘制，以便于以后修改编辑所用。

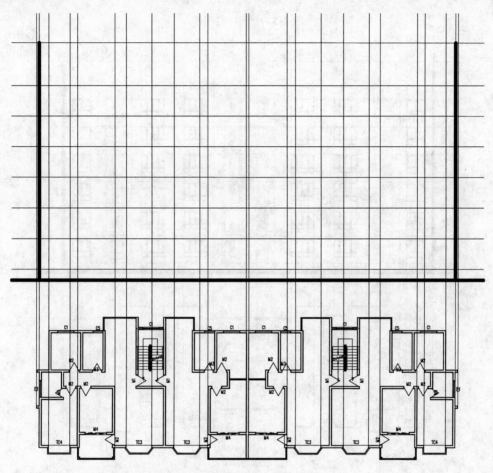

图 7-6　绘制立面图轮廓线

7.2.3　门窗绘制

利用直线、矩形和图块工具绘制如图 7-8 所示的建筑物立面门窗。绘制建筑物立面门窗的操作步骤如下：

1）利用"矩形"和"直线"工具，在"0"图层中，绘制立面门窗图样，并创建为图块，分别命名为"立面窗 1"、"立面窗 2"、"推拉门"以备后用，如图 7-7 所示。

2）在功能区"常用"标签内的"图层"面板上选择"图层"下拉列表，将"门窗"图层切换为当前图层，利用图块的"插入"功能，将所创建的门窗图块插入立面图中，窗台高度为 600mm，结果如图 7-8 所示。

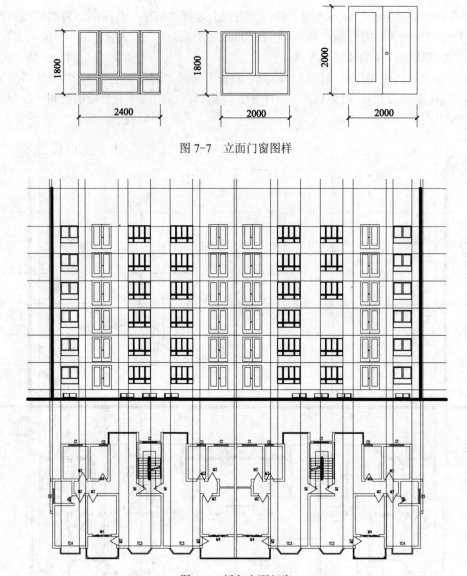

图 7-7　立面门窗图样

图 7-8　插入立面门窗

7.2.4　阳台绘制

　　利用直线、矩形和图块工具绘制如图 7-10 所示的建筑物立面阳台。绘制建筑物立面阳台的操作步骤如下：

　　1）利用"直线"和"矩形"工具，在"0"图层中，绘制如图 7-9 所示的立面阳台图样，并创建名为"立面阳台"的图块。

　　2）在功能区"常用"标签内的"图层"面板上选择"图层"下拉列表，将"阳台"图层切换为当前图层，利用图块的"插入"功能，将所创建的立面阳台图块插入立面图中。

　　3）在功能区"常用"标签内的"绘图"面板上选择"矩形"工具▢，绘制顶层阳台屋顶轮廓。结果如图 7-10 所示。

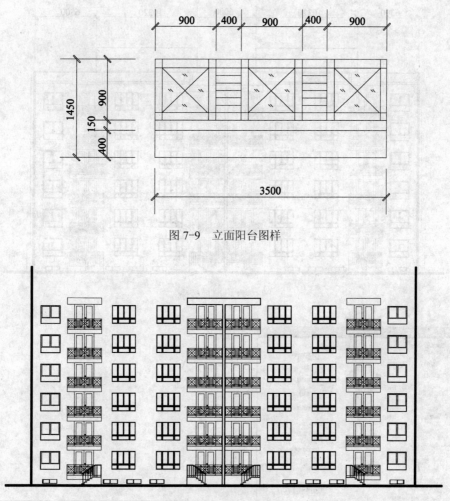

图 7-9　立面阳台图样

图 7-10　插入立面阳台

7.2.5　屋顶绘制

利用直线和矩形工具绘制如图 7-11 所示的建筑物立面屋顶轮廓。绘制建筑物立面屋顶轮廓的操作步骤如下：

1）在功能区"常用"标签内的"图层"面板上选择"图层"下拉列表，将"屋顶"图层切换为当前图层。

2）利用"直线"和"矩形"工具，绘制如图 7-11 所示的屋顶轮廓。

7.2.6　图案填充和细部处理

利用直线、矩形和图块工具绘制如图 7-15 所示的建筑物立面细部造型。绘制建筑物立面细部造型的操作步骤如下：

1）在功能区"常用"标签内的"绘图"面板上选择"填充"工具，在填充图案选项板中选择"其他预定义"类型中的"AR-RSHKE"，并将比例设为"2"，为屋顶轮廓线内填充瓦屋面示意图案。图案填充选项设置如图 7-12 所示。填充效果如图 7-13 所示。

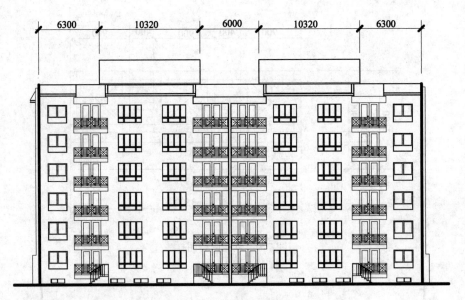

图 7-11 屋顶轮廓

图 7-12 图案填充设置

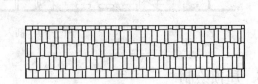

图 7-13 屋顶填充效果

2）利用"直线"和"矩形"工具，绘制如图 7-14 所示的屋顶栏板示意图。外框尺寸为
900mm×900mm。

图 7-14 屋顶栏板示意图

3）在功能区"常用"标签内的"修改"面板上选择"复制"工具，将所绘制的屋顶栏板放置到如图 7-15 所示的位置。

4）利用"直线"和"矩形"工具，绘制立面图中的装饰造型线条。结果如图 7-15 所示。

图 7-15　细部造型处理

7.2.7　立面图标注

在绘制完成的建筑立面图中，需要进行尺寸标注、文字标注和标高符号的标注，以使建筑立面图所表示的内容更加清晰明了，便于读图。立面图标注的操作步骤如下：

1）创建名为"尺寸标注"的标注样式，其参数设置参见上一章相应内容。

2）在功能区"常用"标签内的"图层"面板上选择"图层"下拉列表，将"标注"图层切换为当前图层。

3）在功能区"常用"标签内的"注释"面板上选择"线性"工具，并配合使用"对象捕捉"功能和"连续标注"工具，依次完成如图 7-16 所示的立面图的尺寸标注。

4）利用本教材第 4 章"建筑图符号标注"部分所述内容，创建"标高符号"图块，注意为其定义图块属性。

5）在功能区"常用"标签内的"块"面板上选择"插入"工具，将标高符号插入到立面图竖向尺寸右侧的位置。室内外高差为 1m，1～5 层的层高为 2.800m，顶层层高为 2.900m，屋顶阁楼高度为 3.900m。结果如图 7-16 所示。

6）在功能区"常用"标签内的"注释"面板上选择"多行文字"工具，将图层切换到"文字"图层，为该立面图标注图名和立面细部做法。结果如图 7-17 所示。

图 7-16　尺寸与标高标注

7）利用本教材第 3 章"图框绘制"部分所述内容，在"0"图层中绘制一个 2 号图框，并创建为块，使用图块的"插入"功能，将图框插入到适当位置。结果如图 7-18所示。

正立面图　1:100

图 7-17　文字标注

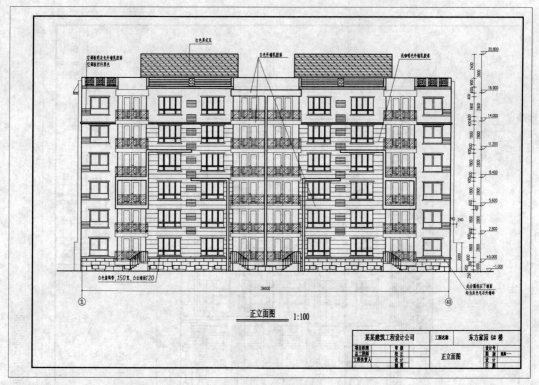

图 7-18 绘制图框

7.3 实训

1．实训要求

利用所学知识，绘制如图 7-19 所示的建筑立面图。在绘制过程中，应注意绘图环境的设置、图块及动态图块的应用、对象捕捉和动态输入功能的应用，以提高绘图效率。

2．操作指导

1）打开 AutoCAD 2010 软件，新建图形文件，将工作空间切换到"二维草图与注释"。

2）设置绘图环境，将图形界限设置为 50000mm×40000mm 的范围；建立图层"辅助线"、"地坪线"、"墙体轮廓线"、"立面门窗"、"屋顶轮廓"、"阳台"、"立面标注"、"文字"。

3）利用"插入"菜单中"DWG 参照"工具，插入在上一章练习题中所绘制的平面图。

4）利用"射线"和"对象捕捉"工具绘制出辅助线。

5）利用"直线"和"动态输入"工具绘制地坪线和外墙轮廓线。

6）根据第 3 章所学内容创建立面门窗的图块，并插入到立面图中，注意要灵活运用"对象捕捉"和"对象捕捉追踪"工具。

7）利用"直线"、"矩形"、"修剪"工具，绘制出图示屋顶轮廓线和立面造型。

8）创建名为"立面标注"的标注样式，利用"线性"和"连续"工具标注出图示建筑立面图的尺寸。注意，立面图中应标注层高、立面门窗、阳台、屋檐等部位的立面尺寸。

9）创建"轴线符号"、"标高符号"图块，并添加相应属性，将其插入到图示位置。注意，立面图中应标注楼层标高和屋檐标高，必要时还应标注立面门窗和阳台的标高。

南立面图　1:100

南立面图

44400

图 7-19　建筑立面图绘制实训

10）利用"多行文字"、"多段线"工具，标注出立面图中的立面装饰要求和做法。

11）绘制如图所示的标准2号图图框和标题栏，并利用"多行文字"工具进行图名标注、标题栏内容标注。

12）完成图示"正立面图"的绘制，将图形文档保存至"E:\AutoCAD2010练习"文件夹中，文件名为"建筑立面图绘制实训"。

7.4　练习题

1．建筑立面图的绘制内容主要包括哪些方面？

2．简述建筑立面图的绘制步骤。

3．利用前面所学知识，绘制如图 7-20 所示的建筑立面图。

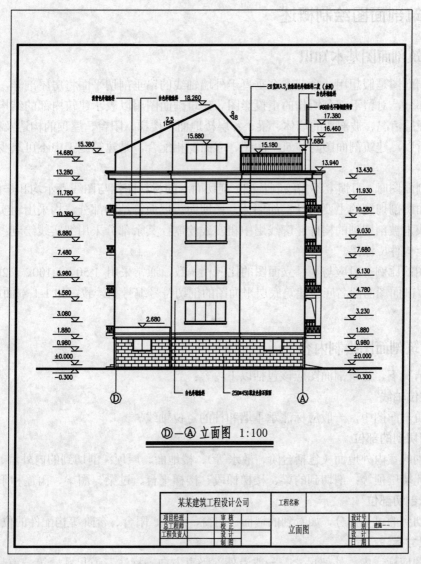

图 7-20　建筑立面图绘制练习

第8章　建筑剖面图的绘制

建筑剖面图是建筑施工图的重要组成部分。本章在向用户介绍有关建筑剖面图的基础知识的同时，将着重介绍如何运用前面所学的 AutoCAD 基本功能来绘制建筑剖面图。并通过具体实例来介绍建筑剖面图的绘制过程，使用户能够在较短的时间内熟练地掌握建筑剖面图的绘制。

8.1　建筑剖面图绘制概述

8.1.1　建筑剖面图基本知识

建筑剖面图是假想用一个或多个垂直于外墙轴线的铅垂剖切平面将房屋剖开，移去靠近观察者的部分，对留下部分所作的正投影图。建筑剖面图用以表示建筑内部的结构构造、垂直方向的分层情况、被剖切的墙体、梁、各层楼地面、楼梯、阳台、屋顶的构造及相关尺寸、标高等。所以，建筑剖面图与建筑平面图、立面图相配合，是建筑施工中不可缺少的重要图样之一。

绘制剖面图时，习惯上不需绘制基础。剖切面上的材料图例与图线表示均和平面图一致，凡被剖切面所剖切到的主要构件，如墙体、楼地面、屋面等结构部分，均采用粗实线表示；次要构件或未被剖切到的构件轮廓线用中粗实线绘制；其余部分采用细实线绘制；被剖切断开的混凝土构件应涂黑。

剖面图的比例一般应与平、立面图的比例相一致，通常采用 1:50、1:100、1:200 等比例进行绘制。剖面图的图名应与建筑底层平面图的剖切符号编号相一致，如 1-1 剖面图、2-2 剖面图。

8.1.2　建筑剖面图绘制内容

一般情况下，建筑剖面图应该包括以下内容：

1．定位轴线

在建筑剖面图中，一般应标注承重墙和柱的定位轴线。

2．剖切到的部位

剖切到的室内外地面（包括台阶、散水等）、楼地面、屋顶；剖切到的内外墙、门窗、防潮层、女儿墙压顶等；剖切到的梁、楼梯梯段、楼梯平台、过梁、圈梁、雨篷和阳台等。

3．未剖切部位

未剖切到的可见部分，如看到的墙面、门窗、雨篷、阳台、台阶等构配件的位置和形状。

4．尺寸标注

剖面图应标注内、外部尺寸，一般沿外部竖直方向需标注三道尺寸，第一道是室外地坪到女儿墙压顶的尺寸；第二道是层高尺寸的标注；第三道是细部尺寸标注。

5．标高

在剖面图中，应标注出室内外地坪、台阶、门窗、各楼层、楼梯平台、雨篷、阳台、檐口、女儿墙等处的标高。

6．详图索引符号

由于剖面图的比例较小，某些部位不能详细表达，所以应在这些部位绘制详图索引符号，如檐口、屋面做法和楼梯栏杆等部位。

7．文字标注

在剖面图中应标注图名和比例等文字内容。

8.1.3　剖切位置及投影方向选择

剖面图的剖切位置应根据图样的用途或设计深度，在剖面图上选择能反映全貌、构造特征以及有代表性的部位进行剖切，如楼梯间、门厅等，并应尽量使剖切平面通过门窗洞口。剖面图常用一个剖切平面剖切，有时也可以转折一次，用两个平行的剖切平面进行剖切。剖切符号一般应绘制在首层平面图内，剖视方向宜向左、向上，以便于看图。

8.1.4　建筑剖面图绘制步骤

建筑剖面图的绘制步骤如下：

1）设置绘图环境。

2）绘制地坪线、定位轴线、各层楼面线以及外墙轮廓线。

3）绘制剖面图门窗洞口位置、楼梯平台、女儿墙、檐口及其他可见轮廓线。

4）绘制梁板、楼梯等构件的轮廓线，并将剖切到的构件涂黑。

5）进行尺寸、标高、索引符号和文字注释等的标注。

6）绘制或插入图框以及标题栏。

7）进行图形页面设置，打印出图。

8.2　建筑剖面图绘制实例

本节通过一个住宅楼剖面图的绘制实例，详细介绍使用 AutoCAD 2010 绘制建筑剖面图的方法，如图 8-1 所示。绘制建筑剖面图的操作步骤如下：

8.2.1　设置绘图环境

为方便建筑物剖面图的绘制工作，一般应在开始图形绘制之前，先对绘图环境进行设置。绘图环境设置的操作步骤如下：

1）打开 AutoCAD 2010 中文版，新建一个图形文件，工作空间选为"二维草图与注释"。

2）单击"格式"菜单→"单位"工具 ^{∞∞} 单位(U)…，在系统弹出的"图形单位"对话框中作如图 8-2 所示的设置。

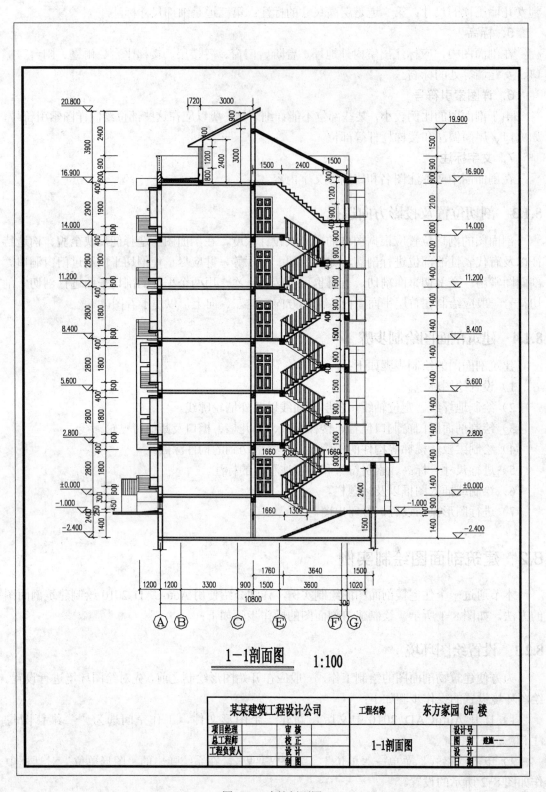

某某建筑工程设计公司		工程名称	东方家园 6# 楼	
项目经理	审 核		1-1剖面图	设计号
总工程师	校 正			图 别　建施--
工程负责人	设 计			设 计
	制 图			日 期

1-1剖面图　　1:100

图 8-1　建筑剖面图

图 8-2　图形单位设置

3）选择"格式"菜单→"图形界限"工具，根据命令行提示，将图形界限设置为 40000mm ×40000mm 的范围。

4）在功能区"常用"标签内的"图层"面板上选择"图层特性"工具，在系统弹出的"图层特性管理器"对话框中创建如图 8-3 所示的图层。如"地坪线"、"辅助线"、"楼梯"、"墙线"、"门窗"、"屋面"、"标注"等。

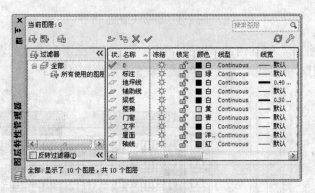

图 8-3　图层设置

5）设置文字样式。在功能区"常用"标签内的"注释"面板上选择"文字样式"工具，新建一个名为"文字标注"的文字样式，字体选为"仿宋"，并将其置为当前，用以剖面图中的文字标注。

8.2.2　底层剖面绘制

利用射线、直线和矩形工具绘制如图 8-9 所示的建筑物底层剖面图。绘制建筑物底层剖面图的操作步骤如下：

1）首先将前面两章所绘制的建筑平面图和立面图插入到本图形文件中，作为剖面图绘制的参照。

2）在功能区"常用"标签内的"图层"面板上选择"图层"下拉列表，将"辅助线"切换为当前图层，并利用"射线"工具绘制如图 8-4 所示的辅助线。注意，首先绘制 45°斜线，再由剖切位置的可剖到或可看到的图形对象绘制纵横向辅助线。

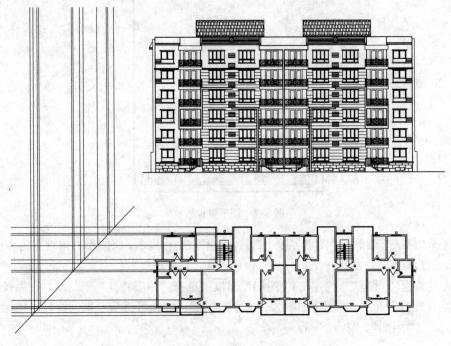

图 8-4　辅助线绘制

3）在功能区"常用"标签内的"图层"面板上选择"图层"下拉列表，将"地坪线"切换为当前图层，利用"多段线"工具绘制如图 8-5 所示地坪线。

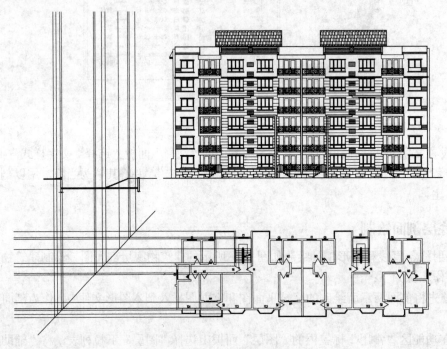

图 8-5　绘制地坪线

4）在功能区"常用"标签内的"图层"面板上选择"图层"下拉列表，将"墙线"切换为当前图层，利用"直线"工具绘制首层和半地下车库的墙线。

5）在功能区"常用"标签内的"图层"面板上选择"图层"下拉列表，将"梁板"切换为当前图层，利用"直线"工具绘制首层梁板。注意，半地下室台阶的踏步高为15×100mm，踏步宽为14×260mm。结果如图8-6所示。

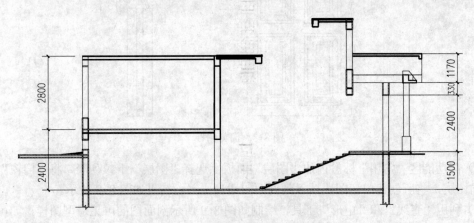

图8-6　绘制首层墙线和梁板

6）在功能区"常用"标签内的"图层"面板上选择"图层"下拉列表，将"楼梯"切换为当前图层，利用"多段线"工具绘制首层楼梯。第一跑楼梯踏步高为6×150mm，踏步宽为5×260mm，第二和第三跑楼梯踏步高为9×155.5mm，踏步宽为8×260mm。注意，绘制楼梯踏步时，用户可利用"多段线"工具直接绘制，也可以画出一个踏步，再利用"阵列"工具生成楼梯。结果如图8-7所示。

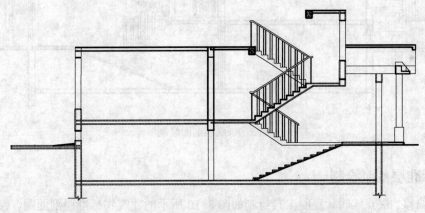

图8-7　绘制首层楼梯

7）利用前面所学内容，在"0"图层创建名为"立面门"、"剖面门窗"的图块，如图8-8所示。立面门的尺寸为1000mm×2100mm，剖面门窗的尺寸为240mm×1000mm，为了插入剖面门窗方便，可为"剖面门窗"图块添加动作，方法参考本教材第3章相应内容。

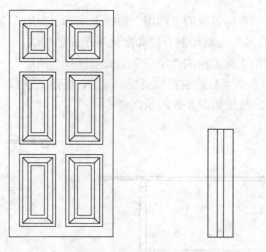

图 8-8 门窗图样

8）在功能区"常用"标签内的"图层"面板上选择"图层"下拉列表，将"门窗"切换为当前图层，将所创建门窗图块插入到剖面图适当位置。结果如图 8-9 所示。

9）利用"直线"和"矩形"工具，绘制如图 8-9 所示剖面图的可见造型图样，如可见飘窗轮廓、首层阳台和外楼梯。

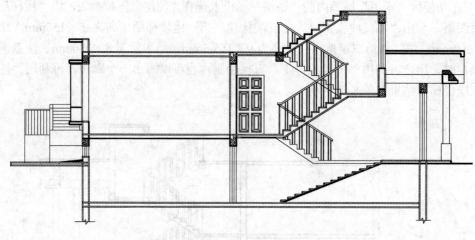

图 8-9　底层剖面绘制

8.2.3　标准层剖面绘制

利用偏移、夹点编辑、复制工具绘制如图 8-10 所示的建筑物标准层剖面图。绘制建筑物标准层剖面图的操作步骤如下：

1）在功能区"常用"标签内的"修改"面板上选择"偏移"工具 ，对绘制好的首层剖面图进行偏移，根据层高 2800mm 设定偏移距离，并利用夹点功能，对楼梯间多余的楼板进行修整。完成如图 8-10 所示的建筑物剖面图。

2）利用"直线"和"矩形"工具，绘制如图 8-10 所示剖面图的"剖到"的和"可见"

的造型图样，如本图中标准层剖到的飘窗、南立面阳台可见轮廓和造型图样、北立面阳台可见轮廓等。"剖到"是指在首层平面图中所绘制的剖切符号经过的图样，"可见"是指在首层平面图中未被剖切符号切到，但在剖切方向却可看到的图样。

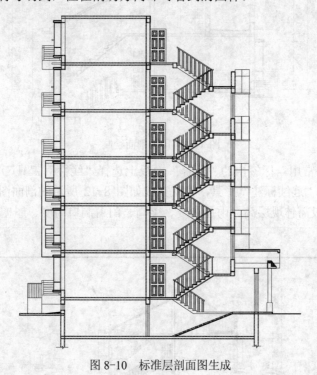

图 8-10　标准层剖面图生成

8.2.4　屋顶剖面绘制

利用多段线、直线、对象捕捉、修剪和图块工具绘制如图 8-11 所示的建筑物屋顶剖面图。绘制建筑物屋顶剖面图的操作步骤如下：

1）在功能区"常用"标签内的"图层"面板上选择"图层"下拉列表，将"楼梯"切换为当前图层，利用"多段线"工具绘制顶层到阁楼的楼梯。踏步高尺寸为 11×191mm，踏步宽尺寸为 10×240mm。

2）利用"直线"、"对象捕捉"、"修剪"工具，绘制剖面图屋顶图样，包括阁楼坡屋顶、女儿墙等图样。具体尺寸如图 8-11 所示。

3）在功能区"常用"标签内的"块"面板上选择"插入"工具，将创建的剖面门窗图块插入到适当位置。结果如图 8-11 所示。

8.2.5　剖面图标注

为了能够更准确的表达建筑物及构件的竖向位置及相互关系，在绘制建筑剖面图的时候，应在剖面图中标注出标高、竖向尺寸、详图索引符号等内容。建筑剖面图标注的操作步骤如下：

1）创建名为"尺寸标注"的标注样式，其参数设置参见前面所学相应内容。

2）在功能区"常用"标签内的"图层"面板上选择"图层"下拉列表，将"标注"图层切换为当前图层。

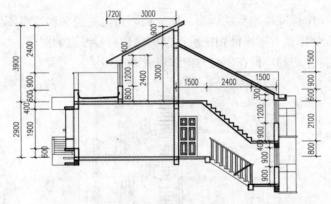

图 8-11　屋顶剖面绘制

3）在功能区"常用"标签内的"注释"面板上选择"线性"工具，并配合使用"对象捕捉"功能和"连续标注"工具，依次完成如图 8-12 所示的剖面图的尺寸标注。在剖面图中标注尺寸一般需体现层高、雨篷高度、梁高、门窗洞口高度、屋檐高度等内容。

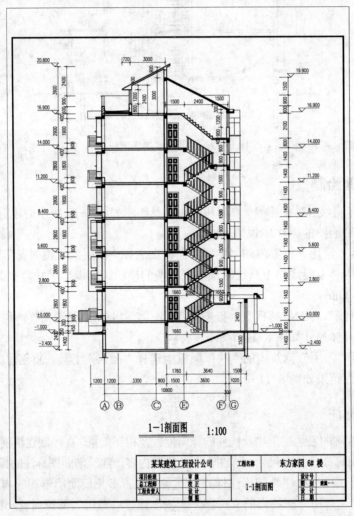

图 8-12　剖面图标注

4）利用本教材第 4 章"建筑图符号标注"部分所述内容，创建"标高符号"图块，将标高符号插入到剖面图两侧尺寸线外侧的位置。结果如图 8-12 所示。

5）利用本教材第 3 章"图框绘制"部分所述内容，在"0"图层中绘制一个竖向 3 号图框，并创建为块，使用图块的"插入"功能，将图框插入到适当位置。结果如图 8-12 所示。

6）在功能区"常用"标签内的"图层"面板上选择"图层"下拉列表，将"文字"图层切换为当前图层，为剖面图标注图名和标题栏文字内容。

注意：绘制剖面图与绘制立面图有许多相似之处，最主要的就是：使用阵列工具生成楼梯踏步，使用偏移工具将标准层图形进行偏移，从而生成完整的建筑剖面图。这样可使绘图工作既方便又准确。另外，需要指出的是：剖切到的墙体、楼梯、圈梁、过梁等构件，要对其进行图案填充，未被剖切到的部分则不必填充。在整个绘制过程中，要参照平面图、立面图的相关信息，这样才可以确保所绘制的剖面图完整、准确。

8.3 实训

1. 实训要求

利用所学知识，绘制如图 8-13 所示的建筑剖面图。在绘制过程中，应注意绘图环境的设置、图块及动态图块的应用、对象捕捉和动态输入功能的应用，以提高绘图效率。

2. 操作指导

1）打开 AutoCAD 2010 软件，新建图形文件，将工作空间切换到"二维草图与注释"。

2）设置绘图环境，将图形界限设置为 30000mm×40000mm 的范围；建立图层"轴线"、"辅助线"、"地坪线"、"墙线"、"梁板"、"楼梯"、"门窗"、"阳台"、"标注"、"文字"。

3）利用"插入"菜单中"DWG 参照"工具，插入在前两章练习题中所绘制的平面图和立面图。

4）利用"射线"和"对象捕捉"工具绘制出辅助线。

5）利用"直线"、"多段线"和"动态输入"工具绘制地坪线和首层墙线。

6）根据第 3 章所学内容创建"立面门"和"剖面门窗"的图块，并插入到首层剖面图中。立面门尺寸为 1000mm×2100mm，剖面门窗尺寸为 240mm×1000mm，并利用"块编辑器"为剖面门窗图块添加相应动作。注意，在插入门窗时，要灵活运用"对象捕捉"和"对象捕捉追踪"工具。

7）利用"偏移"工具，将绘制的首层剖面图进行偏移，生成五层剖面图。要注意使用"修剪"和"夹点编辑"工具对多余线条进行编辑。

8）利用"直线"、"矩形"、"修剪"工具，绘制出图示阁楼坡屋顶图样。

9）创建名为"尺寸标注"的标注样式，利用"线性"和"连续"工具标注出图示建筑剖面图的尺寸。注意，剖面图中应详细标注建筑物轴线尺寸、层高、门窗、窗台、阳台、屋檐、梁板等部位的尺寸，对坡屋顶还要标注细部尺寸，以便于读图。

10）创建"轴线符号"、"标高符号"图块，并添加相应属性，将其插入到图示位置。在剖面图中应标注楼层标高和屋檐标高。

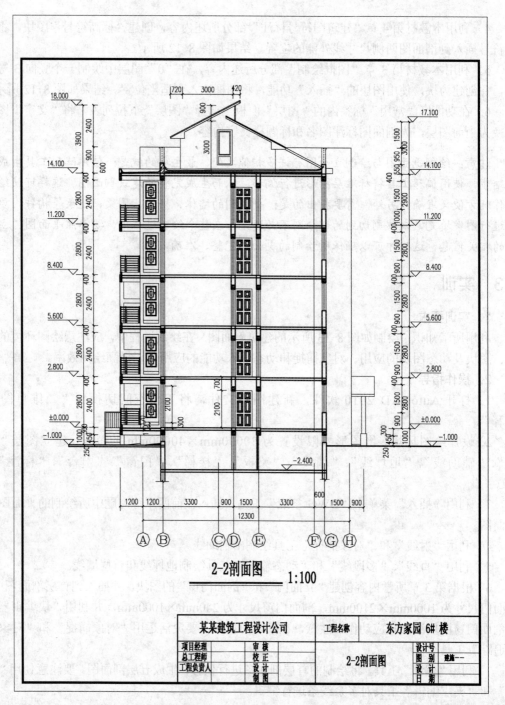

2-2剖面图 ——— 1:100

某某建筑工程设计公司		工程名称	东方家园 6# 楼		
项目经理	审 核			设计号	
总工程师	校 正		2-2剖面图	图 别	建施--
工程负责人	设 计			设 计	
	制 图			日 期	

图 8-13 建筑剖面图绘制实训

11）绘制如图所示的竖向 3 号图框和标题栏，并利用"多行文字"工具进行图名标注、标题栏内容标注。

12）完成图示"剖面图"的绘制，将图形文档保存至"E:\AutoCAD2010 练习"文件夹中，文件名为"建筑剖面图绘制实训"。

218

8.4　练习题

1．建筑剖面图中的绘制内容包括哪些方面？
2．简述建筑剖面图的绘制步骤。
3．利用前面所学知识，绘制如图 8-14 所示的建筑剖面图。

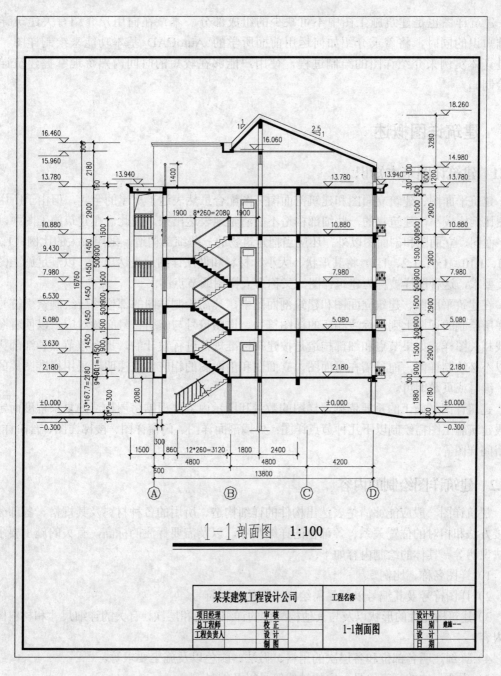

图 8-14　建筑剖面图绘制练习

第9章　建筑详图的绘制

建筑详图也是建筑施工图中不可缺少的组成部分。本章在向用户介绍有关建筑详图基础知识的同时，将着重介绍如何运用前面所学的 AutoCAD 基本功能来绘制详图。并通过具体实例来介绍详图的绘制过程，使用户能够在较短的时间内熟练地掌握建筑详图的绘制。

9.1　建筑详图概述

9.1.1　建筑详图基本知识

建筑平面图、建筑立面图和建筑剖面图三图配合虽然表达了房屋的全貌，但由于所用的绘图比例比较小，建筑物的一些细部构造不能清楚地表达出来，因此，在建筑施工图中，除了平面图、立面图和剖面图以外，还应当把建筑物的一些细部构造，采用较大的比例（1:30、1:20、1:10、1:5、1:2、1:1）将其形状、大小、材料和做法详细地表达出来，以满足施工图的深度要求，这种图样被称为建筑详图，又称为大样图或节点图。

在建筑平面图、建筑立面图和建筑剖面图中，凡需绘制详图的部位均应绘制索引符号，而在所绘制的详图上则应标注相应的详图符号。详图符号与索引符号必须对应，以便看图时查找相关图样。如果节点和细部构造是按建筑标准规范进行设计的，那么该节点和细部构造可以不必绘制详图，而只需在平面图、立面图和剖面图的相应部位注明所采用标准图集的名称、编号或页数即可。

建筑详图是施工的重要依据，详图的数量和图示内容要根据房屋构造的复杂程度而定。一般建筑施工图需绘制以下几种节点详图：外墙剖面详图、门窗详图、楼梯详图、台阶详图、卫浴间详图等。

9.1.2　建筑详图绘制的内容

建筑详图一般应能够清楚表达出构件的详细构造、所用的各种材料及其规格、各部分的连接方法和相对的位置关系、各部位的详细尺寸，以及需要标注的标高，有关的施工要求和做法说明等。具体的绘制内容如下：

1）详图名称、比例。

2）详图符号及其编号以及另需绘制详图的索引符号。

3）建筑构配件的形状以及与其他构配件的详细构造和层次，有关的详细尺寸和材料图例等内容。

4）详细注明各部位和各层次的用料、做法、颜色以及施工要求等。

5）需要标注的标高符号、定位轴线符号以及编号等。

9.2 建筑详图绘制实例

本节通过楼梯详图、屋面做法详图和墙身节点详图的绘制实例，详细介绍了使用 AutoCAD 2010 绘制建筑详图的方法。

9.2.1 楼梯详图绘制

1. 楼梯详图基本知识

楼梯是建筑物楼层垂直交通的主要设施，应行走方便，人流疏散畅通。它由梯段、休息平台、栏杆扶手组成。楼梯详图主要表示楼梯的类型、结构形式、各部位的细部尺寸及装修做法等。楼梯详图一般由楼梯平面图、剖面图、节点详图组成。楼梯详图应尽量布置在同一张图样上，以便阅读。

2. 绘制步骤

利用直线、矩形、多线、多线编辑、阵列、夹点编辑和图块等工具绘制如图 9-9 所示的楼梯间平面详图。绘制楼梯间平面详图的操作步骤如下：

1）打开 AutoCAD 2010 中文版，新建一个图形文件，工作空间选为"二维草图与注释"。

2）在功能区"常用"标签内的"图层"面板上选择"图层特性"工具，在弹出的"图层特性管理器"对话框中，依次建立图层"轴线"、"墙线"、"门窗"、"标注"、"文字"、"柱子"、"楼梯"。

3）将图层切换到"轴线"，利用"直线"工具绘制如图 9-1 所示的轴网。

4）将图层切换到"墙线"，利用"多线"工具绘制如图 9-2 所示的墙线，并利用"多线编辑"功能对多线交点进行编辑。注意，在绘制墙线时应参考本教材第 6 章相应内容创建名为"墙线"的多线样式。

5）将图层切换到"门窗"，根据前面所学内容创建门窗图块，并插入到如图 9-3 所示位置。门宽为 1000mm，距离墙边 120mm，窗宽为 1500mm，居中布置。

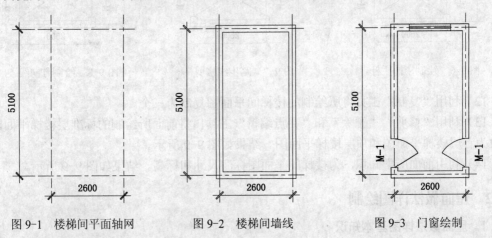

图 9-1　楼梯间平面轴网　　　图 9-2　楼梯间墙线　　　图 9-3　门窗绘制

6）将图层切换到"楼梯"，利用"矩形"工具绘制休息平台，尺寸为 2360×1200mm。

7）利用"直线"工具在休息平台下侧绘制第一条踏步示意线，并利用"阵列"工具生成其他踏步示意线。阵列选项设置如图 9-4 所示。结果如图 9-5 所示。

图 9-4　楼梯踏步线阵列设置

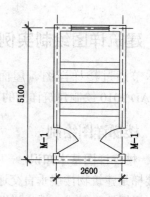

图 9-5　踏步线生成

8）利用"矩形"、"捕捉中点"、"移动"、"偏移"工具，绘制楼梯栏杆。栏杆示意图的外侧矩形尺寸为 120mm×2440mm，并向内偏移 60mm 生成内侧矩形。结果如图 9-6 所示。

9）利用"修剪"工具，选中全部踏步线和栏杆外侧矩形，对踏步线进行修剪。结果如图 9-7 所示。

10）利用"多段线"工具绘制剖切线，用户可利用夹点功能来调整剖切线的样式。

11）切换到"标注"图层，利用"多段线"工具绘制方向示意箭线，并进行楼梯上下方向文字的标注。结果如图 9-8 所示。

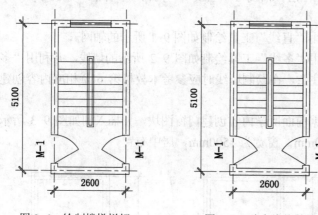

图 9-6　绘制楼梯栏杆

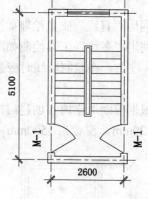

图 9-7　踏步线修剪

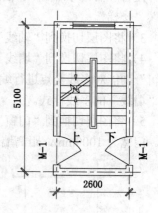

图 9-8　绘制方向线

12）利用"复制"工具将所绘制的楼梯间平面图复制为三个。

13）利用"修剪"、"删除"和"夹点编辑"工具，将前面所绘制的标准层楼梯平面图分别改为首层楼梯平面图和顶层楼梯平面图。结果如图 9-9 所示。

14）利用前面所学知识，为楼梯间平面图标注尺寸和标高。结果如图 9-9 所示。

9.2.2　屋面做法详图绘制

1. 屋面做法详图基本知识

屋面是建筑物的重要组成部分，它是建筑物顶部的外围护构件和承重构件。屋顶须具备足够的强度、刚度，以及防水、保温和隔热等能力。在建筑施工图中，屋面的构造做法及材料选用应通过绘制屋面详图来表示，如果屋面构造做法是根据建筑标准规范进行设计的，则可以不绘制详图，而只需在剖面图的相应部位注明所采用标准图集的名称、编号或页数。

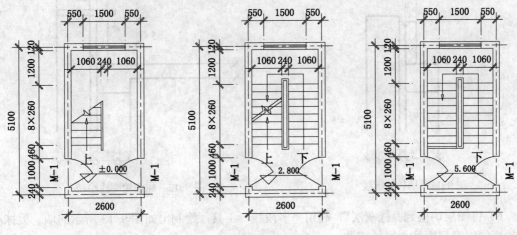

图 9-9　楼梯间平面详图

2．绘制步骤

我们以高低屋面变形缝处的构造详图为例，来介绍屋面详图的绘制。利用直线、多段线、图案填充、多行文字工具绘制如图 9-15 所示的屋面详图。绘制高低屋面变形缝处的构造详图的操作步骤如下：

1）打开 AutoCAD 2010 中文版，新建一个图形文件，工作空间选为"二维草图与注释"。

2）在功能区"常用"标签内的"图层"面板上选择"图层特性"工具🗗，在弹出的"图层特性管理器"对话框中，依次建立图层"辅助"、"轴线"、"结构轮廓线"、"材料填充"、"抹灰层"、"尺寸标注"、"文字"，如图 9-10 所示。

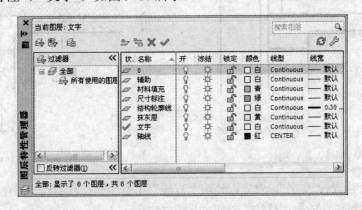

图 9-10　图层设置

3）将图层切换到"轴线"，利用"直线"工具，绘制出屋面详图定位轴线。两条轴线的间距为 550mm，长度 1800mm。

4）将图层切换到"结构轮廓线"，利用"直线"工具，绘制出变形缝两侧的墙体轮廓线。尺寸如图 9-11 所示

5）在"结构轮廓线"图层，利用"直线"工具，继续绘制出变形缝两侧的梁板轮廓线、压顶轮廓线。轮廓线尺寸如图 9-12 所示。

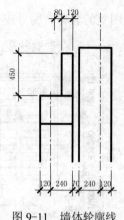

图 9-11 墙体轮廓线

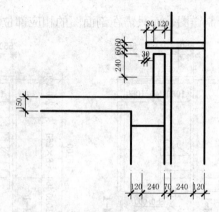

图 9-12 屋面轮廓线绘制

6）将图层切换到"抹灰层"，利用"多段线"工具，绘制出如图 9-13 所示的墙、板抹灰层轮廓线以及屋面找平层轮廓线。

7）将图层切换到"材料填充"，利用"填充"工具，对墙体、混凝土梁板、屋面层次进行填充。墙体填充选择图案"ANSI31"，填充比例为 30。对于混凝土梁板对象选择图案"ANSI31"和"AR-SND"同时填充，"AR-SND"的填充比例设为 0.5。屋面保温层填充图案选择"ANSI37"，填充比例为 10。结果如图 9-14 所示。

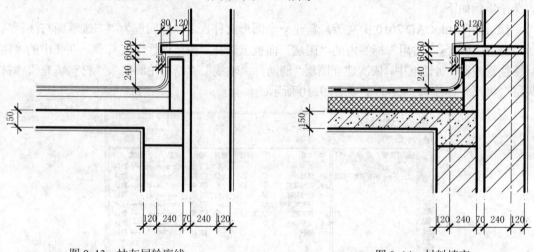

图 9-13 抹灰层轮廓线　　　　　　　　　　　　图 9-14 材料填充

8）将图层切换到"文字"，首先，使用"直线"工具绘制标注引线，再使用"多行文字"工具进行屋面材料做法的文字标注。结果如图 9-15 所示。

9.2.3 墙身节点详图绘制

1. 墙身节点详图基本知识

墙身节点详图实际上是建筑剖面图外墙部分的局部放大图，主要用于表达外墙与地面、楼面、屋面的构造情况，以及檐口、女儿墙、窗台、勒脚、散水等部位的尺寸、材料和做法等情况。在多层房屋中，如果各层墙体构造情况一致，可以只绘制底层、顶层或加一个中间层来表示，在绘制时，可在窗洞中间断开。

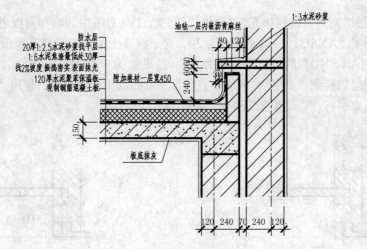

图 9-15 屋面详图

2．绘制步骤

利用直线、多段线、多线、图案填充和多行文字工具绘制如图 9-19 所示的墙身节点详图。绘制墙身节点详图的操作步骤如下：

1）打开 AutoCAD 2010 中文版，新建一个图形文件，工作空间选为"二维草图与注释"。

2）在功能区"常用"标签内的"图层"面板上选择"图层特性"工具[img]，在弹出的"图层特性管理器"对话框中，依次建立图层"轴线"、"轮廓线"、"门窗"、"材料填充"、"抹灰层"、"尺寸标注"、"文字"。

3）将图层切换到"轴线"，利用"直线"工具，绘制出墙身节点详图的定位轴线。

4）将图层切换到"轮廓线"，利用"直线"工具绘制出墙体轮廓。尺寸如图 9-16 所示。

5）在"抹灰层"图层，利用"多段线"工具，连续绘制出墙面抹灰层轮廓线。结果如图 9-17 所示。

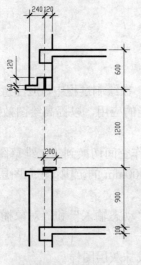

图 9-16 结构轮廓线

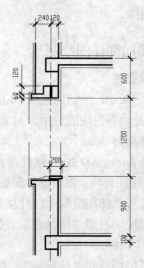

图 9-17 抹灰层轮廓

6）将图层切换到"窗"，利用"多线"工具绘制出剖面窗的图样。

7）将图层切换到"材料填充"，利用"填充"工具对图中的墙和梁板进行图案填充。墙体填充选择图案"ANSI31"，填充比例为20。对于混凝土梁板填充应选择图案"ANSI31"和"AR-SND"，"AR-SND"的填充比例设为0.5。结果如图9-18所示。

（8）将图层切换到"文字"，使用"直线"工具绘制出标注引线，使用"多行文字"工具进行墙身做法文字标注。结果如图9-19所示。

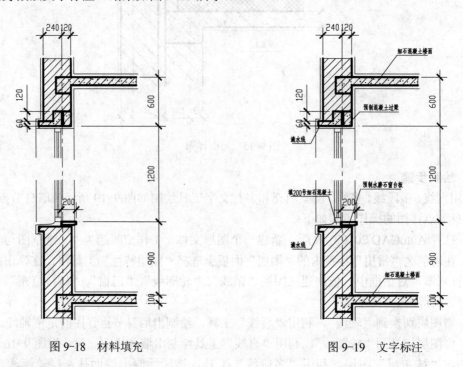

图9-18　材料填充　　　　　　　　　　　　　　　图9-19　文字标注

9.3　实训

9.3.1　楼梯局部详图绘制

1. 实训要求

利用所学知识，绘制如图9-20所示的楼梯局部详图。在绘制过程中，应注意绘图环境的设置、图块及动态图块的应用、对象捕捉和动态输入功能的应用，以提高绘图效率。

2. 操作指导

1）打开AutoCAD 2010软件，新建图形文件，将工作空间切换到"二维草图与注释"。

2）设置绘图环境，将图形界限设置为10000mm×10000mm的范围；建立图层"辅助线"、"楼梯轮廓线"、"抹灰层"、"栏杆扶手"、"梁板"、"标注"、"文字"。

3）将图层切换到"楼梯轮廓线"，利用"多段线"、"动态输入"和"对象捕捉"工具绘制出楼梯踏步图样。

4）将图层切换到"抹灰层"，利用"偏移"工具生成抹灰层图样。

5）将图层切换到"栏杆扶手"，利用"直线"、"多段线"和"动态输入"工具绘制楼梯栏杆和扶手图样。

6）在"0"图层绘制详图索引符号，并创建为图块，切换到"标注"图层，将其插入到图示位置。

7）将图层切换到"标注"，利用"线性"工具标注出如图所示的细部尺寸。

8）将图层切换到"文字"，利用"多行文字"工具标注如图所示的说明文字。

9）将图层切换到"梁板"，利用"图案填充"工具，为剖切到的梁板和楼梯填充图案。

10）完成图示"总平面图"的绘制，将图形文档保存至"E:\AutoCAD2010 练习"文件夹中，文件名为"楼梯局部详图绘制实训"。

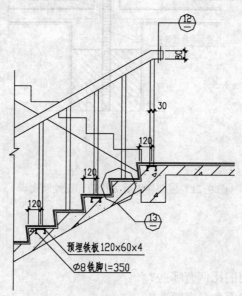

图 9-20 楼梯局部详图绘制实训

9.3.2 屋面伸缩缝处构造详图绘制

1. 实训要求

利用所学知识，绘制如图 9-21 所示的屋面伸缩缝处构造详图。

2. 操作指导

1）打开 AutoCAD 2010 软件，新建图形文件，将工作空间切换到"二维草图与注释"。

2）设置绘图环境，将图形界限设置为 10000mm×10000mm 的范围；建立图层"轴线"、"结构轮廓线"、"抹灰层"、"材料"、"标注"、"文字"。

3）将图层切换到"轴线"，利用"直线"工具绘制出图示的定位轴线。

4）将图层切换到"结构轮廓线"，利用"直线"、"动态输入"和"对象捕捉"工具绘制出屋面伸缩缝处的墙体、梁板和压顶的轮廓线。

5）将图层切换到"抹灰层"，利用"多段线"工具绘制抹灰层图样。

6）将图层切换到"材料"，利用"图案填充"工具在墙体和伸缩缝内填充如图 9-21 所示的图案。

7）将图层切换到"标注"，利用"线性"标注工具，为图样标注细部尺寸。

8）将图层切换到"文字"，利用"多行文字"工具，为图样标注图 9-21 所示文字说明。

9）完成图示"屋面伸缩缝处构造详图"的绘制，将图形文档保存至"E：\AutoCAD2010
练习"文件夹中，文件名为"屋面伸缩缝处构造详图绘制实训"。

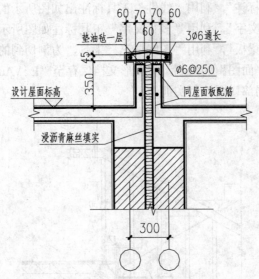

图 9-21　屋面伸缩缝处构造详图绘制实训

9.4　练习题

1. 绘制建筑详图常用的比例有哪些？
2. 建筑详图的绘制内容主要有哪些？
3. 利用本章所学知识，绘制如图 9-22 所示的楼梯局部详图。

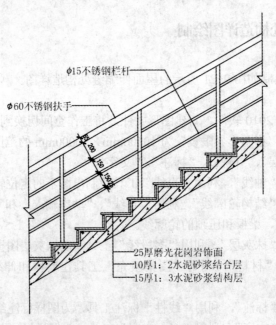

图 9-22　楼梯局部详图绘制练习

4. 利用本章所学知识，绘制如图 9-23 所示的台阶详图。

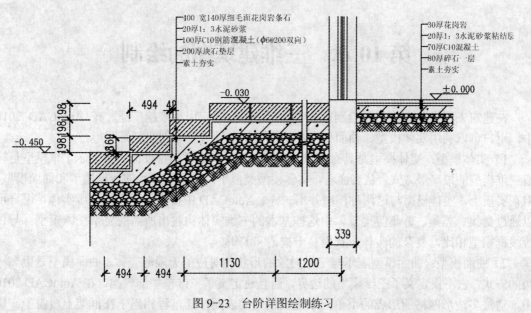

图 9-23　台阶详图绘制练习

第10章　三维建筑图的绘制

在建筑工程设计和施工图绘制过程中，三维图形的应用越来越广泛。在 AutoCAD 2010 中，用户可以利用实体模型、曲面模型和网格模型三种方式来创建三维图形。

1）实体模型：实体模型是具有质量、体积、重心和惯性等特性的三维表示。该模型是构造三维模型的最高级方式。从表面看，实体模型类似于消除了隐藏线的线框模型和曲面模型，但在实质上，实体模型与这两种模型并不一样。AutoCAD 中提供了很多的三维实体，用户可以通过交集、差集、并集等运算，由这些基本的三维实体构建出所需的复杂三维模型。与传统线框模型相比，复杂的实体形状更易于构造和编辑。

2）曲面模型：曲面模型表示与三维对象的形状相对应的无限薄壳体。曲面模型是更高一级的方式，它不仅定义了三维模型的边界，而且还定义了三维模型的表面。在 AutoCAD 2010 中，通过多边形网格所形成的小单元来定义模型的表面，其过程相当于在框架上覆盖了一层薄膜。

3）网格模型：网格模型由三角形和四边形等多边形来定义三维形状的顶点、边和面的组成。与实体模型不同，网格没有质量特性。这种模型是在二维模型的基础上创建起来的，它是三维对象的描绘骨架。在网格模型中没有实体表面的概念，由点、线、圆弧、椭圆和样条曲线等构成。但是，与三维实体一样，从 AutoCAD 2010 开始，用户可以创建诸如长方体、圆锥体和棱锥体等图元网格形式。然后，可以通过不适用于三维实体或曲面的方法来修改网格模型。例如，可以应用锐化、拆分以及增加平滑度。用户可以拖动网格子对象（面、边和顶点）使对象变形。此种模型中每一条线都是单独绘制和定位的，所以对于复杂的图形，往往很难绘制和表达。因此，使用网格模型构造三维模型的效率并不高。

10.1　三维绘图环境设置

10.1.1　三维坐标系统

AutoCAD 采用三维坐标系来确定点的位置，三维模型是建立在三维坐标中的。三维坐标系统包括三维笛卡儿坐标、柱坐标和球面坐标。

1．三维笛卡儿坐标

三维笛卡儿坐标系统，是在平面笛卡儿坐标系统的基础上根据右手定则增加的第三维坐标轴（Z 轴）形成的。所以三维笛卡儿坐标（X、Y、Z）与平面笛卡儿坐标（X、Y）相似，即只是增加了 Z 坐标轴。同样还可以使用基于当前坐标系原点的绝对坐标值或基于上一个输入点的相对坐标值。与平面坐标一样，三维坐标也有世界坐标系和用户坐标系两种形式。

在三维坐标中，Z 轴的正轴方向是根据右手定则来确定的。右手定则也决定三维空间中任意坐标轴的正方向。要标注 X、Y、Z 轴的正轴方向，可将右手背对屏幕放置，拇指即指向

X 轴的正方向。要确定坐标轴的正旋转方向，用右手的大拇指指向坐标轴的正方向，弯曲手指，那么手指弯曲的方向就是坐标轴的正旋转方向，如图 10-1 所示。

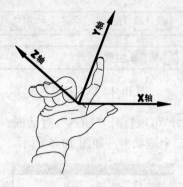

图 10-1　右手定则

2．柱坐标

柱坐标输入相当于三维空间中的二维极坐标输入。它在垂直于 XY 平面的轴上指定另一个坐标。柱坐标通过定义某点在 XY 平面中与 UCS 原点的距离，在 XY 平面中与 X 轴所成的角度以及 Z 值来定位该点，如图 10-2 所示。

柱坐标的输入格式可采用"XY 平面距离<XY 平面角度，Z 坐标（绝对坐标）"、"@XY 平面距离<XY 平面角度，Z 坐标（相对坐标）"两种方式。

3．球面坐标

球面坐标与平面极坐标类似。在确定某点时，应分别指定该点与当前坐标系原点的距离，二者连线在 XY 平面上的投影与 X 轴的角度，以及二者连线与 XY 平面的角度，如图 10-3 所示。

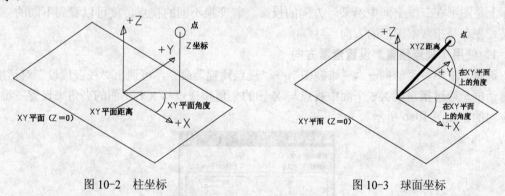

图 10-2　柱坐标　　　　　　　　　　　　图 10-3　球面坐标

球坐标的输入格式可采用"XYZ 距离<XY 平面角度<和 XY 平面的夹角（绝对坐标）"、"@XYZ 距离<XY 平面角度<和 XY 平面的夹角（相对坐标）"。

4．坐标轴设置工具

在创建三维模型时，需要使用三维坐标，包括 X、Y、Z 三个坐标轴。在用户坐标系（UCS）中允许修改坐标原点的位置及 X、Y、Z 轴的方向，便于绘制和观察三维对象。UCS 命令用于定义新的用户坐标系的坐标原点及 X、Y 轴的正方向，然后根据右手定则，Z 轴的正方向也就确定出来了，即使用户绘制图形只使用了 X、Y 轴，也是在三维空间中绘图。

打开"工具"菜单，选择"工具栏"选项中的"AutoCAD"，可调出"UCS"、"UCSⅡ"两个工具栏，用于编辑对象的坐标轴，如图 10-4 所示。

图 10-4 UCS 工具栏

单击"命名 UCS"按钮，可以打开"UCS"对话框。在"UCS"对话框中有"命名UCS"、"正交UCS"、"设置"三个选项卡，如图 10-5 所示。

图 10-5 "UCS"对话框

10.1.2 三维视图设置

AutoCAD 2010 中，所有的平面图形实际上也是三维图形，只不过在默认状态下是按照当前的标高值来设置对象的 Z 轴坐标，同时将它的值（厚度）设为 0，因此，看到的平面图形实际上是图形在三维空间中沿某一方向的投影。若变换不同的视点，就可以看到不同的三维效果。视点是指观察图形的方向。

1．使用"视点预置"设置查看方向

选择"视图"菜单栏→"三维视图"→"视点预置"命令，可调出"视点预设"对话框。该对话框是通过指定在 XY 平面中视点与 X 轴的夹角和视点与 XY 平面的夹角来设置三维观察方向的，如图 10-6 所示。

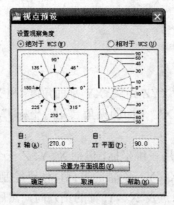

图 10-6 "视点预设"对话框

该对话框可以用定点设备控制图像或直接在文本框中输入视点的角度值，相对于当前用户坐标系或相对于世界坐标系指定角度后，视角将自动更新。单击"设置为平面视图"按钮，将观察角度设置为相对于选中的坐标系显示平面视图。在该对话框中，用户可以在"X 轴"文本框中设置观察角度，在 XY 平面中与 X 轴的夹角；在"XY 平面"文本框中设置观察角度与 XY 平面的夹角，通过这两个夹角就可以得到一个相对于当前坐标系的特定三维视图。

2. 使用"视点"设置查看方向

选择"视图"菜单栏→"三维视图"→"视点"命令，可以为当前视口设置视点。该视点相对于 WCS 坐标系。用户可通过屏幕上显示的罗盘来定义视点，如图 10-7 所示。

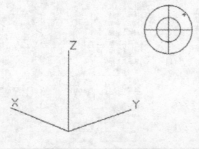

图 10-7　"视点"设置

用户可以直接指定视点坐标，系统将观察者置于该视点位置上向原点（0,0,0）方向观察图形。如果在"定义视点"状态选择"旋转"选项，则需要分别指定观察视线在 XY 平面中与 X 轴的夹角，以及观察视线与 XY 平面的夹角，该选项的作用与"视点预置"命令相同。

坐标球位于屏幕的右上角，是一个平面显示的球体。坐标球上显示的有一个小十字光标，用户可以使用定点设备移动这个十字光标到球体的任意位置，当移动光标时，三轴架根据坐标球指示的观察方向旋转。如果要选择一个观察方向，需将定点设备移动到球体的适当位置然后按下拾取键，图形将根据视点位置变化进行更新。

3. 设置平面视图

平面视图是建筑制图中最为常用的一种视图，AutoCAD 2010 提供了快速设置平面视图的方法。平面视图功能提供了一种从平面视图查看图形的快捷方式。用户可在"视图"菜单中的"三维视图"→"平面视图"中选择"当前 UCS"、"世界 UCS"或"命名 UCS"命令，即可生成相对于当前 UCS、WCS 或命名坐标系的平面视图，但该命令不能用于图纸空间。

4. 设置视图

在编辑三维模型时，仅仅使用一个视图很难准确的观察对象，所以在创建三维模型前，通常先要对视图进行设置。用户可以打开"三维建模"空间，利用"视图"标签中的"视图"工具面板上提供的选项进行设置，如图 10-8 所示。

图 10-8　"视图"工具面板

若在"视图"工具面板左侧的"视图类型选择列表"中单击鼠标左键，将会切换视图状态，或单击列表右下侧的下拉按钮，则将显示全部的视图类型。视图类型主要有"俯视"、"仰视"、"左视"、"右视"、"前视"、"后视"、"西南等轴侧"、"东南等轴侧"、"东北等轴侧"、"西北等轴侧"。

若单击"视图"工具面板右侧的"命名视图"按钮，将会弹出"视图管理器"对话框。该对话框创建的命名视图包含特定的比例、位置和方向，如图10-9所示。

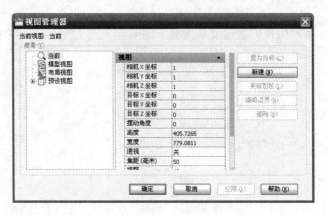

图10-9　"视图管理器"对话框

10.1.3　观察三维图形

1. 三维导航

在编辑三维图形时，通常需要使用三维动态观察器来编辑视图，在"导航"工具面板提供的三维导航工具允许用户从不同的角度、高度和距离查看图形中的对象。

用户可以调出如图10-10所示的"导航"工具面板，使用以下三维工具进行动态观察、平移和缩放。

1）全导航（NAVSWHEEL）：全导航控制盘（大和小）将查看对象控制盘和巡视建筑控制盘上的三维导航工具组合到一起。用户可以查看各个对象以及围绕模型进行漫游和导航。显示其中一个全导航控制盘时，按住鼠标滚轮可进行平移，滚动鼠标滚轮可进行放大和缩小，同时按住〈Shift〉键和鼠标滚轮可对模型进行动态观察。

图10-10　"导航"工具面板

2）平移（3DPAN）：启用交互式三维视图并允许用户水平和垂直拖动视图。

3）动态观察（3DORBIT）：在三维空间中旋转视图，但仅限于在水平和垂直方向上进行三维动态观察。

4）自由动态观察（3DFORBIT）：不参照平面，在任意方向上进行动态观察。沿 XY 平面和 Z 轴进行动态观察时，视点不受约束。

5）连续动态观察（3DCORBIT）：连续地进行动态观察。在要使用连续动态观察移动的方向上单击并拖动鼠标，然后松开鼠标按钮。轨道沿该方向继续移动。

6）缩放（3DZOOM）：模拟移动相机靠近或远离对象。

2. 观察三维图形

在 AutoCAD 中，用户可以通过"消隐"功能或修改"视觉样式"来观察三维图形。

（1）消隐图形

在绘制三维曲面和三维实体时，为了获得更好的观察效果，用户可以在"视图"菜单中选择"消隐"命令或直接执行 HIDE 命令，重生成不显示隐藏线的三维线框模型，如图 10-11 所示。

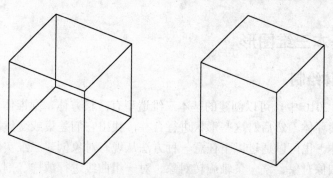

图 10-11　图形消隐

（2）视觉样式

视觉样式是一组设置，用来控制视口中边和着色的显示。更改视觉样式的特性，而不是使用命令和设置系统变量。一旦应用了视觉样式或更改了其设置，就可以在视口中查看效果。用户可以切换至"三维建模"空间，在"常用"标签中的"视图"工具面板选择不同的视觉样式进行观察。视觉样式提供了 5 种默认的样式，如图 10-12 所示。

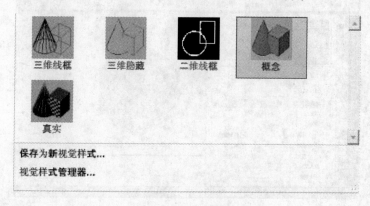

图 10-12　视觉样式

二维线框：显示用直线和曲线表示边界的对象。光栅和 OLE 对象、线型和线宽均可见。

三维线框：显示用直线和曲线表示边界的对象。

三维隐藏：显示用三维线框表示的对象并隐藏表示后向面的直线。

真实：着色多边形平面间的对象，并使对象的边平滑化。将显示已附着到对象的材质。

概念：着色多边形平面间的对象，并使对象的边平滑化。着色使用古氏面样式，一种冷色和暖色之间的过渡而不是从深色到浅色的过渡。效果缺乏真实感，但是可以更方便地查看模型的细节。

（3）改变实体表面平滑度

在 AutoCAD 中，如果想在执行"消隐"、"着色"或"渲染"命令时改变实体表面的平滑度，可以通过修改 FACETRRS 系统变量来实现。该变量用于设置曲面的面数，取值范围为0.01～10。其值越大，曲面就越平滑。

注意：如果 DISPSILH 变量的值为 1，那么在执行"消隐"、"着色"或"渲染"命令时并不能看到 FACETRS 的设置效果，此时必须将 DISPSILH 值设置为 0。

10.2 创建基本三维图形

10.2.1 三维实体绘制

在 AutoCAD 2010 中，可以创建的基本三维造型有：长方体、圆锥体、圆柱体、球体、楔体、棱锥体和圆环体。然后对这些形状进行合并，找出它们差集或交集部分，结合起来生成更为复杂的实体。也可以通过以下任意一种方法从现有对象创建三维实体和曲面：拉伸对象、沿一条路径扫掠对象、绕一条轴旋转对象、对一组曲线进行放样、剖切实体、将具有厚度的平面对象转换为实体和曲面。

启动 AutoCAD 2010 后，可以选择初始工作空间，如"三维建模"和"AutoCAD 经典"，如图 10-13 所示。

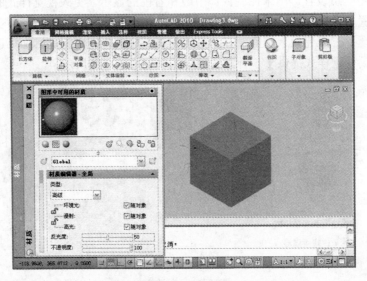

图 10-13 "三维建模"工作界面

三维建模工作空间中的绘图区域可以显示渐变背景色、地平面或工作平面（UCS 的 XY平面）以及新的矩形栅格。这将增强三维效果和三维模型的构造。

1. 绘制长方体

（1）功能

使用该工具可创建实心长方体或实心立方体。绘制时始终将长方体的底面绘制为与当前UCS 的 XY 平面（工作平面）平行。

（2）命令调用

在功能区"常用"标签内的"建模"面板上选择"长方体"工具。

从菜单依次单击"绘图"→"建模"→"长方体"。

在命令行输入"box"，并按〈Enter〉键执行。

（3）操作示例

绘制一个底面边长为200mm，高度为100mm的立方体，命令行提示如下：

命令: _box

指定第一个角点或 [中心(C)]: <u>（指定角点1）</u>

指定其他角点或 [立方体(C)/长度(L)]: 200,200 <u>（动态输入指定角点2）</u>

指定高度或 [两点(2P)] <100>:100 <u>（指定长方体的高度）</u>

立方体的角点位置可以用光标指定，也可以利用"动态输入"功能指定实体尺寸。完成命令操作后，结果如图10-14所示。利用图示立方体的夹点，用户可以任意调整其长度、宽度和高度数据。

2. 绘制楔体

（1）功能

使用该工具可以创建底面为矩形或正方形的楔形实体。绘制时将楔体的底面绘制为与当前UCS的XY平面（工作平面）平行，斜面正对第一个角点。楔体的高度与Z轴平行。

（2）命令调用

在功能区"常用"标签内的"建模"面板上选择"楔体"工具。

从菜单依次单击"绘图"→"建模"→"楔体"。

在命令行输入"wedge"，并按〈Enter〉键执行。

（3）操作示例

绘制一个底边为200mm×100mm、高度为100mm的楔形。命令行提示如下：

命令: _wedge

指定第一个角点或 [中心(C)]: <u>（鼠标任点一点，作为第一个角点）</u>

指定其他角点或 [立方体(C)/长度(L)]:200,100 <u>（动态输入角点坐标）</u>

指定高度或 [两点(2P)] <215>:100 <u>（动态输入高度值）</u>

用户在选择该命令时，系统首先提示输入楔形体的第一和第二个角点，利用动态输入可指定其底面尺寸，然后根据提示输入楔体的高度。完成命令操作后，结果如图10-15所示。利用图示楔体的夹点，用户可以任意调整其底面尺寸和高度数据。

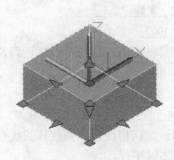

图10-14　长方体建模

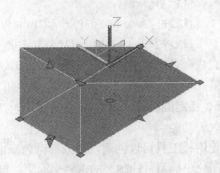

图10-15　楔体建模

3．绘制圆锥体

（1）功能

使用该工具可以创建底面为圆形或椭圆的尖头圆锥体或圆台。用户可以使用"顶面半径"选项将轴端点指定为圆锥体的顶点或顶面的中心点。轴端点可以位于三维空间的任意位置。另外，还可以用来创建从底面逐渐缩小为椭圆面或平整面的圆台。

（2）命令调用

在功能区"常用"标签内的"建模"面板上选择"圆锥体"工具⚠️。

从菜单依次单击"绘图"→"建模"→"圆锥体"。

在命令行输入"cone"，并按〈Enter〉键执行。

（3）操作示例

绘制一个底部半径和高度均为100mm的圆锥体，命令行提示如下：

命令：_cone

指定底面的中心点或 [三点(3P)/两点(2P)/相切、相切、半径(T)/椭圆(E)]：（指定底面中心点）

指定底面半径或 [直径(D)] <179.1114>:100（利用动态输入指定底面半径）

指定高度或 [两点(2P)/轴端点(A)/顶面半径(T)] <259.6951>:100 （输入圆锥体高度值，也可输入"r"，更改顶面半径来绘制圆台）

默认情况下，圆锥体的底面位于当前 UCS 的 XY 平面上。圆锥体的高度与 Z 轴平行。完成命令操作后，结果如图 10-16 所示。利用图示圆锥体的夹点，用户可以任意调整其底面半径和高度数据。

4．绘制球体

（1）功能

使用该工具可以创建实体球体。如果从圆心开始创建，球体的中心轴将与当前用户坐标系（UCS）的 Z 轴平行。

（2）命令调用

在功能区"常用"标签内的"建模"面板上选择"球体"工具🔘。

从菜单依次单击"绘图"→"建模"→"球体"。

在命令行输入"sphere"，并按〈Enter〉键执行。

（3）操作示例

绘制一个半径为100mm的球体，命令行提示如下：

命令：_sphere

指定中心点或 [三点(3P)/两点(2P)/相切、相切、半径(T)]：（鼠标任意点击一点）

指定半径或 [直径(D)] <127.5521>:100（输入球体半径为100）

完成命令操作后，结果如图 10-17 所示。利用图示球体的夹点，用户可以任意调整其半径数值。

5．绘制圆柱体

（1）功能

使用该工具可以创建以圆或椭圆为底面的实体圆柱体。默认情况下，圆柱体的底面位于当前用户坐标系（UCS）的 XY 平面上。圆柱体的高度与 Z 轴平行。

（2）命令调用

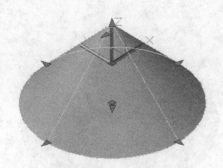

图 10-16　圆锥体建模　　　　　　　　　　　　图 10-17　球体建模

在功能区"常用"标签内的"建模"面板上选择"圆柱体"工具 。

从菜单依次单击"绘图"→"建模"→"圆柱体"。

在命令行输入"cylinder"，并按〈Enter〉键执行。

（3）操作示例

绘制一个底面半径为 100mm，高度为 150mm 的圆柱体。命令行提示如下：

　　命令: _cylinder

　　指定底面的中心点或 [三点(3P)/两点(2P)/相切、相切、半径(T)/椭圆(E)]: （鼠标指定一点）

　　指定底面半径或 [直径(D)] <161.5145>:100 （圆柱体底面半径设为 100）

　　指定高度或 [两点(2P)/轴端点(A)] <256.2571>:150 （圆柱体高度设为 150）

完成命令操作后，结果如图 10-18 所示。利用图示圆柱体的夹点，用户可以任意调整其底面半径和高度数值。

6．绘制圆环体

（1）功能

使用该工具可以创建类似于轮胎内胎的环形实体。圆环体具有两个半径值，一个值定义圆管，另一个值定义从圆环体的圆心到圆管的圆心之间的距离。

（2）命令调用

在功能区"常用"标签内的"建模"面板上选择"圆环体"工具 。

从菜单依次单击"绘图"→"建模"→"圆环体"。

在命令行输入"torus"，并按〈Enter〉键执行。

（3）操作示例

绘制一个半径为 100mm，圆管半径为 30mm 的圆环体，命令行提示如下：

　　命令: _torus

　　指定中心点或 [三点(3P)/两点(2P)/切点、切点、半径(T)]: （鼠标指定一点）

　　指定半径或 [直径(D)] <300.0000>: 100 （圆环体半径设为 100）

　　指定圆管半径或 [两点(2P)/直径(D)]: 30 （将圆管半径设为 30）

完成命令操作后，结果如图 10-19 所示。利用图示圆环体的夹点，用户可以任意调整其半径数值及圆管半径值。

7．绘制棱锥体

（1）功能

使用该工具可以创建最多具有 32 个侧面的实体棱锥体。用户可以创建倾斜至一个点的棱锥体，也可以创建从底面倾斜至平面的棱台。

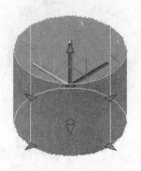

图 10-18　圆柱体建模

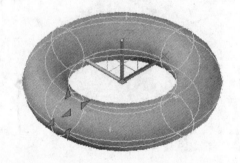

图 10-19　圆环体建模

（2）命令调用

在功能区"常用"标签内的"建模"面板上选择"棱锥体"工具 。

从菜单依次单击"绘图"→"建模"→"棱锥体"。

在命令行输入"pyramid"，并按〈Enter〉键执行。

（3）操作示例

1）创建一个底面外切圆半径为 100mm，高度为 100mm 的五棱锥体。命令行提示如下：

　　命令: _pyramid

　　 4 个侧面　外切

　　指定底面的中心点或 [边(E)/侧面(S)]:s（输入"s"，更改棱锥体侧面）

　　输入侧面数 <3>: 5（设定棱锥体侧面为 5）

　　指定底面的中心点或 [边(E)/侧面(S)]:（鼠标指定一点）

　　指定底面半径或 [内接(I)] <351.0794>:100（底面半径设为 100）

　　指定高度或 [两点(2P)/轴端点(A)/顶面半径(T)] <500>: 100（高度设为 100）

完成命令操作后，结果如图 10-20 所示。利用图示五棱锥体的夹点，用户可以任意调整其底面外切圆半径和高度数值。

2）创建一个底面外切圆半径为 100mm，顶面半径为 50mm，高度 100mm 的四棱锥台。命令行提示如下：

　　命令: _pyramid

　　 4 个侧面　外切

　　指定底面的中心点或 [边(E)/侧面(S)]: s（输入"s"，更改棱锥体侧面）

　　输入侧面数 <4>: 4（设定棱锥台侧面为 4）

　　指定底面的中心点或 [边(E)/侧面(S)]:（鼠标指定一点）

　　指定底面半径或 [内接(I)] <245.8853>:100（底面半径设为 100）

　　指定高度或 [两点(2P)/轴端点(A)/顶面半径(T)] <200>: t（更改顶面半径）

　　指定顶面半径 <42.4264>: 50（顶面半径设为 50）

　　指定高度或 [两点(2P)/轴端点(A)] <200>:100（高度设为 100）

完成命令操作后，结果如图 10-21 所示。利用图示四棱锥台的夹点，用户可以任意调整其底面外切圆半径、顶面半径和高度数值。

图 10-20　五棱锥体建模　　　　　　　　　图 10-21　四棱锥台建模

10.2.2　三维实体生成

在绘制三维建筑图时，利用前面所述的方法所创建的实体并不能完全满足绘制要求，用户可以通过使用拉伸、旋转、放样、扫掠等方法来创建复杂的三维实体造型。

1．拉伸

（1）功能

用户可以通过拉伸已选定的对象来创建实体和曲面。如果拉伸闭合对象，则生成的对象为实体。如果拉伸开放对象，则生成的对象为曲面。如果拉伸具有一定宽度的多段线，则将忽略宽度并从多段线路径的中心拉伸多段线。如果拉伸具有一定厚度的对象，则将忽略厚度。

使用对象拉伸功能必须将独立对象（例如多条直线或圆弧）转换为单个对象，才能从中创建拉伸实体。可以使用"PEDIT"命令的"合并"选项将对象合并为形成多段线。也可以使用"REGION"命令将对象转换为形成面域。

（2）命令调用

在功能区"常用"标签内的"建模"面板上选择"拉伸"工具 拉伸 。

从菜单依次单击"绘图"→"建模"→"拉伸"。

在命令行输入"extrude"，并按〈Enter〉键执行。

（3）操作示例

拉伸对象时，用户可以通过指定路径、倾斜角或方向来创建三维对象。在此，我们以指定拉伸实体路径的方法进行演示。命令行提示如下：

> 命令：_extrude
>
> 当前线框密度：ISOLINES=4
>
> 选择要拉伸的对象：找到 1 个（选择圆形图案）
>
> 选择要拉伸的对象：（按〈Enter〉键结束选择）
>
> 指定拉伸的高度或 [方向(D)/路径(P)/倾斜角(T)] <0.15>: p（通过指定路径进行拉伸）
>
> 选择拉伸路径或 [倾斜角]:（拾取路径线）

完成命令操作后，结果如图 10-22 所示。

2．旋转

（1）功能

利用旋转功能，用户可以通过绕轴旋转开放或闭合的平面曲线来创建新的实体或曲面。如果旋转闭合对象，则生成实体。如果旋转开放对象，则生成曲面。使用旋转功能可以一次旋转多个对象。

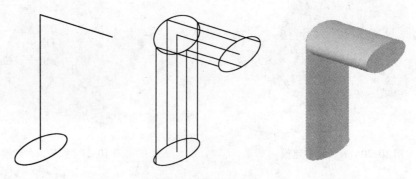

图 10-22　通过路径拉伸实体

（2）命令调用

在功能区"常用"标签内的"建模"面板上选择"旋转"工具⬜。

从菜单依次单击"绘图"→"建模"→"旋转"。

在命令行输入"revolve"，并按〈Enter〉键执行。

（3）操作示例

利用"旋转"功能创建一个三维圆桌。首先用多段线在左视图中绘制圆桌轮廓线，利用旋转功能将其创建为三维圆桌图形。命令行提示如下：

命令: _revolve

当前线框密度:　ISOLINES=4

选择要旋转的对象: 找到 1 个（选择已绘制的轮廓线对象）

选择要旋转的对象:（按〈Enter〉键结束选择）

指定轴起点或根据以下选项之一定义轴 [对象(O)/X/Y/Z] <对象>: o

选择对象:（选择回转轴对象）

指定旋转角度或 [起点角度(ST)] <360>:（默认旋转一周，也可输入 90，旋转 1/4 周）

结果如图 10-23 所示。

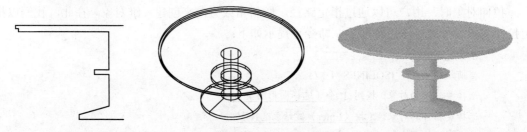

图 10-23　旋转生成实体

3. 多段体

（1）功能

利用多段体命令，用户可以快速绘制三维墙体。使用直线段和曲线段能够以绘制多段线的相同方式绘制多段体。多段体与拉伸多段线的不同之处在于，拉伸多段线在拉伸时会丢失所有宽度特性，而多段体则会保留其直线段的宽度。用户也可以将直线、二维多段线、圆弧或圆等对象转换为多段体。

（2）命令调用

在功能区"常用"标签内的"建模"面板上选择"多段体"工具 🗗 多段体。

从菜单依次单击"绘图"→"建模"→"多段体"。

在命令行输入"polysolid"，并按〈Enter〉键执行。

（3）操作示例

1）利用"多段体"功能创建如图 10-24 所示的建筑物墙体。命令行提示如下：

命令: _Polysolid 高度 = 10.0000, 宽度 = 1.0000, 对正 = 居中

指定起点或 [对象(O)/高度(H)/宽度(W)/对正(J)] <对象>: h

指定高度 <500.0000>: 3000（指定墙体高度为 3000）

高度 = 3000.0000, 宽度 = 1.0000, 对正 = 居中

指定起点或 [对象(O)/高度(H)/宽度(W)/对正(J)] <对象>: w

指定宽度 <10.0000>: 240（指定宽度为 240）

高度 = 3000.0000, 宽度 = 240.0000, 对正 = 居中

指定起点或 [对象(O)/高度(H)/宽度(W)/对正(J)] <对象>:（光标任选一点作为起点）

指定下一个点或 [圆弧(A)/放弃(U)]: 5400（输入墙体长度）

指定下一个点或 [圆弧(A)/放弃(U)]: 2000

指定下一个点或 [圆弧(A)/闭合(C)/放弃(U)]: 1200

指定下一个点或 [圆弧(A)/闭合(C)/放弃(U)]: 1500

指定下一个点或 [圆弧(A)/闭合(C)/放弃(U)]: 3000

指定下一个点或 [圆弧(A)/闭合(C)/放弃(U)]: 1500

指定下一个点或 [圆弧(A)/闭合(C)/放弃(U)]: 1200

指定下一个点或 [圆弧(A)/闭合(C)/放弃(U)]:c（自动闭合，按〈Enter〉键完成绘制）

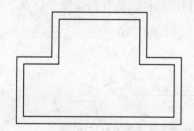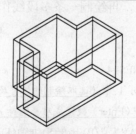

图 10-24　绘制多段体

2）利用"多段体"功能将二维墙线转换为多段体。首先用多段线绘制平面轮廓表示墙线，然后利用"多段体"功能进行转换。命令行提示如下：

命令: _Polysolid

指定起点或 [对象(O)/高度(H)/宽度(W)/对正(J)] <对象>:H

指定高度 <500.0000>: 3000

指定起点或 [对象(O)/高度(H)/宽度(W)/对正(J)] <对象>: W

指定宽度 <20.0000>: 240

选择对象:（光标拾取已绘制的多段线）

完成命令操作，结果如图 10-25 所示。

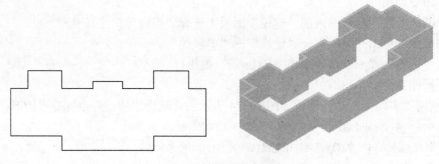

图 10-25　生成多段体

4．扫掠建模

（1）功能

利用扫掠功能，用户可以通过沿路径扫掠平面曲线（轮廓）来创建新的实体或曲面。沿路径扫掠轮廓时，轮廓将被移动并与路径法向（垂直）对齐。如果沿一条路径扫掠闭合的曲线，则将生成实体。如果沿一条路径扫掠开放的曲线，则将生成曲面。使用此功能可以扫掠多个轮廓对象，但是所有对象必须位于同一平面上。

（2）命令调用

在功能区"常用"标签内的"建模"面板上选择"扫掠"工具🔁扫掠。

从菜单依次单击"绘图"→"建模"→"扫掠"。

在命令行输入"sweep"，并按〈Enter〉键执行。

（3）操作示例

利用"扫掠"功能创建一个三维体育场看台。首先用多段线在左视图中绘制一个体育场看台轮廓示意图作为扫掠对象，再绘制一条多段线作为扫掠路径。执行扫掠命令，命令行提示如下：

命令: _sweep

当前线框密度: ISOLINES=4

选择要扫掠的对象: 找到 1 个（选取绘制的体育场看台轮廓线）

选择要扫掠的对象:（按〈Enter〉键完成对象选择）

选择扫掠路径或 [对齐(A)/基点(B)/比例(S)/扭曲(T)]:（选择多段线作为扫掠路径）

完成命令操作，结果如图 10-26 所示。

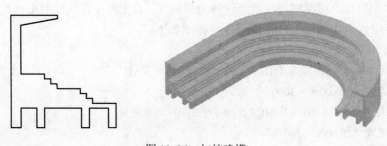

图 10-26　扫掠建模

5. 放样建模

（1）功能

利用放样功能，用户可以通过指定包含至少两个或更多横截面轮廓的一组轮廓中对其进行放样来创建三维实体或曲面。放样时使用的横截面必须全部开放或全部闭合，不能使用既包含开放曲线又包含闭合曲线的选择集。另外，为放样操作指定路径可以更好地控制放样对象的形状。为获得最佳结果，路径曲线应始于第一个横截面所在的平面，止于最后一个横截面所在的平面。注意，在创建放样横截面轮廓时，应将多个横截面绘制在不同的平面内。

（2）命令调用

在功能区"常用"标签内的"建模"面板上选择"放样"工具 。

从菜单依次单击"绘图"→"建模"→"放样"。

在命令行输入"loft"，并按〈Enter〉键执行。

（3）操作示例

利用"放样"功能创建一个三维窗帘。首先用样条曲线在俯视图中绘制两条曲线作为窗帘的上下横截面，再绘制一条多段线作为放样路径。注意，应将两条作为横截面的曲线绘制在不同的平面中。执行放样命令，命令行提示如下：

> 命令：_loft
>
> 按放样次序选择横截面：指定对角点：找到 2 个（选取绘制的两条曲线）
>
> 按放样次序选择横截面：（按〈Enter〉键完成对象选择）
>
> 输入选项 [导向(G)/路径(P)/仅横截面(C)] <仅横截面>：P（选择路径方式生成三维对象）
>
> 选择路径曲线：（选择作为放样路径的多段线）

完成命令操作，结果如图 10-27 所示。

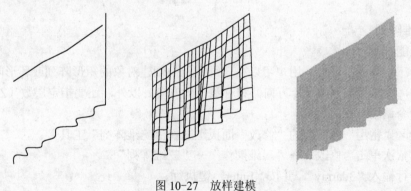

图 10-27　放样建模

10.2.3　三维实体编辑

要想创建更复杂的实体造型，还要进一步学习三维实体的编辑，AutoCAD 2010 提供了实体的镜像、阵列、布尔操作、旋转、移动和对齐等编辑功能。

1. 三维镜像

（1）功能

在 AutoCAD 的三维空间中，用户可以使用三维镜像命令，沿指定的镜像平面来创建指定对象的三维镜像。

（2）命令调用

在功能区"常用"标签内的"修改"面板上选择"三维镜像"工具 ⚿。

从菜单依次单击"修改"→"三维操作"→"三维镜像"。

在命令行输入"mirror3d"，并按〈Enter〉键执行。

（3）操作示例

利用"三维镜像"功能，将前面所绘制的墙体进行镜像操作。命令行提示如下：

命令: _mirror3d

选择对象: 找到 1 个（使用对象选择方法选择要镜像的对象）

选择对象:（按〈Enter〉键结束选择）

指定镜像平面（三点）的第一个点或[对象(O)/最近的(L)/Z 轴(Z)/视图(V)/XY 平面(XY)/YZ 平面(YZ)/ZX 平面(ZX)/三点(3)] <三点>:yz（输入选项、指定镜像平面为 yz）

是否删除源对象？[是(Y)/否(N)] <否>:n（输入"y"或"n"，或按〈Enter〉键确认）

完成命令操作，结果如图 10-28 所示。

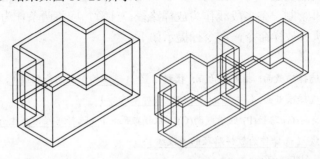

图 10-28　三维镜像

2. 三维阵列

（1）功能

利用"三维阵列"功能，用户可以在三维空间中创建对象的矩形阵列或环形阵列。进行三维阵列时，除了指定列数（X 方向）和行数（Y 方向）以外，还要指定层数（Z 方向）。

（2）命令调用

在功能区"常用"标签内的"修改"面板上选择"三维阵列"工具 ⊞。

从菜单依次单击"修改"→"三维操作"→"三维阵列"。

在命令行输入"3darray"，并按〈Enter〉键执行。

（3）操作示例

利用"三维阵列"功能，对前面所绘制的墙体进行阵列。命令行提示如下：

命令: _3darray

选择对象:找到 1 个（使用对象选择方法选择要阵列的对象）

选择对象:（按〈Enter〉键结束选择）

输入阵列类型 [矩形(R)/环形(P)] <矩形>:R（选择矩形阵列）

输入行数 (---) <1>:1（将阵列行数设为 1）

输入列数 (|||) <1>:2（将阵列列数设为 2）

输入层数 (...) <1>:3（将阵列层数设为 3）

指定列间距 (||||):指定第二点 <u>(可输入间距数值，也可用光标直接在屏幕上量取)</u>

指定层间距 (...):指定第二点 <u>(可输入间距数值，也可用光标直接在屏幕上量取)</u>

完成命令操作，结果如图 10-29 所示。

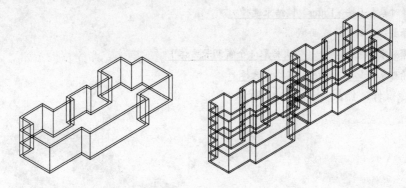

图 10-29　三维阵列

说明：输入正值将沿 X、Y、Z 轴的正向生成阵列。输入负值将沿 X、Y、Z 轴的负向生成阵列。

3. 布尔操作

（1）功能

三维对象的布尔操作包括并集、差集和交集三个基本运算方式。布尔运算适用于一对实体和多个实体的操作。

（2）命令调用

在功能区"常用"标签内的"实体编辑"面板上选择"并集" ⑩、"差集" ⑩、"交集" ⑩ 工具。

从菜单依次单击"修改"→"实体编辑"→"并集"、"差集"或"交集"。

在命令行输入"union"、"subtract"或"intersect"，并按〈Enter〉键执行。

（3）操作示例

1）利用"并集" ⑩ 功能，将两个或多个实体组合成为一体，即实体合并。命令行提示如下：

命令：_union

选择对象：找到 1 个 <u>(选择墙体轮廓)</u>

选择对象：找到 1 个，总计 2 个 <u>(选择窗洞长方体)</u>

选择对象：<u>(按〈Enter〉键结束选择)</u>

完成命令操作，结果如图 10-30 所示。

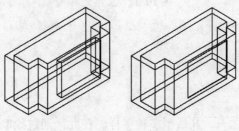

图 10-30　实体并集

2）利用"差集" ⑩ 功能，从一个实体中减去另一个实体，即实体相减。命令行提示如下：

命令: _subtract 选择要从中减去的实体或面域...

选择对象: 找到 1 个 (选择墙体轮廓)

选择对象: (按〈Enter〉键结束选择)

选择要减去的实体或面域 ..

选择对象: 找到 4 个 (依次拾取 4 个窗洞长方体)

选择对象: (按〈Enter〉键结束选择)

完成命令操作，结果如图 10-31 所示。

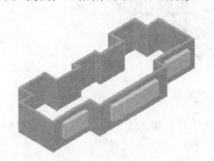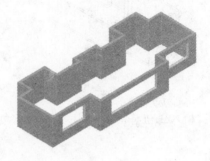

图 10-31　实体差集

3）利用"交集" ⑩ 功能，从两个或多个实体的相交部分取得实体，即实体交集。命令行提示如下：

命令: _intersect

选择对象: 找到 1 个 (选择五棱柱)

选择对象: 找到 1 个，总计 2 个 (选择长方体)

选择对象: (按〈Enter〉键结束选择)

完成命令操作，结果如图 10-32 所示。

图 10-32　实体交集

10.3　创建三维家具

10.3.1　创建三维沙发

沙发作为常用的家具之一，其造型多种多样。在此，通过绘制三维沙发为例，来深入了解"拉伸"和"扫掠"等三维工具的综合运用。创建三维沙发的操作步骤如下：

1）打开 AutoCAD 2010 中文版，新建一个图形文件，工作空间切换为"三维建模"。

2）在功能区"常用"标签内的"绘图"面板上选择"多段线"工具 ⤵，并将"视图"切换到"前视" ⬜ 前视，绘制沙发扶手轮廓。尺寸如图 10-33 所示。

3）在功能区"常用"标签内的"修改"面板上选择"圆角"工具 ⬜，对沙发扶手轮廓做圆角处理，圆角半径如图 10-34 所示。

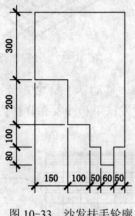

图 10-33　沙发扶手轮廓

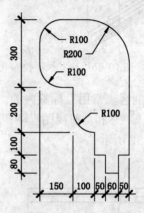

图 10-34　沙发扶手编辑

4）在功能区"常用"标签内的"修改"面板上选择"镜像"工具 ⚖，创建另一侧扶手轮廓。两个扶手之间距离为 900mm。

5）在功能区"常用"标签内的"绘图"面板上选择"多段线"工具 ⤵，并将"视图"切换到"左视" ⬜ 左视，绘制沙发靠背轮廓，并对图示位置做圆角处理。尺寸如图 10-35 所示。

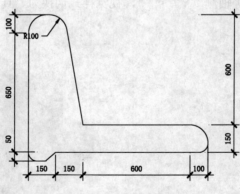

图 10-35　沙发靠背轮廓

6）在功能区"常用"标签内的"视图"面板上选择"三维导航"工具栏，将视图切换到"西南等轴测" ◈ 西南等轴测。

7）在功能区"常用"标签内的"建模"面板上选择"拉伸"工具 ⬚ 拉伸，将所绘制的沙发扶手进行拉伸，拉伸高度值为 900mm。结果如图 10-36 所示。

8）在功能区"常用"标签内的"建模"面板上选择"拉伸"工具 ⬚ 拉伸，将所绘制的靠背进行拉伸，拉伸高度值为 900mm。结果如图 10-37 所示。

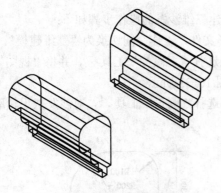

图 10-36　沙发扶手拉伸

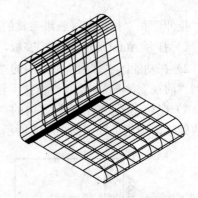

图 10-37　沙发靠背拉伸

9）在功能区"常用"标签内的"修改"面板上选择"移动"工具 ✛，分别将视图切换到"左视图" ▢左视 和"前视图" ▢前视，将前面生成的沙发扶手和沙发靠背移动到适当位置。结果如图 10-38 所示。

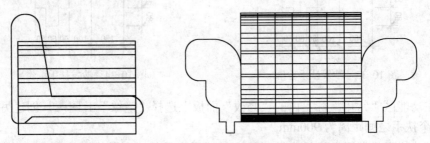

图 10-38　移动组合

10）在功能区"常用"标签内的"视图"面板上选择"三维导航"和"视觉样式"工具栏，将视图切换到"西南等轴测" ◈西南等轴测，视觉样式切换为"真实" ▆。三维沙发建模结果如图 10-39 所示。

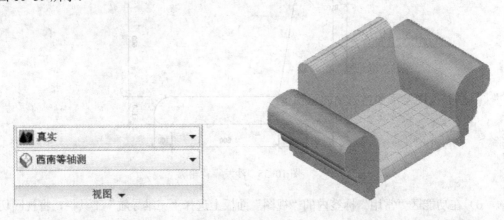

图 10-39　三维沙发建模

10.3.2　创建三维床

床作为常用的家具之一，其造型多种多样。在此，我们通过绘制三维双人床为例，来深入了解"拉伸"和"扫掠"等三维工具的综合运用。创建三维床的操作步骤如下：

1）打开 AutoCAD 2010 中文版，新建一个图形文件，工作空间切换为"三维建模"。

2）在功能区"常用"标签内的"绘图"面板上选择"多段线"工具，并将"视图"切换到"左视"，绘制床体轮廓。尺寸如图 10-40 所示。

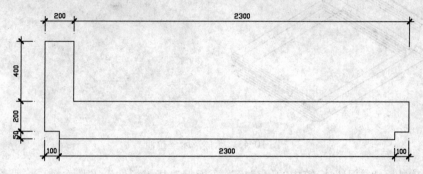

图 10-40　窗体轮廓

3）在功能区"常用"标签内的"修改"面板上选择"圆角"工具，对床体轮廓做圆角处理，圆角半径如图 10-41 所示。

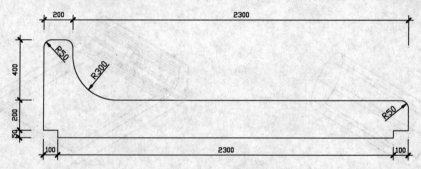

图 10-41　圆角处理

4）在功能区"常用"标签内的"绘图"面板上选择"矩形"工具，并将矩形圆角设为 50mm，绘制一个尺寸为 2000mm×150mm 的矩形表示床垫，如图 10-42 所示。

5）在功能区"常用"标签内的"绘图"面板上选择"椭圆"工具，绘制一个椭圆表示床头靠垫，并将其旋转 45°。椭圆尺寸如图 10-42 所示。

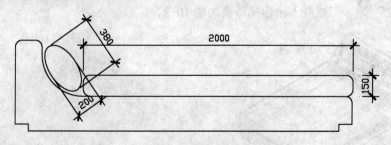

图 10-42　床垫及靠垫轮廓

6）在功能区"常用"标签内的"视图"面板上选择"三维导航"工具栏，将视图切换到"西南等轴测"。

7）在功能区"常用"标签内的"建模"面板上选择"拉伸"工具 ⬚拉伸，将所绘制的床体和床垫进行拉伸，拉伸高度值为1800mm。结果如图10-43所示。

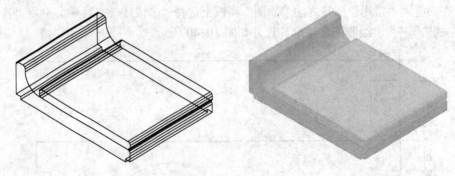

图10-43　床体及床垫拉伸

8）在功能区"常用"标签内的"建模"面板上选择"拉伸"工具 ⬚拉伸，将所绘制的床头靠垫进行拉伸，拉伸高度值为850mm。结果如图10-44所示。

9）在功能区"常用"标签内的"修改"面板上选择"复制"工具 ⬚，对床头靠垫进行复制，并放置在适当位置。结果如图10-45所示。

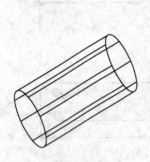

图10-44　靠垫拉伸

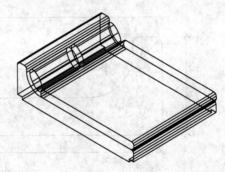

图10-45　复制靠垫

10）在功能区"常用"标签内的"修改"面板上选择"圆角"工具 ⬚，将床垫两侧面的长边和床头靠垫两侧做圆角处理，圆角半径设为50。结果如图10-46所示。

11）在功能区"常用"标签内的"视图"面板上选择"视觉样式"工具栏，将视觉样式切换为"真实" ⬚真实。三维双人床建模结果如图10-47所示。

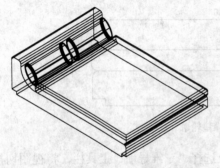

图10-46　床垫及靠垫圆角处理

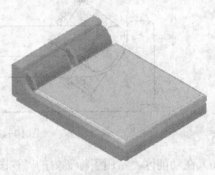

图10-47　三维双人床建模

10.4　三维图形渲染

渲染是基于三维场景来创建二维图像。它使用已设置的光源、已应用的材质和环境设置（例如背景和雾化），为场景的几何图形着色。在 AutoCAD 中进行三维图形渲染，可以创建一个可以表达用户想象的真实照片级质量的演示图像。模型的真实感渲染往往可以为设计团队或潜在客户提供比打印图形更清晰的概念设计视觉效果。

在渲染窗口中，用户可以渲染整个视图、一组选定的对象或在视口中的可见部分。默认情况下，渲染过程为渲染图形内当前视图中的所有对象。如果没有打开命名视图或相机视图，则渲染当前视图。虽然在渲染关键对象或视图的较小部分时渲染速度较快，但渲染整个视图可以让用户看到所有对象之间是如何相互定位的。如果当前图形包含命名视图，或者已将相机添加到模型，用户则可以使用"VIEW"命令进行快速显示。

10.4.1　快速渲染对象

1. 功能

用户可以使用"RENDER"命令来渲染模型，而无需应用任何材质、添加任何光源或设置场景。渲染新模型时，渲染器会自动使用"与肩齐平"的虚拟平行光。这个光源不能移动或调整。

2. 命令调用

在功能区"渲染"标签内的"渲染"面板上选择"渲染"工具 🫖 渲染。

从菜单依次单击"视图"→"渲染"→"渲染"。

在命令行输入"RENDER"，并按〈Enter〉键执行。

3. 操作示例

为前面所创建的三维双人床图样进行渲染。快速渲染的操作步骤如下：

1）打开 AutoCAD 2010 中文版，新建一个图形文件，工作空间切换为"三维建模"。

2）根据前面所学方法绘制出"三维双人床"图形。

3）在功能区"渲染"标签内的"渲染"面板上选择"渲染"工具 🫖 渲染，进行快速渲染。执行该命令后，将会弹出渲染窗口，如图 10-48 所示。

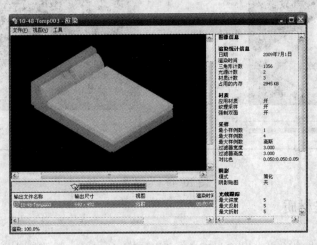

图 10-48　渲染窗口

10.4.2 设置光源

1. 功能

用户可以使用"光源"功能向场景中添加光源以创建更加真实的渲染效果。场景中没有光源时，将使用默认光源对场景进行着色。用户移动模型时，默认光源来自视点后面的两个平行光源，模型中的所有面均被照亮，以使其可见。

添加光源可为场景提供真实的外观并增强场景的清晰度和三维性。用户可以创建点光源、聚光灯和平行光以达到想要的效果。系统将使用不同的光线轮廓（图形中显示光源位置的符号）表示每个聚光灯和点光源。

阳光是一种类似于平行光的特殊光源。用户为模型指定的地理位置以及指定的日期和当日时间定义了阳光的角度。用户也可以更改阳光的强度及其光源的颜色。阳光与天光是自然照明的主要来源。

2. 命令调用

在功能区"渲染"标签内的"光源"面板上选择"创建光源"工具。

从菜单依次单击"视图"→"渲染"→"光源"。

在命令行输入 LIGHT，并选择相应光源类型，按〈Enter〉键执行。用户也可以在命令行直接输入"POINTLIGHT"，以创建"点光源"；输入"SPOTLIGHT"，以创建"聚光灯"；输入"DISTANTLIGHT"，以创建"平行光"。

3. 操作示例

为前面所创建的三维双人床图样添加光源。添加光源的操作步骤如下：

1）打开前面所绘制的三维双人床图形文件，并将工作空间切换为"三维建模"。

2）在功能区"渲染"标签内的"光源"面板上选择"创建光源"工具；创建一个"点光源"，放置在适当位置。渲染后的效果如图 10-49a 所示。

3）在功能区"渲染"标签内的"光源"面板上选择"创建光源"工具；创建一个"聚光灯"，放置在适当位置。渲染后的效果如图 10-49b 所示。

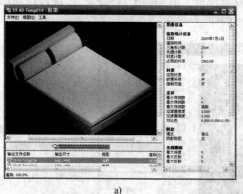
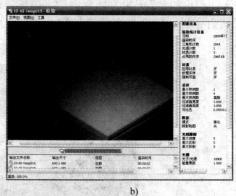

a)   b)

图 10-49　创建光源

10.4.3 设置渲染材质

1. 功能

在 AutoCAD 中，用户可以将材质添加到图形中的对象，以得到真实的效果。AutoCAD

2010 提供的"工具选项板"窗口中的"材质"工具选项板列出了大量已设置好的不同类型的材质样例。使用这些材质工具，用户可以将材质应用到场景中的对象。还可以使用"材质"工具面板创建和修改材质。

2．命令调用

在功能区的空隙位置单击鼠标右键，在弹出的快捷菜单中选择"工具选项板组"，调出"材质"选项板，其中列出了大量已设置好的不同类型的材质样例，如图 10-50 所示。

从菜单依次单击"视图"→"渲染"→"材质"，将调出"材质"窗口，其中提供了不同的控件和设置面板，用于创建、修改和应用材质，如图 10-51 所示。

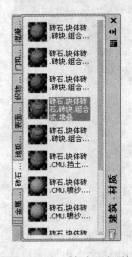

图 10-50　"材质"选项板

图 10-51　"材质"窗口

在命令行输入"MATERIALS"，并按〈Enter〉键也可调出"材质"窗口。

3．操作示例

为图 10-52 所示的局部墙体指定材质。设置渲染材质的操作步骤如下：

1）打开 AutoCAD 2010 中文版，新建一个图形文件，工作空间切换为"三维建模"。

2）在功能区"常用"标签内的"建模"面板上选择"多段体"工具 多段体，将多段体高设为 3000mm，宽设为 240mm。绘制一段长度 4000mm 的墙体。

3）调出"材质"选项板，选择"砖石"类的材质样例，将名为"砖石 组合式 普通"的材质指定给所绘制的墙体。结果如图 10-52 所示。

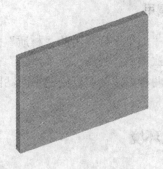

图 10-52　指定材质

4）从菜单依次单击"视图"→"渲染"→"材质"，调出"材质"窗口，切换到"材质缩放与平铺"面板，对材质参数进行调整，调整内容如图 10-53a 所示。材质参数修改效果如图 10-53b 所示。

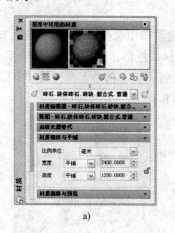
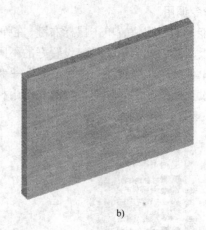

图 10-53　编辑材质

10.4.4　设置贴图

1. 功能

在渲染图形时，可以将材质映射到对象上，称为贴图。用户可以在每个贴图频道（"漫射"、"反射"、"不透明"和"凹凸"）中选择"纹理贴图"或"程序贴图"，以增加材质的复杂性。

贴图可以为材质增加纹理真实感，可以对材质指定图案或纹理。例如，要使一面墙看上去是由砖块砌成的，可以选择具有砖块图像的纹理贴图。也可以使用程序贴图，例如瓷砖或木材，用户可以调整程序贴图的某些特性以获得想要的效果，例如，砖块图案材质的砖块大小和砂浆间距或木材材质中木纹的间距。

程序贴图的类型有：纹理（使用图像文件作为贴图）、方格（应用双色方格形图案）、渐变延伸（使用颜色、贴图和光顺创建多种延伸）、大理石（应用石质颜色和纹理颜色图案）、噪波（根据两种颜色的交互创建曲面的随机扰动）、斑点（生成带斑点的曲面图案）、瓷砖（应用砖块、颜色或材质贴图的堆叠平铺）、波（创建水状或波状效果）、木材（创建木材的颜色和颗粒图案）。

2. 命令调用

在功能区"渲染"标签内的"材质"面板上选择"材质贴图"工具。

从菜单依次单击"视图"→"渲染"→"贴图"命令的子命令。

使用上述两种方法均可以创建平面贴图、长方体贴图、柱面贴图和球面贴图，如图 10-54 所示。

10.4.5　设置环境

1. 功能

在 AutoCAD 中，用户可以使用环境功能来设置雾化效果或背景图像。通过雾化效果（例如雾化和深度设置）或将位图图像添加为背景来增强渲染图像。

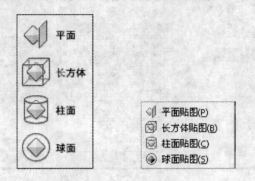

图 10-54 贴图类型

2. 渲染环境

在功能区"渲染"标签内的"渲染"面板上选择"环境"工具![环境]。

从菜单依次单击"视图"→"渲染"→"渲染环境"。

在命令行输入"RENDERENVIRONMENT"，并按〈Enter〉键执行。

上述方法均可以调出"渲染环境"对话框，如图 10-55 所示。

图 10-55 "渲染环境"对话框

雾化和景深效果处理是非常相似的大气效果，可以使对象随着距相机距离的增大而淡入显示。要设置的关键参数包括：雾化或景深效果处理的颜色、近距离和远距离以及近处雾化百分率和远处雾化百分率。雾化或景深效果处理的密度由近处雾化百分率和远处雾化百分率来控制。这些设置的范围从 0.0001～100。值越高表示雾化或景深效果处理越不透明。

3. 背景

在功能区"视图"标签内的"视图"面板上选择"命名视图"工具![命名视图]。

从菜单依次单击"视图"→"命名视图"。

在命令行输入"VIEW"，并按〈Enter〉键执行。

上述方法均可调出"视图管理器"对话框，如图 10-56 所示。单击"新建"按钮，将会弹出"新建视图/快照特性"对话框，如图 10-57 所示。

背景主要是显示在模型后面的背景，可以是单色、多色渐变色或位图图像。渲染静止图像时，或者渲染其中的视图不变化或相机不移动的动画时，使用背景效果最佳。用户可以通过视图管理器设置背景。设置以后，背景将与命名视图或相机相关联，并且与图形一起保存。

图 10-56　"视图管理器"对话框

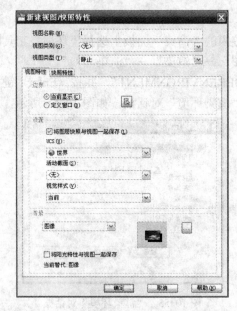

图 10-57　"新建视图/快照特性"对话框

10.5　室内三维空间创建实例

本节通过一个室内三维空间的绘制实例,详细介绍使用 AutoCAD 2010 绘制三维图形的方法。绘制室内三维空间的操作步骤如下:

10.5.1　创建三维模型

要绘制室内三维空间,首先应创建三维模型。创建三维空间模型的操作步骤如下:

1. 绘制墙体

利用多段体、视觉样式和视图工具创建三维空间的墙体。操作步骤如下:

1)打开 AutoCAD 2010 中文版,新建一个图形文件,工作空间选为"三维建模"。

2)选择"格式"菜单中的"图形界限"工具,将图形界限设为 20000mm×20000mm。

3）在功能区"常用"标签内的"建模"面板上选择"多段体"工具 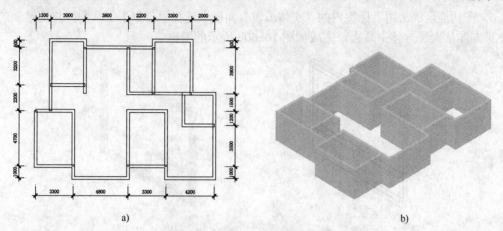 多段体，将其高度设为3000mm，宽度设为240mm，绘制建筑物的墙体。墙体尺寸如图 10-58a 所示。

4）将"视觉样式"设为"真实"，视图设为"西南等轴测"，结果如图 10-58b 所示。

a)　　　　　　　　　　　　　　　　　　b)

图 10-58　创建三维墙体

2. 创建三维门窗

利用长方体、复制、差集和移动工具创建三维空间的门窗。操作步骤如下：

1）在功能区"常用"标签内的"建模"面板上选择"长方体"工具 长方体，绘制一个长方体，作为窗洞口开洞参照，宽度为 1800mm、高度为 1500mm、厚度为 300mm。并将其放置在卧室外墙中部，窗台高度为 600mm。

2）在功能区"常用"标签内的"修改"面板上选择"复制"工具，将该长方体复制到其他卧室的外墙中部。

3）重复上述操作，分别为卧室、厨房、卫生间、餐厅、客厅等创建表示门窗洞口的长方体。结果如图 10-59a 所示。

4）在功能区"常用"标签内的"实体编辑"面板上选择"差集"工具，将所绘制的表示门窗洞口的长方体从墙体中减去，从而形成门窗洞口。结果如图 10-59b 所示。

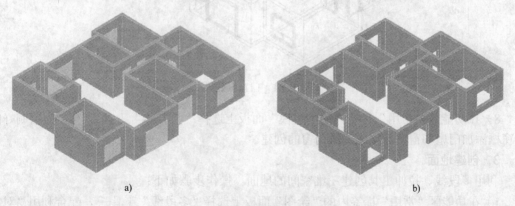

a)　　　　　　　　　　　　　　　　　　b)

图 10-59　创建门窗洞口

5）在功能区"常用"标签内的"建模"面板上选择"长方体"工具 长方体，绘制 4 个长方体，作为窗框轮廓，尺寸分别为 1800mm×1500mm、1700mm×900mm、830mm×450mm、830mm×450mm。表示外框的大长方体的厚度为 80mm，其余小长方体厚度为 100mm，如图 10-60a 所示。

6）在功能区"常用"标签内的"实体编辑"面板上选择"差集"工具，将所绘制的三个小长方体从大长方体中减去，完成如图 10-60b 所示的窗框。

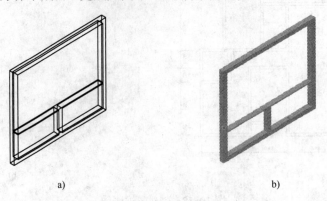

a)   b)

图 10-60 创建窗框

7）重复上述操作，完成所有门窗框的三维建模。并将其放置在相应的门窗洞口中。结果如图 10-61 所示。

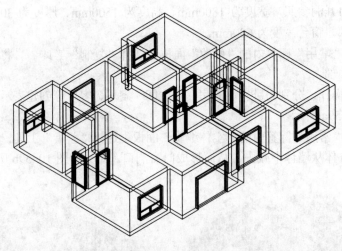

图 10-61 门窗框建模

8）在功能区"常用"标签内的"建模"面板上选择"长方体"工具，为绘制好的门窗框添加门扇和窗扇。完成三维门窗的创建。

3. 创建地面

利用多段线、拉伸工具创建三维空间的地面。操作步骤如下：

1）在功能区"常用"标签内的"绘图"面板上选择"多段线"工具，配合利用"对象捕捉"功能，绘制建筑物的地面轮廓线。

2）在功能区"常用"标签内的"建模"面板上选择"拉伸"工具，将所绘制的地面轮廊线进行拉伸，高度设为 100mm。结果如图 10-62 所示。

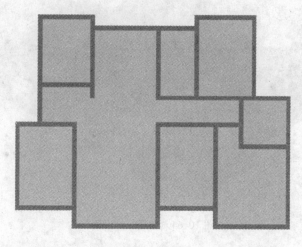

图 10-62　创建地面

4．创建三维家具

利用多段线、拉伸、视图、三维实体等工具创建三维空间的家具。操作步骤如下：

1）根据前面所述方法，利用"多段线"、"拉伸"、"三维实体"等工具，创建三维沙发、三维茶几和三维双人床，可参见本章第三部分内容。

2）将创建好的三维家具移动到房间适当位置，完成三维模型的创建，如图 10-63 所示。

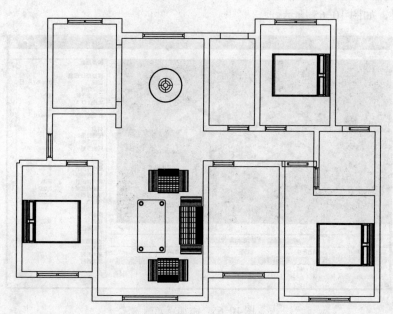

图 10-63　三维家具创建

3）在功能区"常用"标签内的"视图"面板上选择"视觉样式"工具栏，将视觉样式切换为"真实" ，并将视口切换为"西南等轴测"。结果如图 10-64 所示。

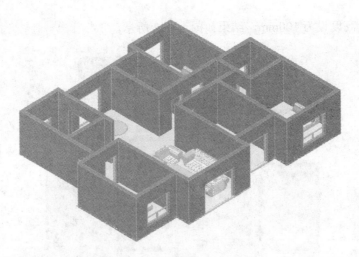

图 10-64　创建三维空间

10.5.2　图形效果渲染

利用创建光源、渲染、阳光状态、材质选项板、相机工具完成三维空间的图形渲染。图形效果渲染的操作步骤如下：

1）在功能区"渲染"标签内的"光源"面板上选择"创建光源"工具；为每个房间分别创建"点光源"，放置在房间的适当位置。

2）在功能区"渲染"标签内的"渲染"面板上选择"渲染"工具，使用快速渲染，查看灯光效果，如图 10-65 所示。

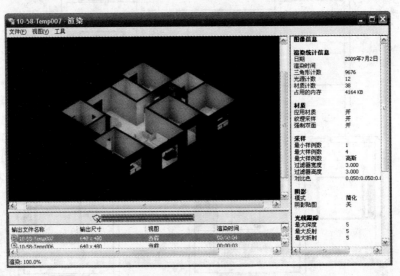

图 10-65　添加点光源

3）在功能区"渲染"标签内的"阳光和位置"面板上选择"阳光状态"工具；并调整适当的"日期"和"时间"。快速渲染后的效果如图 10-66 所示。

262

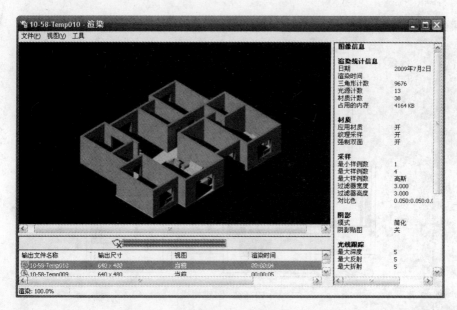

图 10-66 阳光状态

4）在功能区的空隙位置单击鼠标右键，在弹出的快捷菜单中选择"工具选项板组"，调出"材质"选项板，在"砖石 材质样例"中选择名为"砖石 块体"的材质添加到墙体对象，在"地板材料 材质样例"中选择名为"地板材料 木材硬木"的材质添加到地面对象，结果如图 10-67 所示。

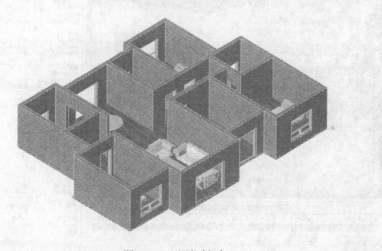

图 10-67 添加材质

5）打开"材质"选项板，为所绘制的家具指定材质。在"织物 材质样例"中选择名为"天鹅绒 红色"的材质添加到沙发靠背对象，在"织物 材质样例"中选择名为"亚麻布 斜纹软呢"的材质添加到沙发扶手对象，在"门和窗 材质样例"中选择名为"玻璃 磨砂"的材质添加到茶几台面对象。

6）在功能区"渲染"标签内的"相机"面板上选择"创建相机"工具创建相机，并将视图切换到"俯视"，在客厅位置创建一个相机，用户可以在图形中打开或关闭相机，并可使用其夹点来编辑相机的位置、目标或焦距，如图 10-68 所示。

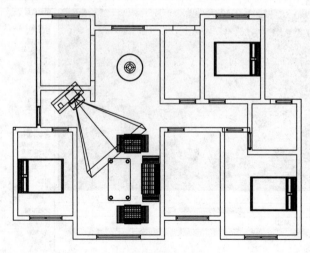

图 10-68　创建相机

7）在功能区"常用"标签内的"视图"面板上选择"三维导航栏"，将视图切换到"相机 1" [相机1]，执行快速渲染后的效果如图 10-69 所示。

图 10-69　三维空间渲染

10.6　实训

1. 实训要求

利用前面所学知识，绘制如图 10-70 所示的单体建筑三维效果图。在绘制过程中，应用前面所学的二维图形绘制工具、三维建模工具和渲染工具，并灵活运用"三维导航"切换视图状态，以快速地完成三维效果图的绘制。

图 10-70　单体建筑三维效果图绘制实训

2．操作指导

1）打开 AutoCAD 2010 软件，新建图形文件，将工作空间切换为"三维建模"，并将视图切换为"俯视"。

2）设置绘图环境，将图形界限设置为 70000mm×50000mm 的范围，并将文件保存至"E：\AutoCAD2010 练习"文件夹中，文件名为"单体建筑三维效果图实训"。

3）使用"图层特性管理器"建立图层"轴线"、"墙体"、"门窗"、"地面"、"屋顶"。

4）在功能区"常用"标签内的"建模"面板上选择"多段体"工具 多段体，绘制建筑物的墙体，建筑物总长 21000mm，总宽 12000mm，窗洞口尺寸为 1500mm×1500mm。注意，绘制墙体时，应将多段体的高度设为 2800mm，宽度设为 240mm。

5）在功能区"常用"标签内的"建模"面板上选择"长方体"工具 长方体，绘制尺寸为 1500mm×1500mm×500mm 的长方体，并将其复制多个分别放置在外墙窗洞口位置。

6）在功能区"常用"标签内的"实体编辑"面板上选择"差集"工具，将表示窗洞口的长方体从墙体中减去，完成首层建筑物墙体的建模。

7）利用"长方体"和"差集"工具，绘制窗框（厚度 80mm）、玻璃（厚度 8mm）。

8）在功能区"常用"标签内的"修改"面板上选择"复制"工具，将视图切换到"前视"，复制首层墙体，完成建筑物的四层墙体建模。

9）利用"长方体"、"多段体"、"圆柱体"、"差集"等工具，创建三维阳台，并放置在图示位置。阳台平面尺寸为 3600mm×1500mm，栏板高度为 1100mm。

10）在功能区"常用"标签内的"建模"面板上选择"多段体"工具 多段体，将多段体的高度设为 1100mm，宽度设为 240mm，绘制屋顶女儿墙。并利用"长方体"工具完成屋面板的建模，其厚度为 100mm。

11）在功能区"常用"标签内的"建模"面板上选择"长方体"工具 长方体，绘制一个尺寸为 60000mm×50000mm×200mm 的长方体，表示室外地面。

12）打开"材质"选项板，为创建的三维建筑物指定材质。用户可根据需要任意指定材质样例。

13）在功能区"视图"标签内的"视图"面板上选择"命名视图"工具 命名视图，新建一个名为"天空"的视图，并为其指定背景图像。

14）在功能区"渲染"标签内的"相机"面板上选择"创建相机"工具 创建相机，在适当位置创建一个相机，用户可利用夹点任意调整相机的位置、目标或焦距。

15）在功能区"渲染"标签内的"渲染"面板上选择"渲染"工具 渲染，并将视图切换到"相机 1" 相机1，执行渲染命令。完成如图 10-70 所示的单体建筑三维效果图。

10.7 练习题

1. 利用本章所学内容，创建如图 10-71 所示的三维梳妆台，并为对象指定材质。

图 10-71 三维梳妆台效果图

2. 利用本章所学内容，绘制如图 10-72 所示的三维建筑效果图，并指定构件的材质和渲染背景。建筑物总长度为 21000mm，总宽度为 12000mm，层高 3000mm，共两层，女儿墙高 600mm，建筑物的顶部标高为 6600mm，室内外高差为 450mm。

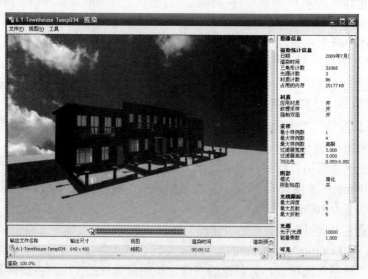

图 10-72 三维建筑效果图

附录　AutoCAD 2010 常用命令

AutoCAD 2010 常用命令整理如下。

英 文 命 令	中 文 意 义	功　　能
3D	三维	创建三维多边形对象
3DALIGN	三围对齐	在二维和三维中将对象与其他对象对齐
3DARRAY	三维阵列	创建三维阵列
3DCLIP	三维剪切	打开"调整剪切平面"对话框
3DCONFIG	三维系统设置	提供三维图形系统配置设置
3DDWF	三维 DWF 文件	显示"输出三维 DWF"对话框
3DFACE	三维面	画三维面
3DFLY	三维飞行	激活穿越飞行模式,使用户可在任何方向上(可以离开 XY 平面)导航
3DFORBIT	自由动态观察	使用不受约束的动态观察控制三维中对象的交互式观察
3DMESH	三维网格面	画三维多边形网格面
3DMOVE	三维移动	在三维视图中显示移动夹点,并在指定方向上将对象移动指定的距离。
3DORBIT	三维动态观察	打开三维动态观察器
3DPAN	三维拖动	可以在透视视图中水平和垂直拖动三维对象
3DPOLY	三维多线段	画三维多线段
3DROTATE	三维旋转	在三维视图中显示旋转夹点工具,并绕基点旋转对象
3DSIN	3DStudio 输入	输入 3D Studio 文件
3DWALK	三维漫游	交互式更改三维图形的视图,从而使用户就像在模型中穿越漫游一样
3DZOOM	三维缩放	在透视图中缩放三维视图
A		
ABOUT	信息输出	显示有关 AutoCAD 的信息
ADCCLOSE	关闭 ADC	退出 AutoCAD 设计中心
ADCENTER	打开 ADC	打开 AutoCAD 设计中心
ALIGN	对齐	对齐二维或三维对象
ARC	圆弧	创建圆弧
AREA	面积	计算对象或指定区域的面积与边长
ARRAY	阵列	创建对象的阵列复制
ATTDEF	属性定义	定义属性定义
ATTDISP	属性可见性	控制属性可见性
ATTEDIT	属性编辑	编辑属性
ATTEXT	属性数据	提取属性数据
ATTREDEF	定义块	重新定义块并更新关联

英 文 命 令	中 文 意 义	功　　能
B		
BASE	基点	为当前图形文件设置插入基点
BHATCH	填充	图形填充
BLOCK	块	创建块定义
BOX	长方体	创建三维实心长方体
BREP	删除记录	从三维实体图元和复合实体中删除历史记录
BMPOUT	BMP 文件输出	将指定 BMP 对象存至格式的图像文件中
BLOCKICON	块图标	对于 R14 或更早版本 AutoCAD 创建的预览图像
BOUNDARY	边界	将分闭域创建成面域或多线段
BOX	长方体	创建三维长方体实体
BREAK	打断	删除部分对象或将对象分成两部分
C		
CAMERA	照相机	设置照相机和目标的位置
CAMERADISPLAY	相机显示	控制是否在当前图形中显示相机对象
CHAMFER	圆角	对图形对象进行倒角
CHANGE	改变	修改现有对象的特性
CHPROP	修改特性	修改对象的颜色、线型、图层、线型比例因子、厚度、打印样式
CIRCLE	圆	创建圆
CLOSE	关闭	关闭当前图形
CMATERIAL	材质	设置新对象的材质
COLOR	颜色	为新对象设置颜色
CONE	圆锥体	创建三维圆锥体实体
CONVERTOLDLIGHTS	转换光源	将图形中最初以先前图形文件格式创建的光源更新为当前图形文件格式
CONVTOSOLID	转换实体	将具有厚度的多段线和圆转换为三维实体
COPY	复制	复制对象
COPYBASE	基点复制	复制指定基点的对象
COPYCLIP	复制到剪贴板	将对象复制到剪贴板上
COPYHIST	复制文本	将命令行中的文本复制到剪贴板上
CSHADOW	显示特性	设置三维对象的阴影显示特性
CUTCLIP	剪切到剪贴板	将对象复制到剪贴板中，并从图形中删除这些对象
CYLINDER	圆柱体	创建三维圆柱体或椭圆柱实体
D		
DASHBOARD	面板	打开"面板"窗口
DASHBOARDCLOSE	关闭面板	关闭"面板"窗口
DASHBOARDSTATE	面板状态	确定"面板"窗口是否处于活动状态
DDEDIT	文本编辑	编辑文本与属性定义

英文命令	中文意义	功 能
DDPTYPE	点模式	设置点对象的显示模式与大小
DDVPOINT	三维模式	设置三维视点方向
DEFAULTLIGHTING	光源	打开和关闭默认光源
DEFAULTLIGHTINGTYPE	光源类型	指定默认光源的类型
DIM	标注模式	进入尺寸标注模式
DIMALIGNED	尺寸标注	创建对齐尺寸标注
DIMANGULAR	角度标注	创建角度尺寸标注
DIMARCSYM	弧长符号	控制弧长标注中圆弧符号的显示
DIMBASELINE	基线标注	标注基线尺寸
DIMCENTER	中心标注	创建圆或圆弧的中心标记或中心线
DIMCONTINUE	连续标注	创建连续尺寸标注
DIMDIAMETER	直径标注	创建直径尺寸标注
DIMEDIT	尺寸编辑	编辑尺寸
DIMFXL	尺寸界线总长度	设置始于尺寸线截止于标注原点的尺寸界线的总长度
DIMFXLON	固定长度	控制是否将尺寸界线设置为固定长度
DIMJOGANG	折弯标注	确定折弯半径标注中尺寸线的横向段角度
DIMLINEAR	线性标注	创建线性尺寸标注
DIMLTEX1	尺寸界线 1	设置第一条尺寸界线的线型
DIMLTEX2	尺寸界线 2	设置第二条尺寸界线的线型
DIMLTYPE	尺寸线	设置尺寸线的线型
DIMORDINATE	坐标标注	创建坐标尺寸标注
DIMRADIUS	半径标注	创建半径尺寸标注
DIMSTYLE	标注样式	创建、修改尺寸标注样式
DIMTEDIT	编辑尺寸	修改尺寸文本的位置
DIMTFILL	标注背景	控制标注文字的背景
DIMTFILLCLR	背景颜色	设置标注中文字背景的颜色
DIST	距离	测量两点的距离与有关角度
DISTANTLIGHT	平行光	创建平行光
DIVIDE	等分	沿对象的长度或圆周等间距放置点或块
DOUNT	圆环	创建填充的圆或圆环
DRAGVS	视觉样式	设置创建三维对象时的视觉样式
DSETTINGS	追踪模式	设置栅格捕捉、栅格显示、极坐标及对象捕捉追踪模式
DSVIEWER	鸟瞰	打开鸟瞰窗口
DVIEW	视图	通过使用相机和目标来定义平行投影或透视投影视图
DWFFRAME	打印边框	确定 DWF 边框是否可见以及是否打印该边框
DWFOSNAP	DWF 捕捉	确定是否已为附着到 DWG 的 DWF 启用了对象捕捉

英 文 命 令	中 文 意 义	功　能
DWGPROPS	图形特性	设置显示当前图形的特性
DXBIN	DXB 输入	输入 DXB 格式的二进制文件
DXFIN	DXF 输入	输入 DXF 格式的文件
DXFOUT	DXF 输出	输出 DXF 格式的文件
E		
EDGE	三维面边界	设置三维面边界的可见性
EDGESURF	三维网格	创建三维多边形网格
ELEV	标高	设置新对象的标高与厚度
ELLIPSE	椭圆	创建椭圆或椭圆弧
ERASE	删除	从当前图形中删除指定对象
ETRANSMIT	传递	将一组文件打包以进行 Internet 传递
EXPLODE	分解	将图形块中的组成单元分解为基本对象
EXPORT	输出	将对象保存到其他格式的文件中
EXTEND	延伸	延伸对象，使其与另一对象相交
EXTRUDE	拉伸	将二维对象拉伸为三维实体或曲面
F		
FILL	填充	控制对象的填充模式
FILLET	圆角	倒圆角
FIND	查找	查找、替换、选择或缩放文本
FLATSHOT	平面摄影	创建当前视图中所有三维对象的二维表示
FREESPOT	自由聚光灯	创建与未指定目标的聚光灯相似的自由聚光灯
G		
GRAPHSCR	窗口切换	将文本窗口切换为图形窗口
GRID	栅格	控制当前视口中的栅格显示
GRIDDISPLAY	栅格显示	控制栅格的显示行为和显示限制
GRIDMAJOR	栅格频率	控制主栅格线相对辅栅格线的显示频率
GRIDUNIT	栅格间距	为当前视口指定 X 和 Y 栅格间距
GROUP	组	创建命名的对象选择集
GTAUTO	夹点自动显示	控制在三维空间中选择对象时夹点工具是否自动显示
GTDEFAULT	自动启动	控制在三维视图中（分别）启动 MOVE、ROTATE 和 SCALE 命令时，是否自动启动 3DMOVE、3DROTATE 和 3DSCALE 命令
GTLOCATION	夹点设置	为夹点工具设置默认位置
H		
HATCH	图案填充	用图案填充封闭区域
HATCHEDIT	填充编辑	修改填充的图案
HELP	帮助	显示在线帮助
HIDE	消隐	重生成不显示隐藏线的三维线框模型

英文命令	中文意义	功能
I		
ID	坐标值	显示用户指定坐标值
IMPOMRT	输入	将不同格式的文件输入到当前图形中
INSERT	插入	将块或图形插入到当前图形中
INSERTOBJ	插入对象	插入链接或嵌套的对象
INTERFERE	三维组合	由两个或多个实体的公共部分创建组合三维实体
INTERFERECOLOR	设置干涉	设置干涉对象的颜色
INTERFEREOBJVS	干涉视觉样式	为干涉对象设置视觉样式
INTERFEREVPVS	视口视觉样式	设置在使用 INTERFERENCE 命令时当前视口的视觉样式
INTERSECT	相交	基于几个相交的实体或面域的相交部分创建一个实体或面域
ISOPLANE	等轴测图	确定当前等轴测图的面
L		
LATITUDE	纬度	指定图形模型的纬度
LAYER	图层	管理图层与图层特性
LAYOUT	布局	创建新布局，更名、复制、保存、删除已有的布局
LEADER	引线	创建引线标注拉长对象
LIMITS	范围	设置图形的创建范围
LINE	直线	创建直线段
LINETYPE	线型	创建、加载、设置线型
LIST	显示信息	显示指定对象的数据库信息
LONGITUDE	经度	指定图形模型的经度
LTSCALE	线型比例因子	设置线型比例因子
LWEIGHT	线宽	当前线宽、线宽显示选项、线宽单位
M		
MATCHPROP	特性复制	将一个对象的特性复制到其他对象
MATSTATE	材质	指明"材质"窗口处于打开还是关闭状态
MEASURE	指定位置	在对象指定间隔处放置点对象或块
MENU	菜单	加载菜单文件
MINSERT	多重插入	以矩形阵列形式多重插入指定块
MIRROR	镜像	镜像复制对象
MIRROR3D	三维镜像	三维镜像复制对象
MLEADER	多重引线	创建连接注释与几何特征的引线
MLEADERALIGN	对齐多重引线	沿指定的线组织选定的多重引线
MLEADERCOLLECT	合并多重引线	将选定的包含块的多重引线作为内容，组织为一组并附着到单引线
MLEADEREDIT	添加/删除引线	将引线添加至多重引线对象或从多重引线对象中删除引线
MLEADERSTYLE	多重引线样式	定义新多重引线样式
MLEDIT	段落文本编辑	编辑段落文本

英文命令	中文意义	功能
MLINE	多线	创建多线
MODEL	模型	从布局选项卡切换到模型选项卡
MOVE	移动	移动对象
MTEXT	段落文本	标注段落文本
MULTIPLE	重复	重复下一个命令，直到取消为止
MVIEW	浮动视口	创建浮动视口并打开已有的浮动视口
N		
NEW	新建新文件	创建新图形文件
O		
OFFSET	偏移	创建同心圆、平行线或平行曲线
OOPS	恢复	恢复删除对象
OPEN	打开	打开图形文件
OPTIONS	选项	优化设置
ORTHO	正交	正交模式控制
OSNAP	捕捉	设置对象捕捉模式
P		
PAGESETUP	设置布局	设置布局页面、打印设备、图纸尺寸
PAN	移动	在当前视口中移动图形显示位置
PARTIALOAD	部分加载	将几何体加载到部分打开的图形
PARTIALOPEN	部分打开	将指定视口或视图中的几何体加载到图形中
PASTEBLOCK	粘贴块	在新图形中粘贴复制块
PASTECLIP	粘贴	将剪贴板中的内容插入当前图形
PASTEORIG	坐标粘贴	按照原始图形中的坐标将复制对象粘贴到新图形中
PASTESPEC	选择性粘贴	插入剪贴板中的内容并且控制数据格式
PEDIT	多段线编辑	编辑多段线和三维多边形
PERSPECTIVE	显示透视图	指定当前视口是否显示透视工作视图
PFACE	三维面	创建 M×N 的三维多边形网格面
PLAN	平面视图	显示当前坐标系统的平面图
PLINE	二维多段线	创建二维多段线
PLOT	打印	将图形输出到打印设备或文件中
PLOTSTYLE	打印样式	为新对象设置当前打印样式，或对指定的对象指定打印样式
PLOTTERMANAGER	打印管理器	显示打印管理器
POINT	点	创建点对象
POLYGON	多边形	创建多边形
PREVIEW	预览	预览打印格式
PROPERTIES	特性	控制已有对象的特性
PROPERTIESCLOSE	特性窗口	关闭"特性"窗口

英 文 命 令	中 文 意 义	功　　能
PSPACE	图纸空间	从模型空间视口切换到图纸空间
PSOLWIDTH	设置宽度	为使用 POLYSOLID 命令创建的扫掠实体对象设置默认宽度
Q		
QDIM	快速尺寸	快速尺寸标注
QLEADER	快速引线	快速创建引线标注
QSAVE	快速保存	快速保存当前图形
QTEXT	文本	控制文本和属性对象的显示与打印方式
QUIT	退出	退出 AutoCAD
R		
RAY	射线	创建射线
RECOVER	修复	修复损坏的图形
RECTANG	矩形	创建矩形
REDEFINE	恢复	恢复由 UNDEFINE 命令覆盖的 AutoCAD 的内部命令
REDO	重做	恢复执行 UNDO 或 U 命令之前的结果
REDRAW	重画	刷新当前视口中的显示
REDRAWALL	全部重画	刷新所有视口中的显示
REGEN	重新生成	重新生成图形并刷新当前视口
REGENALL	全部重新生成	重新生成图形并刷新所有视口
REGENAUTO	自动重新生成	控制图形的自动重新生成
REGION	面域	创建面域对象
REINT	重新初始化	重新初始化数字化仪、数字化仪 I/O 接口和程序参数文件
RENAME	重命名	更改对象名称
RENDER	渲染	创建三维线框或实体模型的照片级真实着色图像
REVOLVE	绕轴旋转	利用绕轴旋转二维对象的方法创建三维实体
REVSURF	回转曲面	创建回转曲面
ROTATE	旋转	绕基点旋转对象
ROTATE3D	三维旋转	三维空间旋转对象
RPREF	渲染参考	设置渲染参考
RULESURF	直纹曲面	创建直纹曲面
S		
SAVE	保存	保存当前图形
SAVEAS	另存为	按指定的文件名称保存文件
SAVEING	保存图像	将渲染的图像保存为文件
SCALE	缩放	缩放对象
SECTION	相交实体	通过使平面与实体相交创建域面
SELCET	选择	创建对象选择集
SETVAR	设置系统变量	显示或改变系统变量的值

英文命令	中文意义	功　　能
SHADEMODE	着色	在当前视口中给对象着色
SHOWHIST	历史记录	控制图形中实体的显示历史记录特性
SKETCH	草图	创建草图
SLICE	剖切	用平面剖切实体
SNAP	捕捉	控制栅格捕捉方式
SOLDRAW	轮廓	在用 SOLCIEW 命令创建的视口中生成轮廓和截面
SOLID	实体	区域填充
SOLIDEIT	实体编辑	编辑三维实体的面与边
SOLIDHIST	默认历史记录	控制新对象和现有对象的默认历史记录特性设置
SOLPROF	实体轮廓	创建三维实体的轮廓图像
SOLVIEW	实体视口	创建浮动视口，用正投影法生成三维实体及体对象的多面视图与剖视图
SPELL	拼写	拼写检查
SPHERE	球	创建球实体
SPLINE	样条曲线	创建样条曲线
SPLINEDIT	样条曲线编辑	编辑样条曲线
SPOTLIGHT	聚光灯	创建聚光灯
STEPSIZE	步长	以当前单位指定用户处于漫游模式时的步长
STEPSPERSEC	步数	指定当用户处于漫游模式时每秒前进的步数
STLOUT	保存实体	以 ASCⅡ或二进制文件保存实体
STRETCH	延伸	移动或延伸对象
STYLE	样式	创建或修改文本样式
STYLESMANAGER	打印样式	显示打印样式管理器
SUBTRACT	差集	执行差集运算
SYSWINDOWS	排列窗口	排列窗口
T		
TABLE	表格	在图形中创建空白表格对象
TABLESTYLE	样式	定义新的表格样式
TABSURF	曲面	创建平移曲面
TEXT	文本	标注文本
TEXTSCR	文本窗口	切换到 AutoCAD 文本窗口
TINSERT	插入块	在表格单元中插入块
TOLERANGE	形位公差	标注形位公差
TOOLBAR	工具栏	工具栏控制
TOOLPALETTES	工具选项板	打开“工具选项板”窗口
TORUS	环实体	创建环实体
TRACE	轨迹	创建轨迹
TRIM	修剪	修剪图形

英 文 命 令	中 文 意 义	功　　能
U		
U	回退	回退一步操作
UCS	用户坐标系	管理用户坐标系
UCSICON	UCS 图标	控制 UCS 图标的可见性
UNDO	放弃	放弃上一次的操作
UNION	并集	执行并集运算
UNITS	单位	控制绘图单位及其精度
UPDATEFIELD	更新字段	手动更新图形中所选对象的字段
V		
VIEW	视图	保存、恢复命名的视图
VIEWRES	分辨率	设置当前视口对象的分辨率
VPCLIP	剪裁	剪裁视口对象
VPLAYER	图层可见性	设置视口中图层的可见性
VPOINT	三维视点	设置三维视点方向
VPORTS	视口	将绘图区域分成多个平铺或浮动视口
VSBACKGROUNDS	视口背景	控制是否在当前视口中显示背景
VSCURRENT	视觉样式名称	存储应用于当前视口的的名称
VSEDGECOLOR	边的颜色	设置边的颜色
VSEDGEJITTER	控制线条	控制使线条看起来就像是使用铅笔勾画的程度
VSEDGEOVERHANG	控制直线	使直线延伸到交点之外，以达到手绘效果
VSEDGES	边的类型	控制显示在视口中的边的类型
VSEDGESMOOTH	折缝边角度	指定折缝边的显示角度
VISUALSTYLES	视觉样式管理器	显示"视觉样式管理器"选项板，可以创建和修改视觉样式
VSHALOGAP	设置光晕	设置应用于当前视口的视觉样式中的光晕间隔
VSHIDEPRECISION	设置隐藏和着色	控制应用于当前视口的视觉样式中隐藏和着色的精度
VSINTERSECTIONEDGES	相交边	指定应用于当前视口的视觉样式中相交边的显示
VSINTERSECTIONLTYPE	隐藏线显示	控制是否在当前视口中显示隐藏线并设置其线型
VSLIGHTINGQUALITY	光源质量	设置当前视口中的光源质量
VSMATERIALMODE	材质显示	控制当前视口中材质的显示
VSMONOCOLOR	面的颜色	设置面的单色显示的颜色
VSOBSCUREDCOLOR	隐藏线颜色	指定应用于当前视口的视觉样式中隐藏线的颜色
VSOBSCUREDEDGES	隐藏线	控制是否显示隐藏边
VSOBSCUREDLTYPE	隐藏线线型	指定应用于当前视口的视觉样式中隐藏线的线型
VSOPACITY	面的透明度	控制当前视口中面的透明度
VSSHADOWS	阴影	控制视觉样式是否显示阴影
VSSTATE	视觉样式窗口	存储一个值，指明"视觉样式"窗口是否处于打开状态

英 文 命 令	中 文 意 义	功　　能
W		
WBLOCK	块写入	将块写入到图形文件
WEDGE	楔体	创建三维实体并使倾斜面尖端沿 X 轴方向
WHOHAS	查询	显示打开的图形文件的所有权信息
WMFIN	输入	输入 Windows 图元文件
WMFOUT	输出	将对象保存到 Windows 图元文件
X		
XCLIP	参照	定义外部参照或块剪裁边界，并设置前剪裁平面和后剪裁平面
XLINE	构造线	创建构造线
XPLODE	分解	分解对象
XREF	外部参考	在图形文件中控制外部参考
Z		
ZOOM	缩放	控制当前视口的显示缩放